U0261497

工程招投标理论与综合实训

杨 勇 狄文全 冯 伟 主编

化学工业出版社

·北京·

《工程招投标理论与综合实训》主要介绍建筑工程招投标概述，团队建设、企业备案，招标策划，资格预审，资格申请，工程招标，工程投标，工程开标与评标，定标与签订合同等内容，以工程招投标实训沙盘及软件操作流程为主线，辅助于简洁的工程招投标基础理论知识点，分别从课前准备、沙盘引入、道具探究、角色扮演、时间控制、实训步骤、沙盘展示、实训总结及拓展练习等方面进行全面、系统的介绍，操作性、可学性、趣味性较强。

本书可用作工程类本科各专业及高职高专相关专业的教材，也可作为招投标行业从业人员专业素养及技能培训的教程，还可供其他学科学习工程招投标专业时使用。

图书在版编目（CIP）数据

工程招投标理论与综合实训/杨勇，狄文全，冯伟主编.
北京：化学工业出版社，2015.8（2023.8重印）
ISBN 978-7-122-24383-6

Ⅰ.①工…　Ⅱ.①杨…②狄…③冯…　Ⅲ.①建筑工程-招标-教材　Ⅳ.①TU723

中国版本图书馆 CIP 数据核字（2015）第 165706 号

责任编辑：吕佳丽　　　　　　　　　　　装帧设计：张　辉
责任校对：吴　静

出版发行：化学工业出版社（北京市东城区青年湖南街 13 号　邮政编码 100011）
印　　装：北京天宇星印刷厂
787mm×1092mm　1/16　印张 22¼　字数 564 千字　2023 年 8 月北京第 1 版第 12 次印刷

购书咨询：010-64518888（传真：010-64519686）　售后服务：010-64518899
网　　址：http://www.cip.com.cn
凡购买本书，如有缺损质量问题，本社销售中心负责调换。

定　价：45.00 元

编审委员会名单

徐　华	重庆建筑高级技工学校
徐　英	佳木斯职业学院
张爱琳	内蒙古科技大学
张海斌	郑州职业技术学院
张　俊	北京建筑大学
张克纯	江苏信息职业技术学院
张　黎	广西农业职业技术学院
张丽梅	河北科技大学
张迎春	上海建桥学院
张忠扩	盐城工学院

编写人员名单

主　编　杨　勇　四川建筑职业技术学院
　　　　狄文全　南昌工程学院
　　　　冯　伟　北京经济管理职业学院
副主编　马行耀　浙江建设职业技术学院
　　　　王光思　广联达软件股份有限公司
　　　　徐仲莉　广联达软件股份有限公司
参　编　（按拼音排序）
　　　　董洪柱　济宁职业技术学院
　　　　冯金钰　四川水利职业技术学院
　　　　郭　霞　北京联合大学
　　　　郝小琳　海口经济学院
　　　　胡晓娟　四川建筑职业技术学院
　　　　靖秀辉　聊城职业技术学院
　　　　李洪英　广联达软件股份有限公司
　　　　李　静　重庆城市建设技工学校
　　　　李丽芬　佛山科学技术学院
　　　　刘　菁　北京交通大学
　　　　彭　琰　贵州建设职业技术学院
　　　　舒　畅　昆明理工大学建筑工程学院
　　　　阳　琴　广联达软件股份有限公司
　　　　张俊玲　天津市职业大学
　　　　张　萍　济宁职业技术学院
　　　　张玉琼　云南农业大学建筑工程学院
　　　　朱军练　广联达软件股份有限公司
　　　　周　宇　重庆邮电大学移通学院

序

2015 年是全面完成"十二五"规划的收官之年,是全面建成小康社会、深化改革、推进依法治国的关键之年。招标投标行业经历着新一轮市场化改革,也进入了"新常态",尤其是招标师职业资格制度的建立为从业队伍专业化、职业化的建设提供了强烈的讯号。以"持续引领产业发展、推动社会进步,用科技创造美好生活和居住环境"为己任,中国建设工程领域信息化产业首家上市软件公司——广联达软件股份有限公司倾心推出力作《工程招投标理论与综合实训》,不失为"新常态"中的小小浪花,值得赞赏!

2011 年,中国招标投标协会与北京建筑大学合作开展了全国第一个设置"招标采购方向"的普通高校本科专业人才的培养工作,学生如期毕业。这对从事招投标教育与实践的高等院校而言无疑意义深远。当下招投标教育与实践在高校还不能称为"专业",只是作为一门课程穿插于工程管理、工程造价等专业课程体系中,招投标课程教材也是五花八门,良莠不齐。招投标行业在发展,专业化、职业化的趋势已成为潮流,不可阻挡!招投标人才的教育与实践创新也必将成为高校及企业招投标教育与实践有识之士关注及研究的重要课题。教育部等六部委印发的《现代职业教育体系建设规划(2014—2020 年)》,提出要建立真实应用驱动教学改革机制,尤其要按照真实环境真学、真做、掌握真本领,《工程招投标理论与综合实训》教材的出版体现了这一要求。本书的主要特色有以下几点。

特色之一:理论实用化。精炼理论知识点,以招投标业务流程为主线,以满足实训要求、提升能力为出发点,融合了招投标行业最新政策及高校实践教学研究最新元素和构思,突显实践应用能力和市场综合素质的培养。

特色之二:人员团队化。导入兴趣小组,组建工作团队,以参与式、讨论式、项目团队等实践性教学组织形式为载体,构建一个更具综合性、设计性和创造性的感染性强的互动性实训模拟环境。

特色之三:项目模拟化。引入广联达建筑工程招投标实训沙盘,通过精心设计的一系列任务,让学生模拟不同角色,体验感悟施工招标、投标、开标、评标、定标全过程细节,更好地熟悉和掌握招投标工作流程和操作习惯,同时巩固专业理论知识,并强化专业理论知识在实践中灵活应用,真正做到真才实学,实学真干。

特色之四:实训软件化。通过广联达建筑工程招投标实训沙盘软件,让学生全过程地体验工程招投标全过程的博弈对决,尤其是招标方与投标方之间、投标方相互之间决策博弈、手段博弈、利益博弈、品性博弈的市场竞争态势及实现招投标利益相关各方利益最大化战术技巧。

本书针对性很强,是一本涵盖招投标基础理论知识的贯通、市场适应能力的培养、招投标技能的拓展及国家招标师职业资格考试相关知识点的积累等内容的图书,满足招投标专业化、职业化人才培养目标,值得学习!

前　言

为顺应招投标行业职业化、专业化的发展要求，满足高等职业院校人才培养模式的改革，进一步提升应用技术型职业化人才培养质量，广联达股份有限公司联合招投标行业专家，以精心打造的工程招投标实训沙盘为支撑，组织编写了这本理实一体化专业教材。该教材不仅案例丰富，而且突破了传统教学思维，在更高层面上吸引了学生，解放了老师，体现了新时期高等职业教育人才培养的规格和质量。

本书以工程招投标实训沙盘及软件操作流程为主线，辅助于简洁、实用的工程招投标基础理论知识点，共分为 9 个模块，分别从课前准备、沙盘引入、道具探究、角色扮演、时间控制、实训步骤、沙盘展示、实训总结及拓展练习等方面进行全面、系统的介绍，操作性、可学性、趣味性较强。

本书统稿、定稿由南昌工程学院狄文全老师负责。

本书主要介绍建筑工程招投标概述，团队建设、企业备案，招标策划，资格预审，资格申请，工程招标，工程投标，工程开标与评标，定标与签订合同等内容，以工程招投标实训沙盘及软件操作流程为主线，辅助于简洁、精炼的工程招投标基础理论知识点，分别从课前准备、沙盘引入、道具探究、角色扮演、时间控制、实训步骤、沙盘展示、实训总结及拓展练习等方面进行全面、系统的介绍，操作性、可学性、趣味性较强。

在本书的编写中参阅和借鉴了众多专家学者的科研成果，谨向他们表示最真诚的谢意。

限于编者水平，书中难免存在疏漏和不妥之处，敬请专家、学者和广大读者批评指正并提出宝贵意见，在修订再版时更加完善。

编者
2015 年 5 月

目　　录

模块四　资格预审　　　　　　　　　　　　　　68

模块九　定标与签订合同　　　　　　　　　　　　　　　　　311

附录　　　　　　　　　　　　　　　　　　　　　　　　　　331

参考文献　　　　　　　　　　　　　　　　　　　　　　　　344

模块一　建筑工程招投标概述

知识目标
　　1. 了解招投标行业发展现状及建筑市场的概念
　　2. 了解工程招投标发展历史
能力目标
　　强化对工程招投标行业现状及发展的认知

　　本部分理论知识只是本模块工作任务学习的引导，详细知识的学习自行查阅相关资料。

一、建筑工程招投标概念

（一）建设工程承发包的概念

　　工程承发包是指建筑企业（承包商）作为承包人（称乙方），建设单位（业主）作为发包人（称甲方），由甲方把建筑工程任务委托给乙方，且双方在平等互利的基础上签订工程合同，明确各自的经济责任、权利和义务，以保证工程任务在合同造价内按期、按质、按量地全面完成。它是一种经营方式。

　　工程发包有两种方式：招标发包与直接发包。《中华人民共和国建筑法》规定："建筑工程依法实行招标发包，对不适于招标发包的可以直接发包。"建筑工程实行招标发包的，发包单位应当将建筑工程发包给依法中标的承包单位。建筑工程实行直接发包的，发包单位应当将建筑工程发包给具有相应资质条件的承包单位。政府及其所属部门不得滥用行政权力，限定发包单位将招标发包的建筑工程发包给指定的承包单位。

（二）建设工程承发包的内容

　　工程项目承发包的内容，就是整个建设过程各个阶段的全部工作，可以分为工程项目的项目建议书、可行性研究、勘察设计、材料及设备的采购供应、建筑安装工程施工、生产准备和竣工验收及工程监理等阶段的工作。对一个承包单位来说，承包内容可以是建设过程的全部工作，也可以是某一阶段的全部或一部分工作。

（三）建筑市场

　　建筑市场是进行建筑商品和相关要素交换的市场。由有形和无形建筑市场两部分构成。例如：建设工程交易中心即是有形市场，包括建设信息的收集与发布、办理工程报建手续、订立承发包合同、委托监理、质量、安全监督等。无形市场是在建设工程交易中心之外的各种交易活动及处理各种关系的场所。

　　建设工程交易中心是我国近几年来在改革中出现的使建筑市场有形化的管理方式。建设工程交易中心是服务性机构，不是政府管理部门，也不是政府授权的监督机构，本身并不具备监督管理职能。但建设工程交易中心又不是一般意义上的服务机构，其设立必须得到政府或政府授权的主管部门的批准，并非任何单位和个人可随意成立。它不以盈利为目的，旨在为建立公开、公正、平等竞争的招投标制度服务，只可经批准收取一定的服务费，工程交易行为不能在场外发生。

（四）建筑工程招投标

建筑工程招投标是指以建筑产品作为商品进行交换的一种交易形式，它由唯一的买主设定标的，招请若干个卖主通过秘密报价进行竞争，买主从中选择优胜者并与之达成交易协议，随后按照协议实现招标。建设工程招标，是指建筑单位（业主）就拟建的工程发布通告，用法定方式吸引建筑项目的承包单位参加竞争，进而通过法定程序从中选择条件优越者来完成工程建筑任务的一种法律行为。建设工程投标，是指经过特定审查而获得投标资格的建筑项目承包单位，按照招标文件的要求，在规定的时间内向招标单位填报投标书，争取中标的法律行为。

建筑工程招标投标总的特点是：①通过竞争机制，实行交易公开；②鼓励竞争、防止垄断、优胜劣汰，实现投资效益；③通过科学合理和规范化的监管机制与运作程序，可有效地杜绝不正之风，保证交易的公正和公平。政府及公共采购领域通常推行强制性公开招标的方式来择优选择承包商和供应商。但由于各类建设工程招标投标的内容不尽相同，因而它们有不同的招标投标意图或侧重点，在具体操作上也有细微的差别，呈现出不同的特点。

现在，各行各业都在实施招投标，不仅仅是在工程领域，在医药、电子、设备、工业等领域，招标公司、咨询公司如雨后春笋般遍地林立，具有招投标专业知识和能力的人才供不应求，从事招投标工作有着巨大的选择空间。

二、工程招投标发展历史

（一）工程招投标在国外的发展

1782年，英国政府采购首次规定了招投标的程序，直到1803年，英国政府公布法令，推行招标承包制。美国联邦政府民用部门的招投标采购历史可以追溯到1792年，并进行了相关立法。之后许多国家纷纷效仿，并在政府机构和私人企业购买批量较大货物及兴办较大工程项目时，常常采用招投标方法。

（二）工程招投标在我国的发展

清朝末期，我国已经有了关于招投标活动的文字记载。从1902年张之洞创办湖北制革厂，到1918年汉阳铁厂的扩建工程，1929年武汉公布招标规则，这些都是我国招投标活动的雏形，也是对招投标制度的最初探索。直到20世纪80年代初，作为建筑业和基本建设管理体制改革的突破口，招投标观念确立并于1980～1983年进行推广试点，我国的吉林省吉林市和经济特区深圳市率先试行招标投标，收效良好，在全国产生了示范性的影响。在1984～1991年进行大力推行。改革建筑业，大力推广工程招投标承包制，改变单纯用行政手段分配建设任务的老办法，实行招标投标。全面推开发生在1992～1999年。1999年8月30日全国人大九届十一次会议通过了《中华人民共和国招标投标法》，并于2000年1月1日起施行，2000～2010年逐步规范化与职业化。《建设工程工程量清单计价计量规范》的颁布实施，《标准施工招标资格预审文件》、《标准施工招标文件》的制定与颁布，2009年招标师职业水平评价考试制度的设立，标志着招投标的成熟与发展。《中华人民共和国招标投标法实施条例》(2012年)、《关于废止和修改部分招标投标规章和规范性文件的决定》(2013年23号令)、2013版新清单《建设工程工程量清单计价计量规范》的颁布实施等，2015招标师职业水平评价考试升级职业资格考试，《电子招标投标办法》的实施，也加强了招投标市场的信息化发展力度，标志着招投标行业发展进入规范与制度化阶段。

三、建筑工程招投标实训沙盘简介

建筑工程招投标实训沙盘是面向高校工程造价、工程管理、工程施工技术等专业的学生，以建筑工程招投标专业理论为导入，集结了招投标利益相关各方精英团队，以军事兵棋推演的形式，通过一系列故事化情节，全面再现了工程招投标全过程的博弈对决，尤其突显了招标方与投标方之间、投标方相互之间决策博弈、手段博弈、利益博弈、品性博弈的市场竞争态势，是招投标利益相关各方实现各自利益最大化的博弈培训专用教具。教具如下图所示。

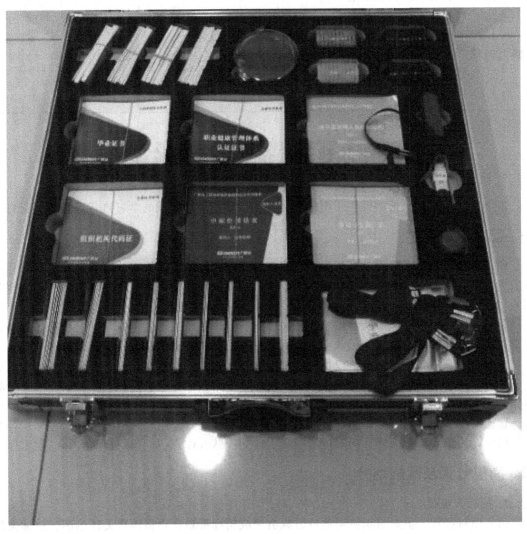

教具

模块二　团队建设、企业备案

知识目标
1. 了解招标人的岗位职能
2. 了解投标人的岗位职能
3. 了解企业资料备案的主要内容

能力目标
1. 能够进行团队组建，并进行角色分工
2. 会进行企业注册备案

项目一　团队建设、企业备案相关理论知识

本部分理论知识只是本模块工作任务学习的引导，详细知识的学习自行查阅相关资料。

一、团队建设概述

团队是指一种为了实现某一目标而由相互协作的个体所组成的正式群体，是由员工和管理层组成的一个共同体，它合理利用每一个成员的知识和技能协同工作，解决问题，达到共同的目标。团队建设是企业在管理中有计划、有目的地组织团队，并对其团队成员进行训练、总结、提高的活动。团队建设主要是通过自我管理的小组形式进行，同时积极倡导大局意识、协同合作和真诚服务等团队精神。

本教材完全以团队的形式，模拟建筑工程施工招投标从发布招标公告到最后发布中标通知书签订合同为止的完整过程。在教材中，既让学生模拟招标人，又模拟投标人，使学生能够体验、掌握招投标实际业务的全部角色与工作，全部自行动手，老师只作为辅导者与引导者。这就需要学生分别根据招标与投标的流程进行团队划分与组建，分小组分角色体验各个工作岗位，熟悉各工作流程，同时可帮助学生建立团队合作意识，认识团队合作的重要性。

二、岗位分工及职能划分

1. 招标人岗位

（1）项目经理　负责组织协调项目组成员完成招标策划、资格预审文件编制、招标文件编制；负责资格审查办法、评标办法的制定；负责招标业务流程的各类审批、汇总工作。

（2）市场经理　负责资格预审文件中企业门槛的设置；负责招标文件中市场条款的制定、资信标的门槛设置；负责组织资格审查、现场踏勘、投标预备会和开标评标会；负责其他招标业务流程的实施。

（3）商务经理　负责资格预审文件中经营状况的门槛设置；负责招标文件中商务条款的制定、工程量清单编制、经济标评分标准的制定。

（4）技术经理　负责资格预审文件中人员门槛的设置；负责招标文件中技术条款的制

定、图纸审核、技术标评分标准的制定。

2. 投标人岗位

（1）项目经理　负责组织协调项目组成员完成资格预审申请文件编制、投标文件编制；负责中标后的合同谈判、签订；负责投标业务流程的各类审批、汇总工作。

（2）市场经理　负责资格预审申请文件中企业资质资料的准备；负责投标文件中资信标的编制；负责其他投标业务流程的实施。

（3）商务经理　负责资格预审申请文件中财务状况、工程业绩的资料准备；负责投标文件中经济标（商务标）的编制。

（4）技术经理　负责资格预审申请文件中人员资格、机械设备的资料准备；负责投标文件中技术标的编制。

3. 评标专家

以评标专家的身份参与评标。从学生中抽取评标委员会组成人员开展工作，具体的人员组成详见模块五。

三、企业注册与备案

为了加强对建筑活动的监督管理，维护公共利益和建筑市场秩序，保证建设工程质量安全，根据《中华人民共和国建筑法》、《中华人民共和国行政许可法》、《建设工程质量管理条例》、《建设工程安全生产管理条例》等法律、行政法规，制定了相关规定。即在中华人民共和国境内申请建筑业企业资质，实施对建筑业企业资质监督管理。建筑业企业应当按照其拥有的注册资本、专业技术人员、技术装备和已完成的建筑工程业绩等条件申请资质，经审查合格，取得建筑业企业资质证书后，方可在资质许可的范围内从事建筑施工活动。

建筑施工企业如果想要在当地招投标交易中心进行投标活动，必须到当地建设行政主管部门招投标管理办公室或者相关部门进行企业资质等的备案。

招标人（招标代理机构）从事招标活动，也要到当地建设行政主管部门招投标管理办公室进行备案，需要携带相关证件资料，包括：委托招标代理协议、招标代理机构资质证书、项目负责人及经办人执业资格证书、劳动合同、社保证明、身份证、授权委托书、填写招标公告发布单、招标人委托招标登记表、招标方式登记表、委托招标代理合同签订备案表、资格预审文件备案表；招标代理机构的营业执照、开户许可证、组织机构代码证、企业资质证书等。

具体的工程招标代理工作方案可自行查阅当地工作办法。

项目二　学生实践任务

实训目的：

1. 团队分工与协作能力
2. 熟悉企业各类证件
3. 了解电子招投标企业诚信注册备案操作

实训任务：

任务一　团队组建

任务二　招标人（招标代理）企业资料完善及网上注册、备案

任务三　完善投标人企业资料及网上注册、备案

【课前准备】

一、硬件准备

（1）多媒体设备　投影仪、教师电脑、授课PPT。

（2）实训电脑　学生用实训电脑配置要求如下。

① IE浏览器8及以上。

② 安装Office办公软件2007版或2010版。

③ 电脑操作系统：Windows 7。

（3）网络环境　机房内网或校园网内网环境。

（4）实训物资　工程招投标实训教材、工程招投标沙盘实物道具、签字笔、广联达软件加密锁。

二、软件准备

① 广联达工程招投标沙盘模拟执行评测系统（沙盘操作执行模块）。

② 广联达工程交易管理服务平台（GBP）。

③ 广联达工程招投标沙盘模拟执行评测系统（招投标评测模块）。

【招投标沙盘】

一、沙盘引入

主要指明在沙盘面上要完成的具体任务。如图2-1所示。

图 2-1

二、道具探究

1. 招标人（招标代理）证件

（1）企业营业执照　如图 2-2 所示。

（2）开户许可证　如图 2-3 所示。

（3）组织机构代码证　如图 2-4 所示。

（4）企业资质证书　如图 2-5 所示。

图 2-2

图 2-3

2. 投标人证件

（1）企业营业执照　　如图 2-2 所示。

（2）开户许可证　如图 2-3 所示。

（3）组织机构代码证　如图 2-4 所示。

（4）资质证书　如图 2-5 所示。

图 2-4

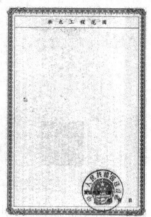

图 2-5

（5）安全生产许可证　如图 2-6 所示。

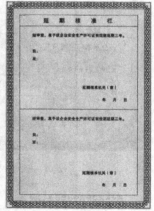

图 2-6

（6）三个体系（环境、职业健康、质量）　如图 2-7～图 2-9 所示。

（7）企业资信等级证书　如图 2-10 所示。

图 2-7

图 2-8

图 2-9

图 2-10

三、角色扮演

1. 招标人（或招标代理）

① 每个学生团队都是一个招标人公司（或招标代理公司）。

② 组建招标人公司（或招标代理公司），确定公司名称及法定代表人。

③ 完善招标人公司（或招标代理公司）企业证件资料信息。

2. 行政监管人员

① 每个学生团队中由项目经理指定一名成员，担任本团队的行政监管人员。

② 负责工程交易管理服务平台的诚信业务审批。

3. 投标人

① 每个学生团队都是一个投标人公司。

② 组建投标人公司，确定公司名称及法定代表人。

③ 完善投标人公司企业证件资料信息。

小贴士：学生选择成立招标人公司（或招标代理公司），取决于实训案例的性质是自行招标还是委托招标。

四、时间控制

建议学时 2～3 学时。

五、任务一　团队组建

（一）任务说明

（1）根据班级人数进行小组划分，每个小组 4～6 人（推荐随机划分方式）。

（2）每个小组完成以下内容。

① 确定队伍名称。

② 选举组长。

③ 设计队伍徽标。

④ 设计队伍口号。

⑤ 成果展示。

（二）操作过程

组织学生进行小组划分，小组划分也可以在上课开始之前，老师通知学生事先自行分好小组，上课的时候按小组坐好，便于上课。

（1）每个小组有 4～6 名学生（以平均每个班 40 人为例，可划分为 8～10 个组）。

① 小组描述：将学生每 4～6 人分为一组，在整体实训过程中为一不变小组。

② 选组长：每组自行推荐出一名组长。

【推荐方法】由小组内成员在老师统一的指导下，按投票方式，得票多的担任组长（如果各组推选时间过长，可以用"指定"法来指定）。

③ 岗位分工：各小组学生分别担任项目经理、技术经理、商务经理、市场经理四个不同工作岗位。

④ 岗位职责：在整个招投标实训过程中，工作岗位一旦确定不发生改变，不同角色时的工作职责发生变化（如同一名学生，确定工作岗位为技术经理，在担任招标人和投标人时依然为技术经理，只是岗位职责发生变化，但是工作岗位不变）。岗位职责具体内容详见本模块项目一　团队建设、企业备案相关理论知识。

⑤ 自由分工：小组成员根据上述岗位职责描述，自由选取自己感兴趣的岗位；如果产生分歧，由组长进行协调解决。

（2）每个小组讨论，确定小组"口号"、设计队徽（用水笔在 A3 白纸上绘出），以及如何成功地赢得最后的最佳招标人和最佳投标人。

（3）每个小组在实训结束后最终完成一份完整的文件（招标策划文件、资格预审文件、招标文件、资格预审申请文件、投标文件），在最终定稿讨论会上，各个小组之间可进行知识问答或者抢答，增进互动（视小组数量选择问答或者抢答）。

（三）组长职责

① 组织小组学习讨论；
② 保证每个人都要参与；
③ 代表小组和老师协调沟通；
④ 负责将本小组最终编制的内容在讨论会上进行讲解；
⑤ 负责整理本小组出的题目，并与团队成员讨论确定本团队最终要提出的知识竞答问题，并记录结果。

（四）团建活动

老师可以通过1～2个团建小活动，增加小组的凝聚力。
活动内容可参考附录4：团队建设活动。

六、任务二 招标人（招标代理）企业资料完善及网上注册、备案

（一）任务说明

① 每个团队成立一个招标人（招标代理）公司，确定公司的基本信息资料；
② 完善招标人（招标代理）公司的各类企业证件资料；
③ 完成企业信息网上注册、备案，并提交一份企业信息备案文件。

（二）操作过程

（1）每个团队成立一个招标人（招标代理）公司，确定公司的基本信息资料。
1）项目经理组织团队成员，讨论确定公司名称、企业法定代表人、成立日期等基本信息资料。
2）找出需要完善的证件资料内容。
① 企业营业执照（图2-2）。
② 开户许可证（图2-3）。
③ 组织机构代码证（图2-4）。
④ 企业资质证书（图2-5）。
（2）完善招标人（招标代理）公司的各类企业证件资料。
1）项目经理分配企业证件资料，团队成员分别完成其中的某一个证件资料。
2）团队成员领取证书后，查询相关证件资料信息，并将证书内容填写完善。
① 营业执照（图2-11）。
② 开户许可证（图2-12）。
③ 组织结构代码证（图2-13）。
④ 企业资质证书（图2-14）。
3）证书填写完成后，交由项目经理进行审核。
4）项目经理审核无误后，将证件资料置于招投标沙盘盘面对应位置处。如图2-15所示。

图 2-11

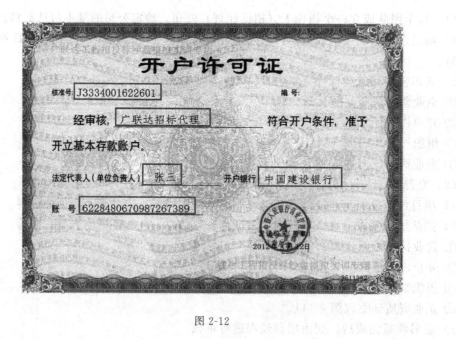

图 2-12

图 2-13

图 2-14

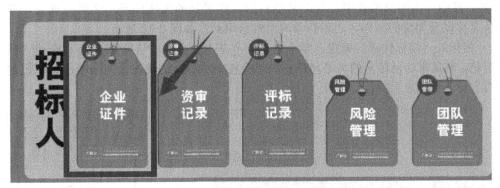

图 2-15

 小贴士：项目经理在进行证书审核时，需重点关注以下内容。

① 不同证书之间企业名称、企业法定代表人名字是否一致；

② 企业证书是否在有效期内；

③ 企业组织结构代码的标准格式为：×××××××× -×，其中×为阿拉伯数字，例如：
88888888-1。

④ 招标代理公司的企业资质证书、营业执照的经营范围要保持一致。

（3）完成企业信息网上注册、备案，并提交一份企业信息备案文件。

1）招标人（招标代理）登录"广联达工程交易管理服务平台"，注册招标人（招标代理）账号。

① 招标人（招标代理）登录"广联达工程交易管理服务平台"。如图 2-16 所示。

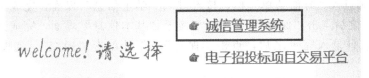

图 2-16

② 点击"诚信管理系统"，此时进入"诚信信息平台"界面，点击右下角"注册"按钮，进入注册界面。如图 2-17 所示。

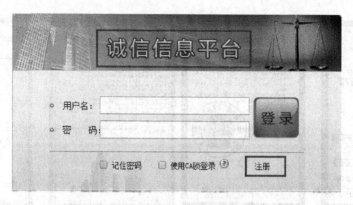

图 2-17

③ 企业注册时，招标代理和建设单位二选一即可，组织机构代码格式为××××××
××-×，其中×为阿拉伯数字，只能是唯一的，注册过的无法注册，注册完成后，务必记
住单位名称以及相应的密码，之后登录的时候会用到。如图 2-18 所示。

2）招标人（招标代理）完成"学生信息"、"基本信息"、"企业资质"、"企业人员"的
信息登记，凡是带红色标记的为必填项；如果存在无法提交的情况，则是带红色标记的未全
部填写完整。如图 2-19 所示。

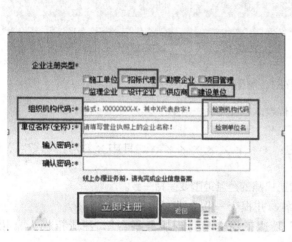

图 2-18

图 2-19

① 招标代理进入"导航菜单"栏，接着进入"学生信息"界面，完成全部红色标记的
信息，录入完成之后点击"保存"，接下来切换至"基本信息"界面，完成红色带标记重要
信息的录入，信息录入完了之后，点击"保存"，并且点击"提交"。如图 2-20、图 2-21
所示。

② 切换至"企业资质"界面，点击"新增资质"，所有信息录入完成之后，点击"保
存"，并且"提交"。如图 2-22、图 2-23 所示。

③ 切换至"企业人员"，点击"新增人员"，信息录入之后，点击"保存"。如图 2-24、
图 2-25 所示。

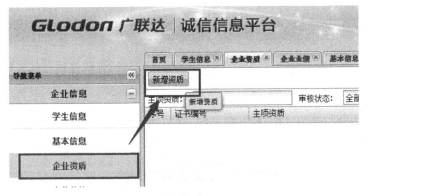

图 2-20

图 2-21

图 2-22

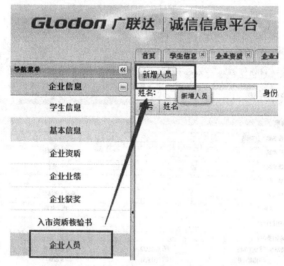

图 2-23

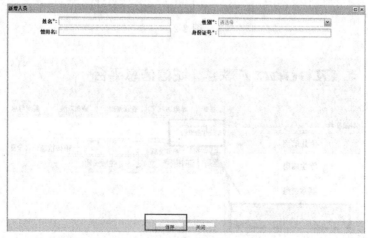

图 2-24

图 2-25

3）行政监管人员登陆工程交易管理平台，以初审监管员账号登录诚信信息平台，审批招标人（招标代理）提交的基本信息、企业资质、企业人员。重点注意事项：每一项内容完成后，均需提交审核，此时，切换为监管人员账号重新登录系统，只有审核通过，才算备案成功；审核人员由每个团队选取一人兼任，审批自己团队企业的信息。

① 行政监管人员登陆"广联达工程交易管理服务平台"，进入"诚信管理系统"输入监管人员账号，点击"登录"。如图 2-26、图 2-27 所示。

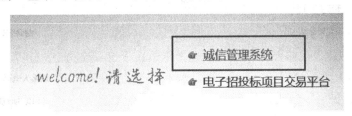

图 2-26

图 2-27

② 进入"企业审核"界面，找到相应的工程，在工程右侧点击"打开"，对工程进行查看，检查无误，点击"审核"，进入"企业基本信息审核界面"，选择"通过"，添加审批意见，完成后点击"提交"。如图 2-28～图 2-31 所示。

图 2-28

序号	组织机构代码	单位名称	档案状态	是否有变更	操作
1	20150320-1	新试使用	无效	是	
2	20140324-8	心匾施工单位	无效	否	打开
3	88888888-2	飞天施工	有效	否	

图 2-29

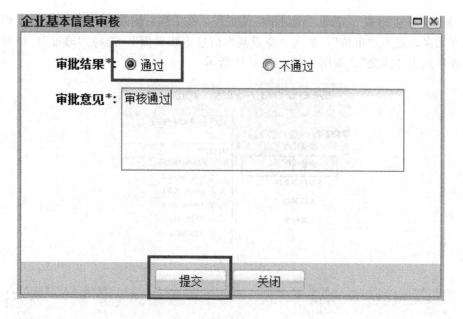

| 档案状态: | 无效 | | 审核状态: | 已提交 |

企业基本信息

单位名称*: 测试使用

行政隶属*: 本市中央企业

注册地区*: 河北省秦皇岛市　　　　　　　　邮政编码:

详细地址*: 1

联系人*: 1　　　　　　　　　　　　联系人电话*: 1

传真:　　　　　　　　　　　　　电子邮箱:

开户银行*: 1　　　　　　　　　　　基本账户号*: 1

企业网站:

企业注册类型*: ☑施工单位　　　☑招标代理　　　☐勘察企业
　　　　　　　☐监理企业　　　☐设计企业　　　☐供应商

组织机构代码信息

组织机构代码*: 20150320-1　　　　　　　　机构类型*: 企业法人

[审核]　[变更总览]　[关闭]

图 2-30

企业基本信息审核　　　□ ✕

审批结果*: ◉通过　　　◎不通过

审批意见*: 审核通过

[提交]　[关闭]

图 2-31

小贴士：招标人（招标代理）的每一项内容填写完成后，必须提交审核；只有经过监管员审核通过，才属于企业备案成功。

七、任务三　完善投标人企业资料并进行网上注册、备案

（一）任务说明

① 每个团队成立一个投标人公司，确定公司的基本信息资料；

② 完善投标人公司的各类企业证件资料；

③ 完成企业信息网上注册、备案，并提交一份企业信息备案文件。

（二）操作过程

1. 每个团队成立一个投标人公司，确定公司的基本信息资料

（1）项目经理组织团队成员，讨论确定公司名称、企业法定代表人、成立日期等基本信息资料。

（2）找出需要完善的证件资料内容。

1）企业营业执照（图 2-2）。

2）开户许可证（图 2-3）。

3）组织机构代码证（图 2-4）。

4）企业资质证书（图 2-5）。

5）安全生产许可证（图 2-6）。

6）三个体系证书（环境、职业健康、质量）。

① 质量管理体系认证证书（图 2-8）。

② 环境管理体系认证证书（图 2-7）。

③ 职业健康管理体系认证证书（图 2-9）。

7）企业资信等级证书（图 2-10）。

2. 完善投标人公司的各类企业证件资料

（1）项目经理对企业证件资料进行分工，团队成员分别完成其中的某个证件资料。

（2）团队成员领取证书后，查询相关证件资料信息，并将证书内容填写完善。

① 营业执照（图 2-32）。

② 开户许可证（图 2-33）。

③ 组织结构代码（图 2-34）。

④ 企业资质证书（图 2-35）。

⑤ 安全生产许可证（图 2-36）。

⑥ 职业健康安全管理体系认证证书（图 2-37）。

⑦ 环境管理体系认证证书（图 2-38）。

⑧ 质量管理体系认证证书（图 2-39）。

⑨ 企业信用等级证书（图 2-40）。

图 2-32

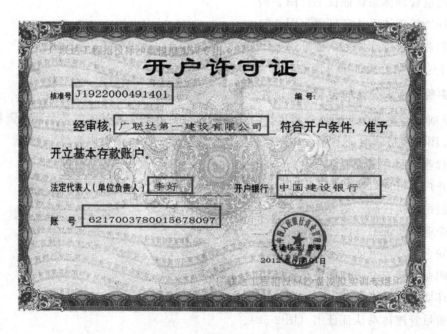

图 2-33

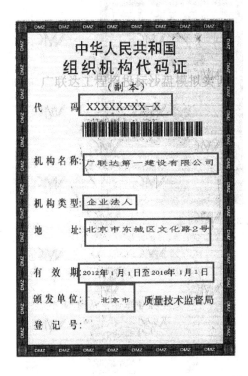

图 2-34

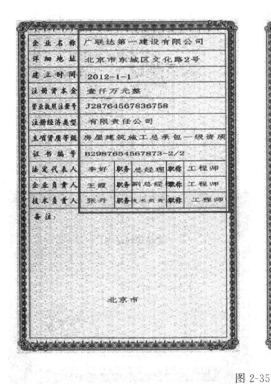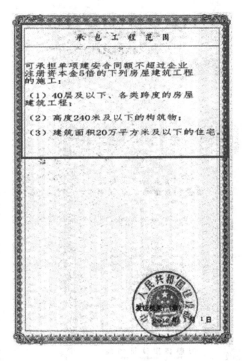

图 2-35

图 2-36

图 2-37

图 2-38

图 2-39

图 2-40

（3）证书填写完成后，交由项目经理进行审核。

（4）项目经理审核无误后，将证件资料置于招投标沙盘盘面对应位置处。如图 2-41所示。

图 2-41

 小贴士：项目经理在进行证书审核时，需重点关注以下内容。

① 不同证书之间企业名称、企业法定代表人名字是否一致；

② 企业证书是否在有效期内；

③ 企业组织结构代码的标准格式为：××××××××-×，其中×为阿拉伯数字，例如：88888888-1。

④ 投标人公司的企业资质证书、营业执照的经营范围要保持一致。

3. 完成企业信息网上注册、备案，并提交一份企业信息备案文件

（1）投标人登录广联达工程交易管理服务平台，注册投标人账号。

① 投标人登录"广联达工程交易管理服务平台"。如图 2-42 所示。

② 企业在线注册：进入"诚信信息平台"之后，点击"注册"。如图 2-43 所示。

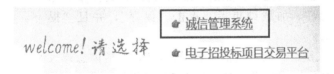

图 2-42

图 2-43

③ 企业注册时，选择"施工单位"，组织机构代码格式为××××××××-×，其中×为阿拉伯数字，只能是唯一的，注册过的无法注册，信息录入完成后，点击"立即注册"。注册完成后，务必记住单位名称以及相应的密码。如图 2-44 所示。

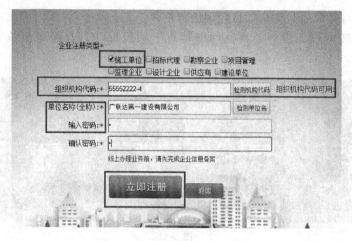

图 2-44

（2）投标人完成"学生信息"、"基本信息"、"安全生产许可证"、"企业资质"、"企业人员"的信息登记凡是带红色标记的为必填项；如果存在无法提交的情况，则是带红色标记的未全部填完。施工企业必须填写"安全生产许可证"信息及增加"建造师"内容，否则在投标报名时无法进行下一步的操作。"学生信息"、"基本信息"及"企业资质"的操作参考招标代理的操作。如图 2-45 所示。

① 进入"安全生产许可证"界面，点击"新增证书"。如图 2-46 所示。

② 信息录入完成之后，添加安全生产许可证扫描件，把鼠标放到"安全生产许可证"的位置，点击"添加文件"，文件添加完成之后，点击"加载"，加载结束后，点击"保存"，并且"提交"。如图 2-47 所示。

③ 进入"企业人员"界面，点击"新增人员"，人员信息录入完成之后，点击"保存"，此时跳转到人员详细信息界面。进入"基本信息"界面，施工企业在"企业人员"界面，必须完善"基本信息"、"资格证书"、"安全生产考核证"三者缺一不可。如图 2-48～图 2-50 所示。

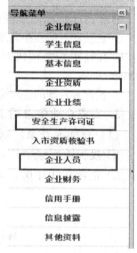

图 2-45

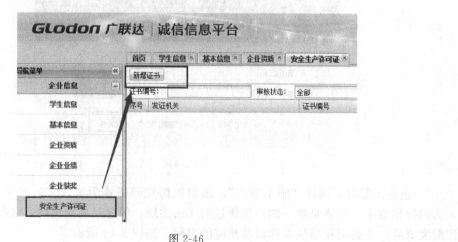

图 2-46

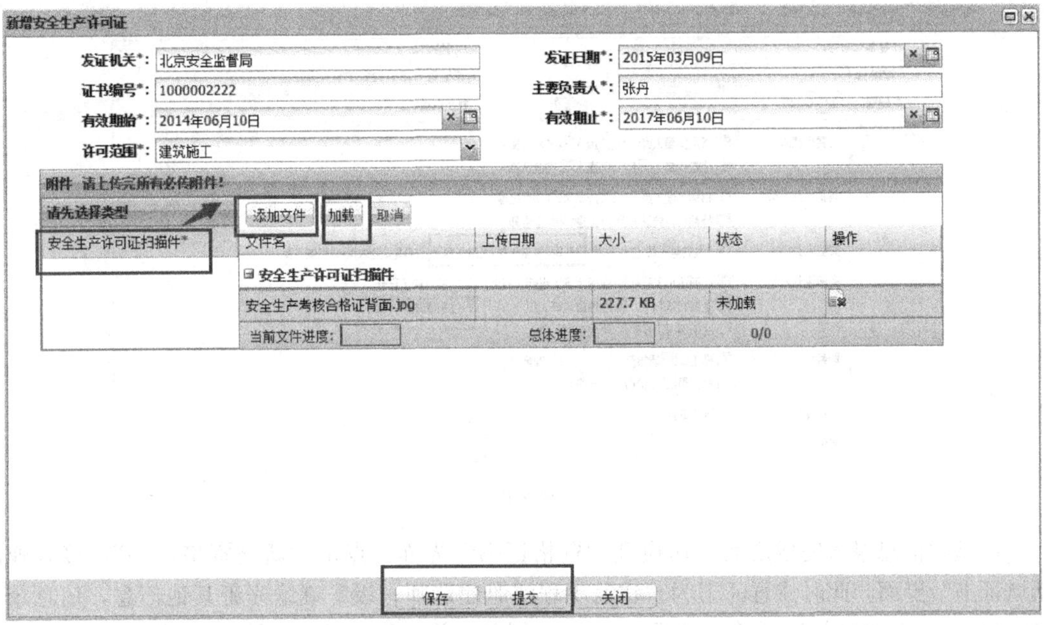

新增安全生产许可证

发证机关*：	北京安全监督局	发证日期*：	2015年03月09日
证书编号*：	1000002222	主要负责人*：	张丹
有效期始：	2014年06月10日	有效期止*：	2017年06月10日
许可范围*：	建筑施工		

附件 请上传完所有必传附件！

请先选择类型　　　添加文件　加载　取消

	文件名	上传日期	大小	状态	操作
安全生产许可证扫描件*	⊟ 安全生产许可证扫描件				
	安全生产考核合格证背面.jpg		227.7 KB	未加载	
	当前文件进度：		总体进度：		0/0

保存　提交　关闭

图 2-47

图 2-48

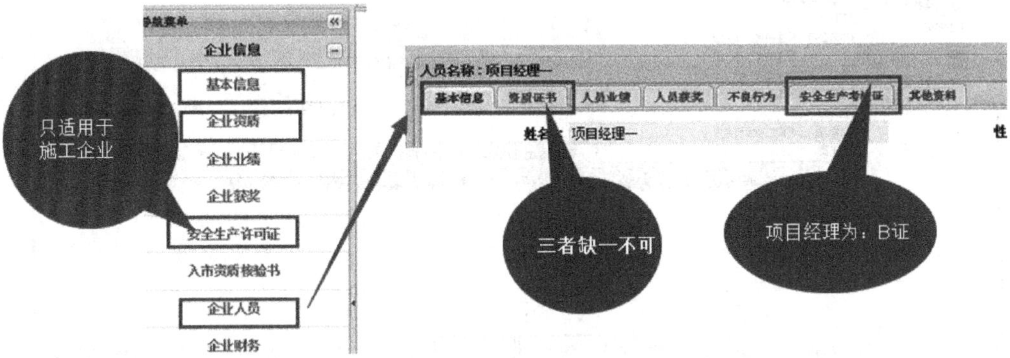

图 2-49

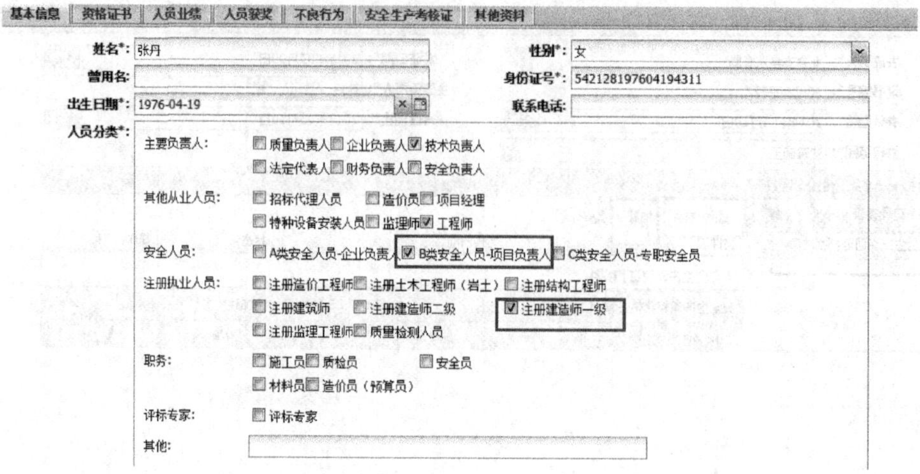

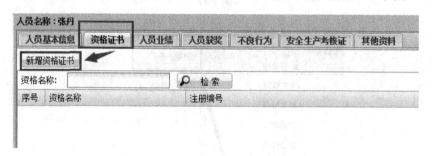

图 2-50

④ 基本信息录入完成之后，切换到"资格证书"界面，点击"新增资格证书"，接着弹出"新增证书"界面，此时注意证书为"建筑工程注册建造师一级"继续完善其他信息，信息录入完成之后，点击"保存"，保存完成后，点击"关闭"，关闭此界面。如图 2-51、图 2-52 所示。

图 2-51

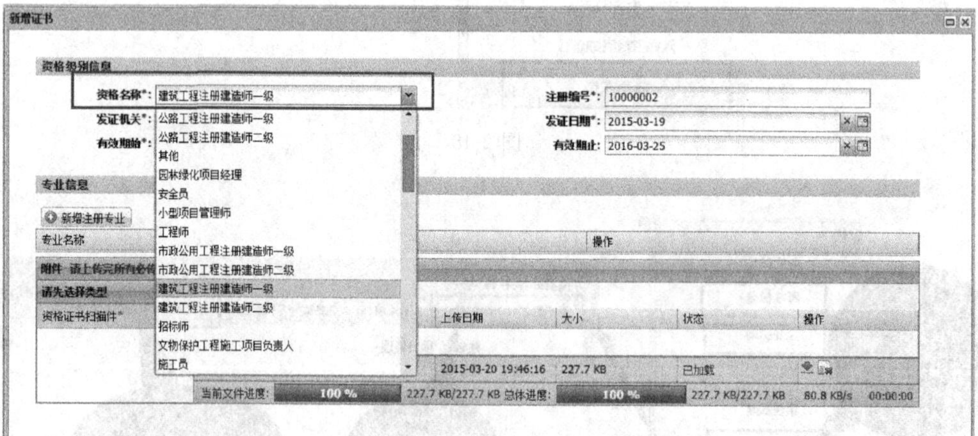

图 2-52

　　⑤ 进入"安全生产考核证"界面，点击"新增证书"，接着进入新增证书界面，此时，"持证类别"选择"B证"，并且完善其他信息，信息录入完成后，点击"保存"。如图2-53、图2-54所示。

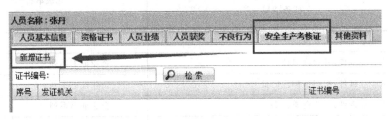

图 2-53

图 2-54

　　（3）行政监管人员登陆"广联达工程交易管理平台"，以初审监管员账号登录诚信信息平台，审批投标人提交的"基本信息"、"企业资质"、"安全生产许可证"、"企业人员"。尤其注意每一项内容完成后，均需提交审核，操作方法参考行政监管人员审核招标代理信息操作。

小贴士：

　　① 投标人的每一项内容填写完成后，必须提交审核；只有经过初审监管员审核通过，才属于企业备案成功。
　　② 投标人的企业人员中必须含有至少一名建造师人员，并且具备安全生产许可证B证，否则无法进行电子招投标项目交易平台的投标报名工作。
　　③ 投标人的企业资质证书内容需符合工程招投标实训所需投标人资质条件，否则无法进行电子招投标项目交易平台的投标报名工作。在企业资质注册时候，不要忘记选择正确的企业资质。

八、沙盘展示

1. 团队自检
项目经理带领团队成员，对照沙盘操作表，检查自己团队的各项工作任务是否完成。

（1）招标人（或招标代理机构）见表2-1。

表2-1　沙盘操作表（招标人）

序号	任务清单	完成请打"√"	
		使用单据/表/工具	完成情况
1	招标人企业证件:营业执照	企业证书系列	☐
2	招标人企业证件:开户许可证	企业证书系列	☐
3	招标人企业证件:组织结构代码证	企业证书系列	☐
4	招标人企业证件:企业资质证书	企业证书系列	☐
5	招标人诚信备案:基本信息	诚信信息平台	☐
6	招标人诚信备案:企业资质	诚信信息平台	☐
7	招标人诚信备案:企业人员	诚信信息平台	☐

（2）投标人　见表2-2。

表2-2　沙盘操作表（投标人）

序号	任务清单	完成请打"√"	
		使用单据/表/工具	完成情况
1	投标人企业证件:营业执照	企业证书系列	☐
2	投标人企业证件:开户许可证	企业证书系列	☐
3	投标人企业证件:组织结构代码证	企业证书系列	☐
4	投标人企业证件:安全生产许可证	企业证书系列	☐
5	投标人企业证件:企业资质证书	企业证书系列	☐
6	投标人企业证件:质量管理体系认证证书	企业证书系列	☐
7	投标人企业证件:环境管理体系认证证书	企业证书系列	☐
8	投标人企业证件:职业健康管理体系认证证书	企业证书系列	☐
9	投标人企业证件:企业资信等级证书	企业证书系列	☐
10	投标人诚信备案:基本信息	诚信信息平台	☐
11	投标人诚信备案:企业资质	诚信信息平台	☐
12	投标人诚信备案:企业人员	诚信信息平台	☐
13	投标人诚信备案:安全生产许可证	诚信信息平台	☐

2. 沙盘盘面内容展示与分享

（1）招标人展示（图2-55）

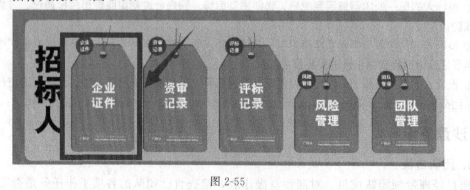

图2-55

（2）投标人展示（图 2-56）

图 2-56

3. 作业提交

（1）招标人（招标代理）企业注册备案文件

1）生成企业注册备案文件。

招标人（招标代理）登陆招投标系统，进入电子招投标项目交易平台，进入"工程注册"—"项目登记"，如图 2-57 所示，点击"导出评分文件"，即可生成一份招标人（招标代理）的注册备案文件。

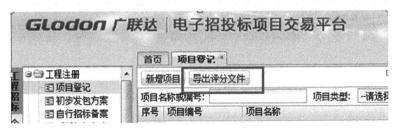

图 2-57

2）提交作业。

将企业注册备案文件拷贝到 U 盘中提交给老师，或者使用在线文件递交（文件在线提交系统或电子邮箱等方式）提交给老师。

（2）投标人企业注册备案文件

1）生成企业注册备案文件。

投标人登录电子招投标项目交易平台，进入"投标业务"—"已报名标段"，如图 2-58 所示，点击"导出评分文件"，即可生成一份投标人的注册备案文件。

图 2-58

2）提交作业。

将企业注册备案文件拷贝到 U 盘中提交给老师，或者使用在线文件递交（文件在线提交系统或电子邮箱等方式）提交给老师。

九、实训总结

1. 教师评测

（1）评测软件操作　具体操作详见附录3：学生学习成果评测。

（2）学生成果展示　具体操作详见附录3：学生学习成果评测。

2. 学生总结

小组讨论3分钟，写下该环节你认为需要完善的内容及心得，并进行分享。

十、拓展练习

在本模块中，对招标人（招标代理）证件主要对营业执照、开户许可证、组织机构代码证、企业资质证书等四个证件资料做强化训练，学生还需要了解的其他相关证件资料如法人资格证明书、税务登记证、企业信用等级证书等。

对投标人证件主要对营业执照、开户许可证、组织机构代码证、资质证书、安全生产许可证、三个体系（环境、职业健康、质量）等证件资料做强化训练，学生还需要了解其他相关证件资料，如法人资格证明书、税务登记证、项目经理（建造师）证书、"八大员"岗位证书、业绩获奖证书等。

模块三　招标策划

知识目标
　　1. 掌握建设工程项目招标的条件及主要招标方式
　　2. 熟悉建设工程项目招标范围、标段的划分依据
　　3. 掌握建设工程项目招标的程序
　　4. 掌握工程项目的备案与登记
能力目标
　　1. 能够结合工程背景进行招标条件、方式的界定
　　2. 能够熟练编制招标计划
　　3. 能够进行工程项目的备案与登记工作

项目一　招标策划相关理论知识

本部分理论知识只是本模块工作任务学习的引导，详细知识的学习自行查阅相关资料。

一、招标条件

在建设工程招标之前，招标人必须完成必要的准备工作，具备招标所需的条件。

（一）建设单位自行招标应当具备的条件

按照《工程建设项目自行招标试行办法》（2013 年修订版，2013 年 5 月 1 日起执行），招标人自行办理招标事宜，应当具有编制招标文件和组织评标的能力，具体包括以下几点。

　　① 具有项目法人资格（或者法人资格）；

　　② 具有与招标项目规模和复杂程度相适应的工程技术、概预算、财物和工程管理等方面专业技术力量；

　　③ 有从事同类工程建设项目招标的经验；

　　④ 拥有 3 名以上取得招标职业资格的专职招标业务人员；

　　⑤ 熟悉和掌握招标投标法及有关法规规章。

（二）工程建设项目招标应当具备的条件

依据《工程建设项目施工招标投标办法》（国家发展计划委员会、原建设部、原铁道部、交通部、信息产业部、水利部、民航总局令第 30 号）第八条的规定，及《关于废止和修改部分招标投标规章和规范性文件的决定》（2013 年第 23 号令），依法必须招标的工程建设项目，应当具备下列条件才能进行工程招标。

　　① 招标人已经依法成立；

　　② 初步设计及概算应当履行审批手续的，已经批准；

③ 有相应的资金或资金来源已经落实；

④ 有招标所需的设计图纸及技术资料；

⑤ 法律、法规、规章规定的其他条件。

（三）可以不进行招标的施工项目

依据《工程建设项目施工招标投标办法》(国家发展计划委员会、原建设部、原铁道部、交通部、信息产业部、水利部、民航总局令第 30 号) 第 12 条的规定，及《关于废止和修改部分招标投标规章和规范性文件的决定》(2013 年第 23 号令)，依法必须进行施工招标的工程建设项目有下列情形之一的，可以不进行施工招标。

① 涉及国家安全、国家秘密、抢险救灾或者属于利用扶贫资金实行以工代赈、需要使用农民工等特殊情况，不适宜进行招标；

② 施工主要技术采用不可替代的专利或者专有技术；

③ 已通过招标方式选定的特许经营项目投资人依法能够自行建设；

④ 采购人依法能够自行建设；

⑤ 在建工程追加的附属小型工程或者主体加层工程，原中标人仍具备承包能力，并且其他人承担将影响施工或者功能配套要求；

⑥ 国家规定的其他情形。

二、建筑工程招标方式

建筑工程项目招标方式在国际上通行的有公开招标、邀请招标和议标，但《中华人民共和国招标投标法》未将议标作为法定的招标方式，即法律所规定的强制招标项目不允许采用议标方式。

（一）公开招标

公开招标又称为无限竞争招标，招标单位应当在国家指定的报刊和信息网络上发布招标公告，有投标意向的承包人均可参加投标资格审查，审查合格的承包人可购买或领取招标文件，参加投标的招标方式。

1. 公开招标的特点

优点是：投标的承包人多、竞争范围大，业主有较大的选择余地，有利于降低工程造价，提高工程质量和缩短工期。

缺点是：由于投标的承包人多，招标工作量大，组织工作复杂，需投入较多的人力、物力，招标过程所需时间较长，因而此类招标方式主要适用于投资额度大、工艺、结构复杂的较大型工程建设项目。

公开招标的特点一般表现为以下几个方面。

① 公开招标是最具竞争性的招标方式。

② 公开招标是程序最完整、最规范、最典型的招标方式。

③ 公开招标也是所需费用最高、花费时间最长的招标方式。其竞争激烈、程序复杂，组织招标和参加投标需要做的准备工作和需要处理的实际事务比较多，特别是编制、审查有关招标投标文件的工作量很大。

综上所述，不难看出，公开招标有利有弊，但优越性十分明显。

2. 我国公开招标存在的问题

我国在推行公开招标实践中，存在不少问题，主要是公开招标的公告方式具有广泛的社会公开性，但公开招标的公平、公正性受到限制，招标评标实际操作方法不规范等，这些均需要认真加以探讨和解决。

（二）邀请招标

邀请招标又称为有限竞争性招标。这种方式不发布公告，发包人根据自己的经验和所掌握的各种信息资料，向具备承担施工招标项目的能力、资信良好的特定的法人或者其他组织发出投标邀请书，收到邀请书的单位有权利选择是否参加投标。邀请招标与公开招标一样都必须按规定的招标程序进行，要制订统一的招标文件，投标人都必须按招标文件的规定进行投标。

邀请招标方式的优点是：参加竞争的投标商数目可由招标单位控制，目标集中，招标的组织工作较容易，工作量比较小。其缺点是：由于参加的投标单位相对较少，竞争范围较小，使招标单位对投标单位的选择余地较小，如果招标单位在选择被邀请的承包人前所掌握信息资料不足，则会失去发现最适合承担该项目的承包人的机会。

公开招标和邀请招标是有区别的，主要区别如下。

① 邀请招标的程序比公开招标简化，如无招标公告及投标人资格审查的环节。

② 邀请招标在竞争程度上不如公开招标强。邀请招标参加人数是经过选择限定的，被邀请的承包人数目在 3～10 个，不能少于 3 个，也不宜多于 10 个。由于参加人数较少，易于控制，因此其竞争范围没有公开招标大，竞争程度也明显不如公开招标强。

③ 邀请招标在时间和费用上都比公开招标节省。邀请招标可以省去发布招标公告费用、审查费用和可能发生的更多的评标费用。

但是，邀请招标也存在明显缺陷。它限制了竞争范围，由于经验和信息资料的局限性，会把许多可能的竞争者排除在外，不能充分展示自由竞争、机会均等的原则。鉴于此，国际上和我国都有邀请招标的适用范围和条件。

依法必须进行公开招标的项目，有下列情形之一的，可以邀请招标。

① 项目技术复杂或有特殊要求，或者受自然地域环境限制，只有少量潜在投标人可供选择；

② 涉及国家安全、国家秘密或者抢险救灾，适宜招标但不宜公开招标；

③ 采用公开招标方式的费用占项目合同金额的比例过大。

三、招标范围

（一）我国目前对工程建设项目招标范围的界定

《中华人民共和国招标投标法》第三条的规定：在中华人民共和国境内进行下列工程建设项目，包括项目的勘察、设计、施工、监理以及与工程建设有关的重要设备、材料等的采购，必须进行招标。

① 大型基础设施、公用事业等关系社会公共利益、公众安全的项目；

② 全部或者部分使用国有资金投资或者国家融资的项目；

③ 使用国际组织或者外国政府贷款、援助资金的项目。

依据国务院批准 2013 年 5 月 1 日发布施行的《工程建设项目招标范围和规模标准规定》（2013 年 23 号令），具体内容如下。

（1）关系社会公共利益、公众安全的基础设施项目的范围包括：

① 煤炭、石油、天然气、电力、新能源等能源项目；

② 铁路、公路、管道、水运、航空及其他交通运输业等交通运输项目；

③ 邮政、电信枢纽、通信、信息网络等邮电通讯项目；

④ 防洪、灌溉、排涝、引（供）水、滩涂治理、水土保持、水利枢纽等水利项目；

⑤ 道路、桥梁、地铁和轻轨交通、污水排放及处理、垃圾处理、地下管道、公共停车场等城市设施项目；

⑥ 生态环境保护项目；

⑦ 其他基础设施项目。

（2）关系社会公共利益、公众安全的公用事业项目的范围包括：

① 供水、供电、供气、供热等市政工程项目；

② 科技、教育、文化等项目；

③ 体育、旅游等项目；

④ 卫生、社会福利等项目；

⑤ 商品住宅，包括经济适用住房；

⑥ 其他公用事业项目。

（3）使用国有资金投资项目的范围包括：

① 使用各级财政预算资金的项目；

② 使用纳入财政管理的各种政府性专项建设基金的项目；

③ 使用国有企业事业单位自有资金，并且国有资产投资者实际拥有控制权的项目。

（4）国家融资项目的范围包括：

① 使用国家发行债券所筹资金的项目；

② 使用国家对外借款或者担保所筹资金的项目；

③ 使用国家政策性贷款的项目；

④ 国家授权投资主体融资的项目；

⑤ 国家特许的融资项目。

（5）使用国际组织或者外国政府资金的项目的范围包括：

① 使用世界银行、亚洲开发银行等国际组织贷款资金的项目；

② 使用外国政府及其机构贷款资金的项目；

③ 使用国际组织或者外国政府援助资金的项目。

（6）上述规定范围内的各类工程建设项目，包括项目的勘察、设计、施工、监理以及与工程建设有关的重要设备、材料等的采购，达到下列标准之一的，必须进行招标：

① 施工单项合同估算价在 200 万元人民币以上的；

② 重要设备、材料等货物的采购，单项合同估算价在 100 万元人民币以上的；

③ 勘察、设计、监理等服务的采购，单项合同估算价在 50 万元人民币以上的；

④ 单项合同估算价低于第①、②、③项规定的标准，但项目总投资额在 3000 万元人民币以上的。

建设项目的勘察、设计，采用特定专利或者专有技术的，或者其建筑艺术造型有特殊要求的，经项目主管部门批准，可以不进行招标。

省、自治区、直辖市人民政府根据实际情况，可以规定本地区必须进行招标的具体范围和规模标准，但不得缩小《工程建设项目招标范围和规模标准规定》确定的必须进行招标的范围。

（二）工程建设项目标段划分的依据

在确定招标范围时，根据建设工程的特点，有必要进行标段的划分。如果业主有多个招标项目同时开展，且项目内容类似，应根据项目的特点进行整合，合并招标，这样不仅节约了招标人和投标人的成本，也节省了时间，提高了招标工作的效率。在划分工程类项目的招标范围时更要严格遵守科学、合理的原则。工程上有些部分是多个分项工程的交叉点，在划分招标范围时对交叉部分要特别注意。这部分内容应根据其特点科学地划分到最适合的标段上去，不能漏项也不能重复招标。标段划分的主要原则就是：质量责任明确、成本责任明确、工期责任明确。其次是经济高效、具有可操作性、符合实际。划分标段要根据建设工程的投资规模、建设周期、工程性质等具体情况，将建设工程分段分期实施，以达到缩短工期的目的。

划分标段要考虑的因素如下。

① 建设规模：规模的大小直接决定分标段实施的可行性。

② 缩短工期、增加竞争性，如道路市政工程。

③ 资金控制：前期投资资金相对增加，加快资金周转，收益提前，整体建设成本可以得到控制。

④ 设计方案：独立性、可分割性和专业性，以保证施工分标段实施后不会产生质量隐患。如：精装修工程、园区大型绿化工程、土建施工和设备安装分别招标。

⑤ 现场场地的大小、平面布置、临时设施的安排、场地道口的位置、各项工程之间的衔接等条件也是考虑因素。

四、招标程序

招标与投标是一个整体活动，涉及业主和承包商两个方面，招标作为整体活动的一部分主要是从业主的角度揭示其工作内容，但同时又要注意招标与投标活动的关联性，不能将二者撕裂开来。建设工程施工招标程序主要是指招标工作在时间和空间上应遵循的先后顺序，在此以资格预审方式为例进行介绍，资格后审与预审的主要区别在于资格审查的时间点不同，具体区别详见模块四。

招标程序（资格预审）主要流程如图 3-1 所示。

下面主要介绍与上述招标程序中相关到的几项重要工作任务的主要内容。

1. 发布资格预审公告、招标公告或投标邀请书

进行资格预审的项目，需要发布资格预审公告；不进行资格预审的项目，则直接发布招标公告，招标人发布资格预审公告和招标公告，需通过国务院发展改革部门依法指定的媒介发布，如报刊等公开媒体或信息网发布，不得收取费用。采取邀请招标方式的，招标人要向3个及以上具备承担生产能力的、资信良好的、特定的承包人发出投标邀请书，邀请他们申请投标资格审查，参加投标。

2. 资格预审

由招标人对申请参加投标的潜在投标人进行资质条件、业绩、信誉、技术、资金等多方面情况进行资格审查，只有被认定为合格的投标人，才可以参加投标。

3. 发售招标文件，收取投标保证金

招标人应按规定的时间和地点将招标文件、图纸和有关技术资料发放给通过资格审查的投标人，并收取一定的保证金。自招标文件开始出售之日到停止出售之日止，最短不得少于5日。招标文件一旦售出，不予退还。招标文件从开始发出之日至投标人提交投标文件截止之日不得少于20日。投标单位收到招标文件、图纸和有关技术资料后，应认真核对，核对无误后，应以书面形式予以确认。

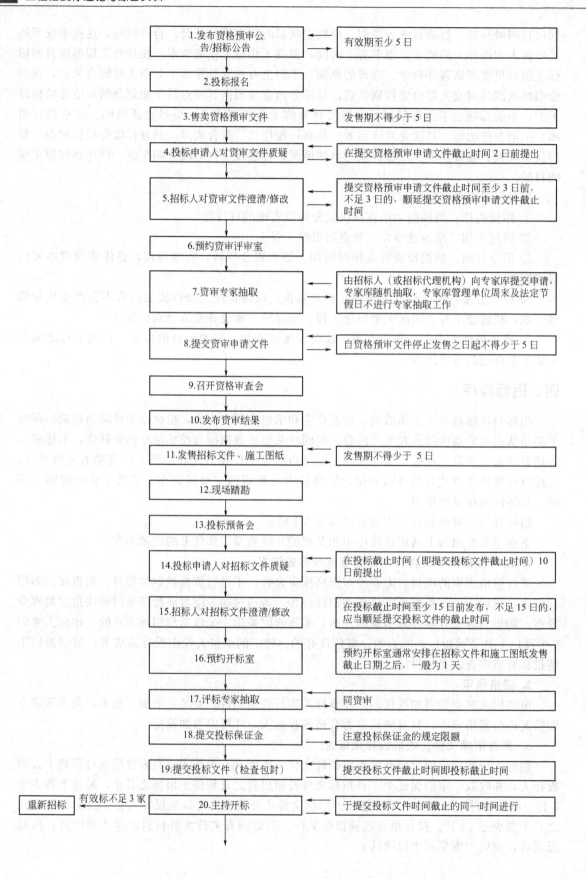

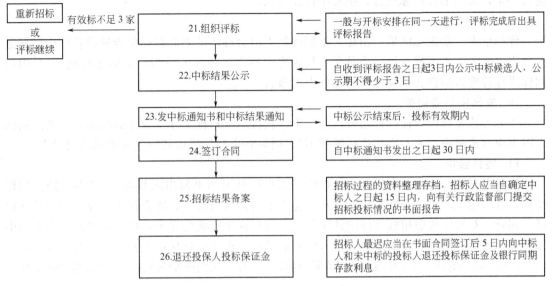

图 3-1　招标程序主要操作流程（资格预审）

招标人对已发出的招标文件有澄清或修改的，应在投标截止日期前至少 15 日，以书面形式通知所有获取招标文件的投标人，不足 15 日的，招标人应当顺延提交投标文件的截止时间。

4. 现场踏勘

招标人根据招标项目的具体情况，组织投标人踏勘现场，向其介绍工程场地和相关环境的有关情况。投标人依据招标人介绍情况做出的判断和决策，由投标人自行负责。招标人不得组织单个或部分投标人踏勘项目现场。

5. 召开投标预备会、招标文件答疑

投标人应在招标文件规定的时间前，以书面形式将提出的问题送达招标人，由招标人以投标预备会或以书面答疑的方式澄清。

招标文件中规定召开投标预备会的，招标人按规定时间和地点召开投标预备会，澄清投标人提出的问题。预备会后，招标人需要在招标文件中规定的时间之前，将对投标人所提问题的澄清以书面形式通知所有购买招标文件的投标人。投标人对招标文件有异议的，应当在投标截止时间 10 日前提出。

6. 投标文件提交

投标人根据招标文件的要求，编制投标文件，并进行密封和标记，在投标截止时间前按规定的地点提交至招标人。招标人应当如实记载投标文件的送达时间和密封情况，并存档备查。

7. 开标

招标人在招标文件规定的提交投标文件的截止时间的同一时间，按招标文件预先确定的地点，按规定的议程进行公开开标。参加开标会议的人员，包括招标人或其代表人、招标代理人、投标人法定代表人或其委托代理人、招标投标管理机构的监管人员和招标人邀请的公证机构的人员等。开标会议由招标人或招标代理人组织，由招标人或招标代理人主持，并在招标投标管理机构的监督下进行。

8. 评标

由招标人组建评标委员会，在招标投标监管机构的监督下，依据招标文件规定的评标标准和方法，对投标人的报价、工期、质量、主要材料用量、施工方案或施工组织设计等方面进行评价，提出书面评标报告，推荐中标候选人。

9. 择优定标

评标结束产生定标结果，招标人依据评标委员会提出的书面评标报告和推荐的中标候选人确定中标人，也可授权评标委员会直接确定中标人。招标人应当自定标之日起 15 日内向招标投标管理机构提交招标投标情况的书面报告。

10. 发出中标通知书

中标人选定后由招标投标监管机构核准，获批后在招标文件中规定的投标有效期内招标人以书面形式向中标人发出"中标通知书"，同时将中标结果通知所有未中标的投标人。

11. 签订合同

招标人与中标人应当在投标有效期内并在自中标通知书发出之日起 30 日内，按照招标文件签订书面工程承包合同。招标人和中标人不得再另行订立背离合同实质性内容的其他协议。同时，双方要按照招标文件的约定提交履约保证金或履约保函，招标人最迟应当在与中标人签订合同后 5 日内，向中标人和未中标的投标人退还投标保证金及银行同期存款利息。

本部分详细的任务与工作流程详见本模块项目二　学生实践任务中的任务二"编制招标计划"。

五、工程项目备案与登记

招标项目按照国家有关规定需要履行审批手续的，应当先履行审批手续，取得批准。按照国家有关规定需要履行项目审批、核准手续的，依法必须进行招标的项目，其招标范围、招标方式、招标组织形式应当报项目审批、核准部门审批核准。项目审批、核准部门应当及时将审批、核准确定的招标范围、招标方式、招标组织形式通报有关行政监督部门。

依法必须招标的工程项目，必须满足招标投标相关法规所规定的条件。所招标的工程建设项目必须到当地招标投标监管机构登记备案核准。

项目二　学生实践任务

实训目的：

　　1. 通过案例，结合单据背面的提示功能，让学生掌握项目招投标应该具备的条件、学会分析如何选择招标方式

　　2. 通过招标计划编制，让学生熟悉完整的招投标业务流程、时间控制

实训任务：

　　任务一　确定招标组织方式；进行招标条件、招标方式界定

　　任务二　编制招标计划

　　任务三　工程项目的备案与登记

【课前准备】

一、硬件准备

（1）多媒体设备　投影仪、教师电脑、授课 PPT。

（2）实训电脑　学生用实训电脑配置要求如下。

① IE 浏览器 8 及以上；

② 安装 Office 办公软件 2007 或 2010 版；

③ 电脑操作系统：Windows 7。

（3）网络环境　机房内网或校园网内网环境。

（4）实训物资　工程招投标实训教材、工程招投标沙盘实物道具、签字笔、广联达软件加密锁。

二、软件准备

① 广联达工程招投标沙盘模拟执行评测系统（沙盘操作执行模块）。

② 广联达工程交易管理服务平台（GBP）。

③ 广联达工程招投标沙盘模拟执行评测系统（招投标评测模块）。

【招投标沙盘】

一、沙盘引入

主要指明在沙盘面上要完成的具体任务。如图 3-2 所示。

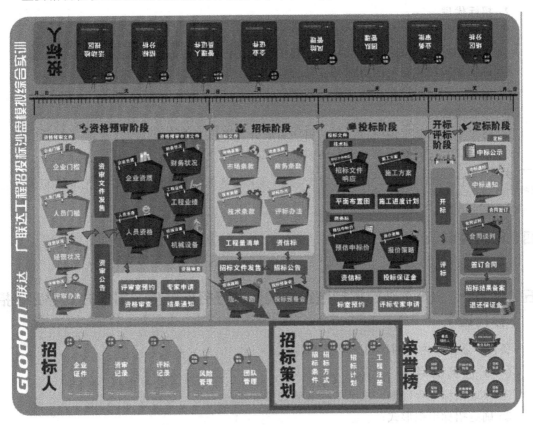

图 3-2

二、道具探究

单据项目招标条件、招标方式分析表如图 3-3 所示。

组别：　　　　表3-1　项目招标条件、招标方式分析表　　　日期：

项目名称	招标组织形式		招标条件	招标方式
具体内容	□自行招标　　□委托招标		□招标人已经依法成立	□公开招标
	□具有项目法人资格（或者法人资格）		□项目立项书	□资格预审 □资格后审
	□具有与招标项目规模和复杂程度相适应的工程技术、概预算、财物和工程管理等方面专业技术		□可行性研究报告	
			□规划申请书	
	□有从事同类工程建设项目招标的经验		□初步设计及概算应当履行审批手续的，已经批准	□邀请招标
	□拥有3名以上取得招标职业资格的专职招标业务人员		□有招标所需的设计图纸	
			□有招标所需的技术资料	□直接发包/议标
	□熟悉和掌握招标投标法及有关法规规章		□有相应资金或资金来源已经落实	

填表人：　　　　　　　　会签人：　　　　　　　　审批人：

图 3-3

三、角色扮演

1. 招标人
① 招标人即建设单位，由老师临时客串；
② 负责对招标代理公司提出的招标条件问题进行解答、出具相关的证明资料。

2. 招标代理
① 每个学生团队都是一个招标代理公司；
② 承接招标人（或建设单位）的工程招标委托任务；
③ 确认工程招标项目的招标条件是否满足；
④ 完成工程招标项目在线注册、备案。

3. 行政监管人员
① 每个学生团队中由项目经理指定一名成员，担任本团队的行政监管人员；
② 负责工程交易管理服务平台的业务审批。

小贴士：如项目招标由招标人自行完成，则不设招标代理角色，其相关工作由招标人完成，并由学生团队担当。

四、时间控制

建议学时 2～3 学时。

五、任务一　（A）确定招标组织方式；进行招标条件、招标方式界定（招标代理）

备注：适用于由招标代理完成招标工作。

（一）任务说明
① 获取招标工程资料，熟悉工程案例背景资料；
② 确定招标组织形式；
③ 判断本工程是否满足招标条件。

（二）操作过程

1. 获取招标工程资料，熟悉工程案例背景资料

（1）获取招标工程资料

1）第一种方式：老师从广联达工程招投标沙盘模拟执行评测系统中指定某一个工程案例，学生团队进入到该工程案例进行获取。

① 打开"广联达工程招投标沙盘模拟执行评测系统"，选择"沙盘操作执行软件"模块。如图 3-4 所示。

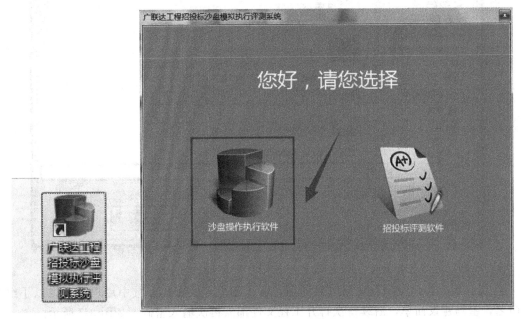

图 3-4

② 点击"新建"按钮，弹出案例选择对话框，选择"教学楼工程资格预审"练习模式。如图 3-5 所示。

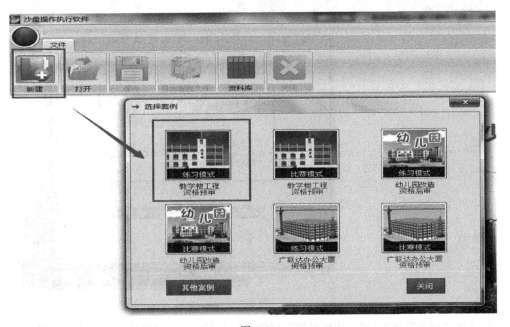

图 3-5

③ 弹出"保存案例"对话框，选择保存路径，输入相应案例名称。如图 3-6 所示。

图 3-6

④ 保存后，弹出"项目登录"对话框，输入用户名及密码。其中用户名可以以小组名称命名，密码建议简单，后续每次打开工程文件都需再次输入密码。如图 3-7 所示。

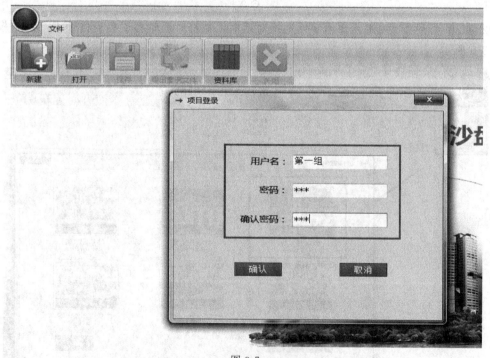

图 3-7

⑤ 通过"导出案例工程"，选择案例工程文件的保存位置，保存成功后会在设置的保存位置生成一个案例工程文件的压缩文件夹，解压后即可获得相应案例工程的资料。如图 3-8 所示。

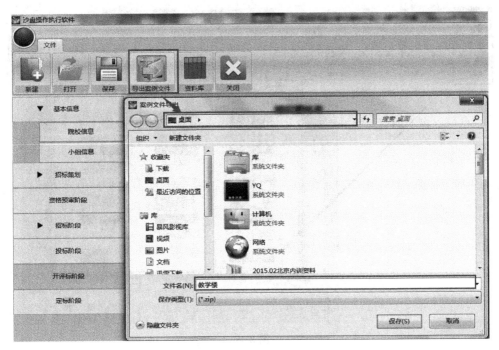

图 3-8

2）第二种方式：每个学生团队从老师那领取工程案例文件，将领取的案例文件导入到广联达工程招投标沙盘模拟执行评测系统，获取工程案例背景资料。

① 打开"广联达工程招投标沙盘模拟执行评测系统"，选择"沙盘操作执行软件"模块。如图 3-9、图 3-10 所示。

② 点击"新建"按钮，弹出案例选择对话框，选择"其他案例"，找到从老师处获得的后缀名为".cas"的案例工程文件。如图 3-11、图 3-12 所示。

③ 弹出"保存案例"的窗口，选择保存路径，并输入相应的案例工程名称，最后点击"保存"，则在相应的路径生成一个后缀名为".san"的文件。如图 3-13 所示。

图 3-9

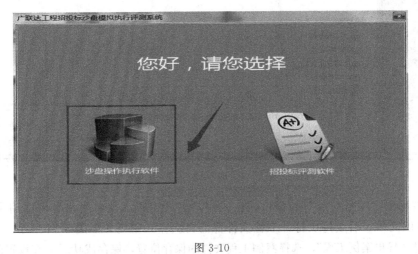

图 3-10

图 3-11

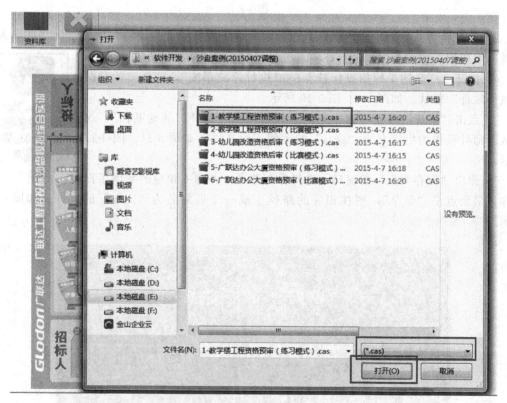

图 3-12

④ 接着弹出"项目登录"的窗口，输入用户名及密码。其中用户名可以用小组名称命名，密码建议简单，后续每次打开工程文件都需再次输入密码。如图3-14所示。

⑤ 通过"导出案例工程"，选择案例工程文件的保存位置，保存成功后会在设置的保存位置

图 3-13

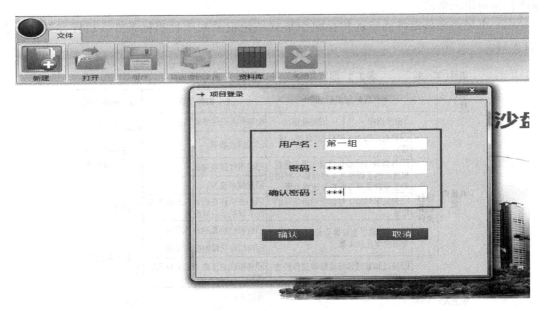

图 3-14

生成一个案例工程文件的压缩文件夹，解压后即可获得相应案例工程的资料。如图 3-15 所示。

（2）熟悉工程案例背景资料　项目经理带领团队成员，对建设单位委托的工程招标项目信息进行阅读并了解。

① 工程背景资料介绍；

② 工程图纸。

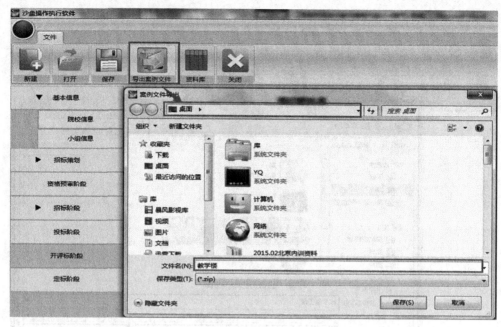

图 3-15

2. 确定招标组织形式

（1）项目经理带领团队成员讨论，根据自己公司的企业性质、招标工程建设信息，确定本次招标的组织形式。

（2）市场经理负责将确定的招标组织形式结论记录到项目招标条件、招标方式分析表（表 3-1）。

组别：第一组　　　　**表3-1 项目招标条件、招标方式分析表**　　　　日期：2015.03

项目名称	1. 招标组织形式		2. 招标条件	3. 招标方式
具体内容	□自行招标	☑委托招标	☑招标人已经依法成立	☑公开招标
	自行招标条件	□具有项目法人资格（或者法人资格）	☑项目立项书	☑资格预审 □资格后审
		□具有与招标项目规模和复杂程度相适应的工程技术、概预算、财物和工程管理等方面专业技术力量	☑可行性研究报告	
			☑规划申请书	
		□有从事同类工程建设项目招标的经验	☑初步设计及概算应当履行审批手续的，已经批准	□邀请招标
		□拥有3名以上取得招标职业资格的专职招标业务人员	☑有招标所需的设计图纸	
			☑有招标所需的技术资料	
		□熟悉和掌握招标投标法及有关法规规章	☑有相应资金或资金来源已经落实	□直接发包/议标

填表人：×××　　　　会签人：×××　　　　审批人：×××
　　　　　　　　　　　　　　　×××

3. 判断本工程是否满足招标条件

（1）依据单据项目招标条件、招标方式分析表（表 3-1）中的招标条件进行；

（2）项目经理带领团队成员讨论，查看本招标工程的案例背景资料，与表 3-1 里的招标条件进行对比，将满足招标条件的选项勾选出来；对不满足招标条件的，与招标人（或建设单位）进行沟通，索取相关证明资料；

（3）如果对招标人（或建设单位）提供的某些招标条件证明资料有疑问，可以随时和招标人（或建设单位）进行沟通解决。

 小贴士：

① 填表人：表格由谁填写，即由谁在填表人处签署自己的姓名；

② 审批人：审批人只能由项目经理签字；如果项目经理认可表格填写内容，即签署自己的姓名，反之，需要填表人重新修改表格内容，直至项目经理认可；如果填表人是项目经理，审批人处空白即可。

③ 会签人：除了填表人和审批人，小组内其他团队成员如果认可表格填写内容，即签署自己的姓名，反之，需要小组讨论表格内容，直至团队成员均认可。

4. 签字确认

市场经理负责将结论记录到项目招标条件、招标方式分析表（表 3-1），经团队其他成员和项目经理签字确认后，置于招投标沙盘盘面招标人区域的对应位置处。如图 3-16 所示。

图 3-16

六、任务一 （B）确定招标组织方式；进行招标条件、招标方式界定（招标人）

备注：适用于招标人自行完成招标工作。

（一）任务说明

① 获取招标工程资料，熟悉工程案例背景资料；

② 确定招标组织形式；

③ 判断本工程是否满足招标条件。

（二）操作过程

1. 获取招标工程资料，熟悉工程案例背景资料

（1）获取招标工程资料

1）第一种方式：老师从广联达工程招投标沙盘模拟执行评测系统中指定某一个工程案例，学生团队进入到该工程案例进行获取。

软件操作同任务一（A）的第一种方式。

2）第二种方式：每个学生团队从老师那领取工程案例文件，将领取的案例文件导入到广联达工程招投标沙盘模拟执行评测系统，获取工程案例背景资料。

软件操作同任务一（A）的第二种方式。

（2）熟悉工程案例背景资料 项目经理带领团队成员，对工程招标项目信息进行熟悉。

① 工程背景资料介绍；

② 工程图纸。

2. 确定招标组织形式

（1）项目经理带领团队成员讨论，根据自己公司的企业性质、人力资源能力等，对照项目招标条件、招标方式分析表（表 3-1）中自行招标条件内容，确定自己公司是否满足自行招标条件，从而决定本工程项目的招标组织形式。

（2）市场经理负责将确定的自行招标条件、招标组织形式结论记录到项目招标条件、招标方式分析表（表 3-1）。

3. 判断本工程是否满足招标条件

（1）依据单据项目招标条件、招标方式分析表（表 3-1）中的招标条件进行；

（2）项目经理带领团队成员讨论，查看本招标工程的案例背景资料，与项目招标条件、招标方式分析表（表 3-1）里的招标条件进行对比，将满足招标条件的选项勾选出来；对不满足招标条件的，对相关证明资料进行补充完善。

4. 签字确认

市场经理负责将结论记录到项目招标条件、招标方式分析表（表 3-1），经团队其他成员和项目经理签字确认后，置于招投标沙盘的招标人区域的对应位置处。如图 3-17 所示。

图 3-17

5. 将确认结果录入到广联达工程招投标沙盘模拟执行评测系统

打开软件内置的案例工程或从老师处获取的案例工程，在"招标策划"模块中的"招标条件与招标方式"中录入项目招标条件、招标方式分析表（表 3-1）中的确定内容。如图 3-18 所示。

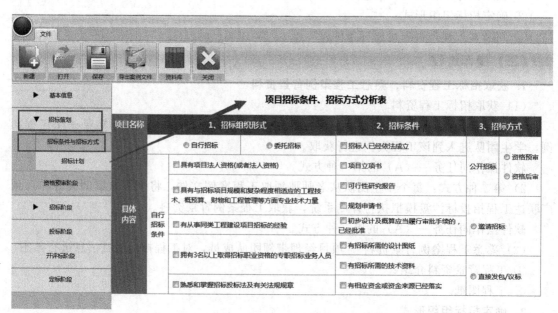

图 3-18

七、任务二　编制招标计划

（一）任务说明

① 熟悉招标计划的工作项内容及其时间要求；

② 每个团队完成一份本工程的招标计划方案。

（二）操作过程

1. 熟悉招标计划的工作项内容及其时间要求

（1）打开广联达工程招投标沙盘模拟执行评测系统中的招标计划编制页面，如图 3-19 所示。

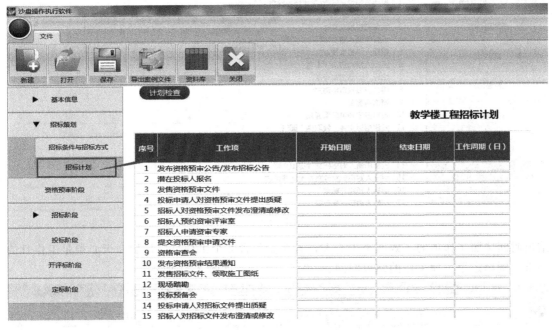

图 3-19

（2）项目经理组织团队成员，仔细研究招标计划工作项的内容。如图 3-20 所示。

① 每一个工作项的备注说明含义。

② 熟悉每一个工作项的时间要求：开始日期、截止日期、与其他工作项的关联关系等。

小贴士：了解招标计划编制的关键工作项及时间要求，软件已做注解，如鼠标放置在第一项"发布资格预审公告/发布招标公告"处，软件则出现"该工作项的有效期至少 5 天，与报名同步，本教材设定至少包含 2 个工作日，最后一天必须是工作日"，在开始时间与结束时间中按照工作项的要求录入合理的开始时间与结束时间。

2. 每个团队完成一份本工程的招标计划方案

（1）项目经理组织团队成员，共同完成一份招标计划。

（2）招标计划编制操作说明，下面将以资格预审第 1-10 项为例对招标计划的编制思路做说明。首先打开广联达工程招投标沙盘模拟执行评测系统中的招标计划编制页面。如图 3-19 所示。

① 确定第一个工作项"发布资格预审公告/招标公告"的开始及结束时间。第一个工作项的开始时间的确定来源于案例背景资料或老师的设定，如假设开始时间为 2015/03/16，

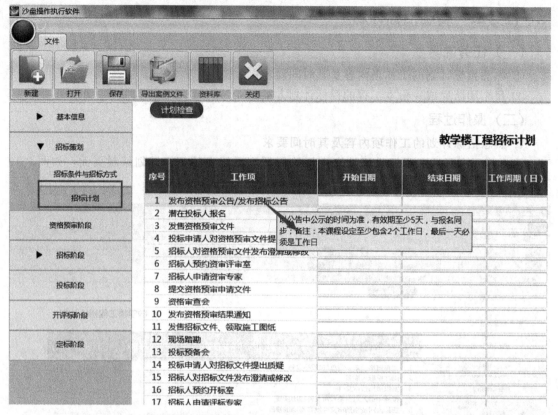

图 3-20

结束时间按照工作项的有效期至少 5 天，且至少包含 2 个工作日，最后一天必须是工作日的要求，则确定第一项工作的结束时间为 2015/03/20。如图 3-21 所示。

图 3-21

② 确定第二个工作项"潜在投标人报名"的开始及结束时间。根据工作项的时间要求说明"以公告中公示的时间为准，公告期内进行，公告发布日期结束即截止报名"，则第二个工作项的开始与结束时间与第一个工作项相同。如图 3-22 所示。

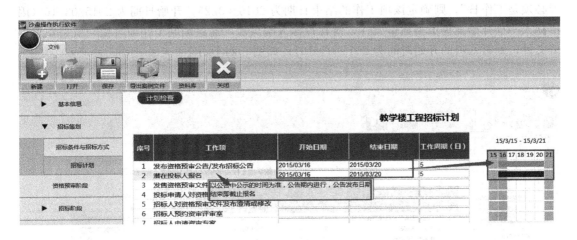

图 3-22

③ 确定第三个工作项"发售资格预审文件"的开始及结束时间。根据工作项的时间要求说明"发售期不得少于 5 日，与公告报名同步"，则第三工作项的开始与结束时间同第一、第二工作项。如图 3-23 所示。

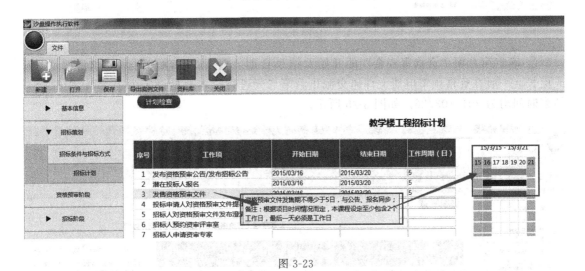

图 3-23

④ 确定第四个工作项"投标申请人对资格预审文件提出质疑"的开始及结束时间。根据工作项的时间要求说明"投标申请人对资格预审文件有异议的，在提交资格预审申请文件截止日期 2 日前提出，本工程假设投标人提出异议"，则要先确定第八项工作"提交资格预审申请文件"的截止日期，因此该工作项的时间先空置，待确定第八项后再确定。

⑤ 第五项工作与第四项同理，先空置，待确定第八项后再确定。

⑥ 确定第八项"提交资格预审申请文件"的开始及结束时间。按照工作项时间要求提

示，第六、第七项工作与第九项工作有关联，第九项与第八项工作有关，进而直接跳转，先确定第八项的开始与结束时间，按照时间要求提示"自资格预审文件停止发售之日起不得少于 5 日，即提交资格预审申请文件的截止日期，本教材设定"至少包含 2 个工作日，最后一天必须是工作日"，则确定该项工作的结束日期为 2015/03/25，开始日期为 2015/03/16（因招标人一旦开始发售资格预审文件，潜在投标人购买后，通过编制工作即可提交资格预审申请文件，则第八项的开始时间为 2015/03/16）。如图 3-24 所示。

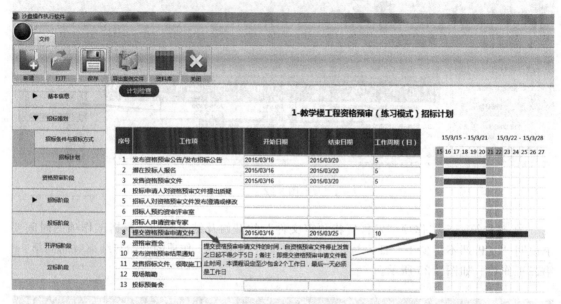

图 3-24

⑦ 确定第九项"资格审查会"的开始及结束日期。根据工作项的时间要求说明"1 天或更长，一般在资格预审申请文件递交截止后第二天进行，本教材设定为 1 天"，则开始与结束时间均为 2015/03/26。如图 3-25 所示。

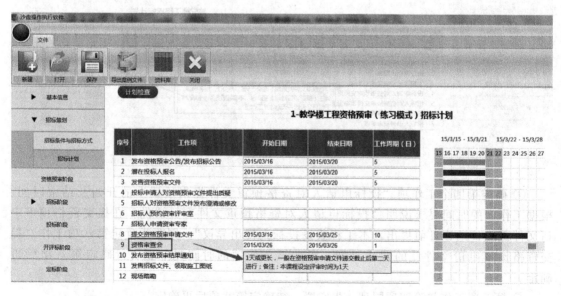

图 3-25

⑧ 确定第四项"投标申请人对资格预审文件提出质疑"的开始及结束日期。根据第八项的结束时间，则确定第四项工作的开始时间为 2015/03/16，结束时间为 2015/03/23。如图 3-26 所示。

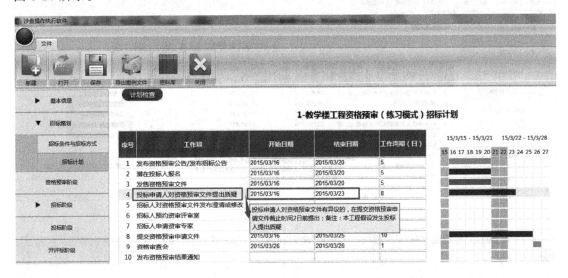

图 3-26

⑨ 确定第五项"招标人对资格预审文件发布澄清或修改"。根据第八项工作的结束时间，则确定第五项工作的开始时间为 2015/03/16，结束时间为 2015/03/22。如图 3-27 所示。

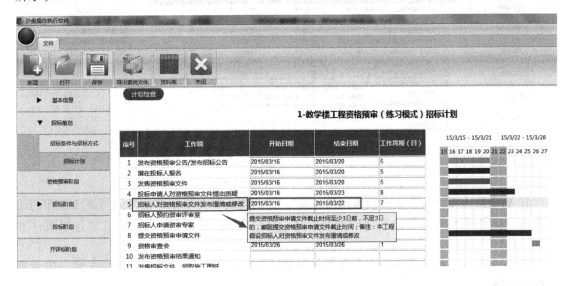

图 3-27

⑩ 确定第六项"招标人预约资审评标室"，综合考虑该项工作的时间要求，确定第六项工作的开始时间为 2015/03/21，结束时间为 2015/03/21。如图 3-28 所示。

⑪ 确定第七项"招标人申请资审专家"，综合考虑第九项工作的时间与该项工作的时间要求，确定第七项工作的开始时间为 2015/03/25，结束时间为 2015/03/25。如图 3-29

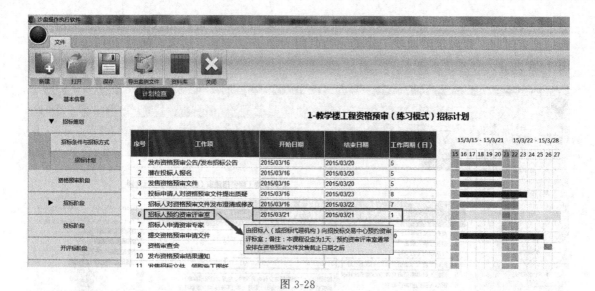

图 3-28

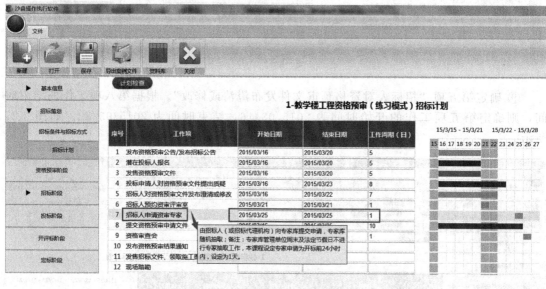

图 3-29

所示。

⑫ 确定第十项"发布资格预审结果通知",综合考虑第九项工作的时间与该项工作的时间要求,确定第十项工作的开始时间为 2015/03/27,结束时间为 2015/03/27。如图 3-30 所示。

⑬ 各小组按照相同思路完成剩余工作项的开始与结束时间的确定,最终完成一份合理的招标计划。

3. 成果提交

(1)每个团队生成一份招标策划成果文件

① 练习模式下,确定所有工作项的开始与结束时间后,先对小组的招标计划进行"计划检查",检查出有误的工作项按照提示进行调整,直至无误。如图 3-31 所示。

② 检查无误后,保存招标计划。如图 3-32 所示。

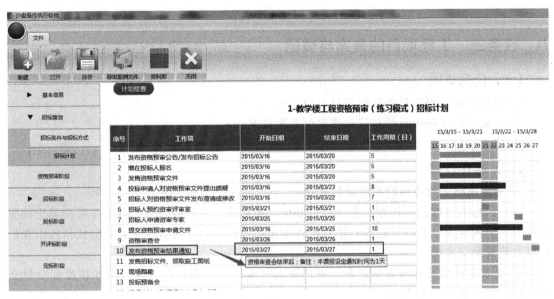

图 3-30

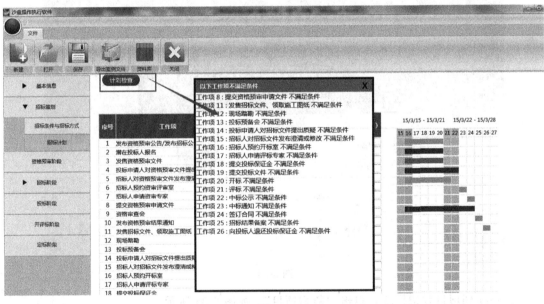

图 3-31

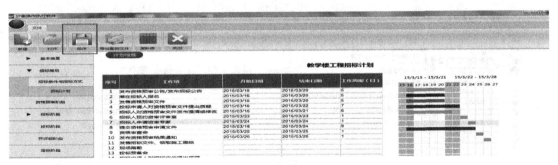

图 3-32

（2）由项目经理将招标策划成果文件提交给老师。

八、任务三　工程项目的备案与登记

（一）任务说明

① 完成招标工程项目的在线项目登记；

② 完成招标工程项目的在线初步发包方案备案；

③ 完成招标工程项目的在线自行招标备案或者委托招标备案。

（二）操作过程

1. 完成招标工程项目的在线项目登记

（1）招标人（或招标代理）在线项目登记　招标人（或招标代理）登陆工程交易管理服务平台，用招标人（或招标代理）账号进入电子招投标项目交易管理平台，完成招标工程的项目登记并提交审批。

① 登录工程交易管理服务平台，用招标人（或招标代理）账号进入电子招投标项目交易管理平台。如图 3-33 所示。

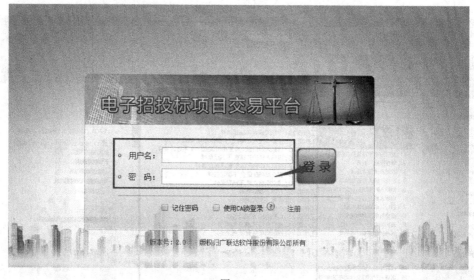

图 3-33

② 切换到项目登记模块，点击"新增项目"。如图 3-34 所示。

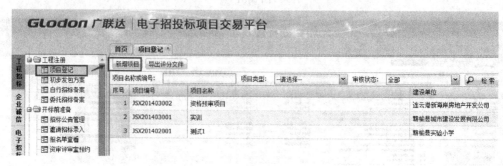

图 3-34

③ 弹出新增项目窗口，根据案例工程背景资料，完成带 * 部分的填写。如图 3-35 所示。

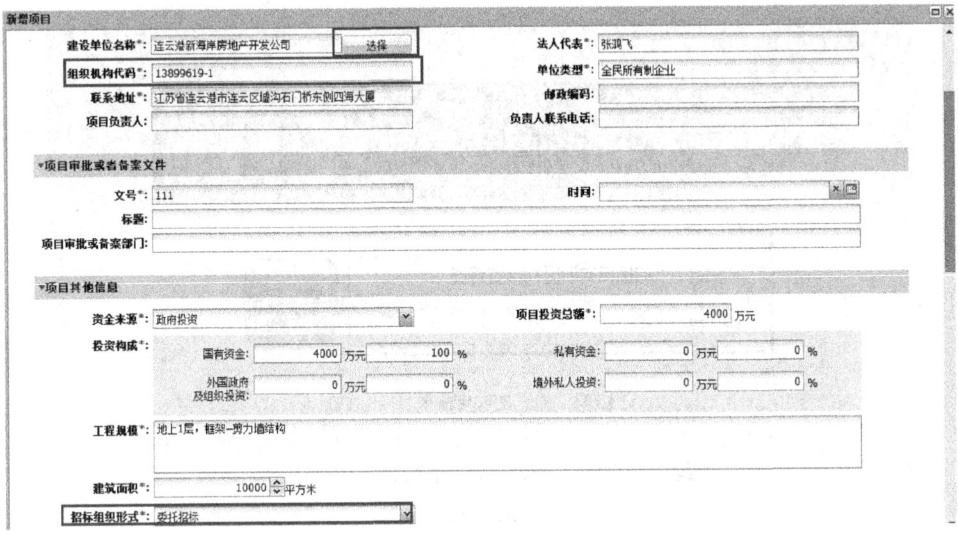

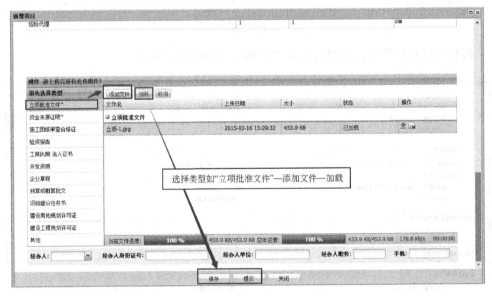

图 3-35

其中的"建设单位",可由老师提前在平台中增加招标工程的建设单位信息并审核通过,也可以直接点击"选择",选择一项平台中存在的单位,注意修改组织机构代码的格式为××××××××-×;招标组织形式按照任务一确定的招标组织方式,选择自行招标或者委托招标。

④ 上传项目相应的"立项批注文件"及"资金来源证明",无误后点击"保存"及"提交"。如图 3-36 所示。

图 3-36

(2)行政监管人员在线审批 行政监管人员登陆工程交易管理服务平台,用初审监管员账号进入电子招投标项目交易管理平台,完成招标工程的项目登记审批工作。

① 登录工程交易管理服务平台,用初审监管员账号账号进入电子招投标项目交易管理平台。如图 3-37 所示。

② 切换至"项目登记审核"模块,找到小组刚进行登记的项目,点击"审核"。如图 3-38 所示。

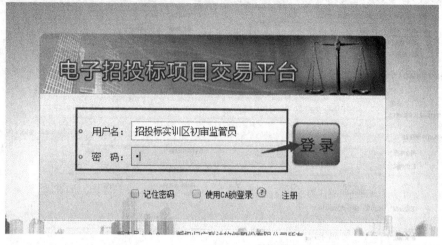

图 3-37

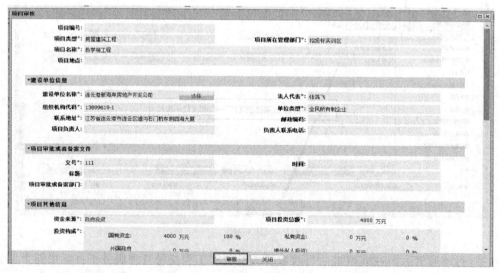

图 3-38

③ 核对项目相应信息，核对后点击"审核"。如图 3-39 所示。

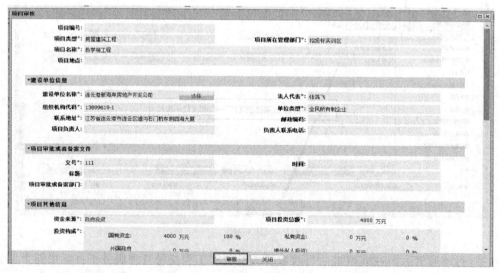

图 3-39

④ 根据核对结果，给出审核意见。如图 3-40 所示。

小贴士：审核不通过的，要以招标人或招标代理的身份再次登录平台进行修改，并提交，接着进行再次审核。

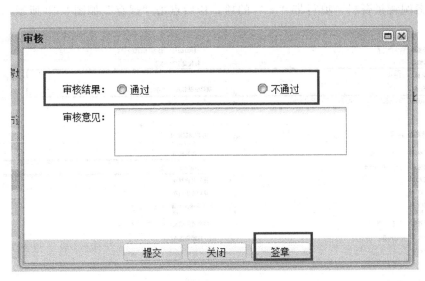

图 3-40

2. 完成招标工程项目的在线初步发包方案备案

（1）招标人（或招标代理）在线初步发包方案备案　招标人（或招标代理）登录工程交易管理服务平台，用招标人（或招标代理）账号进入电子招投标项目交易管理平台，完成招标工程的初步发包方案并提交审批。

① 登录工程交易管理服务平台，用招标人（或招标代理）账号进入电子招投标项目交易管理平台，切换至"初步发包方案"模块，找到要进行发包的项目，点击"打开"。如图 3-41 所示。

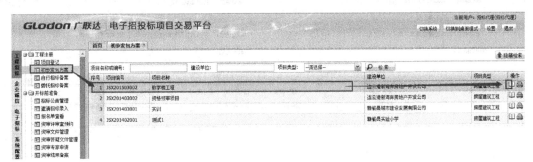

图 3-41

② 弹出"初步发包方案"窗口，点击"新增标段"。如图 3-42 所示。

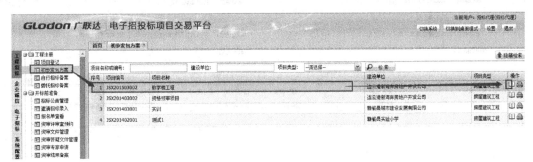

图 3-42

③ 据案例背景资料，填写带"＊"的项，最后点击"保存"如图 3-43 所示。

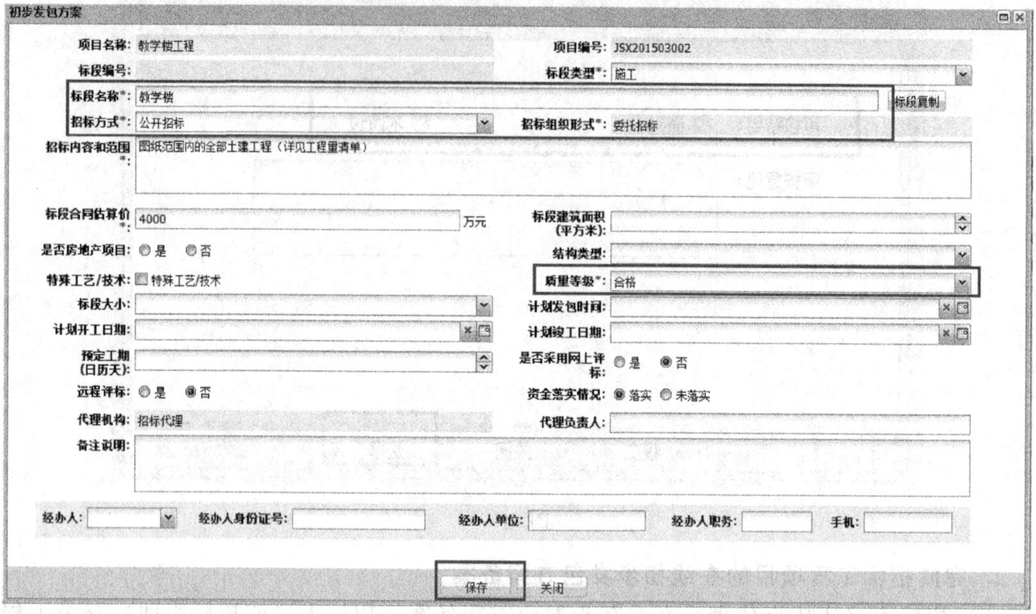

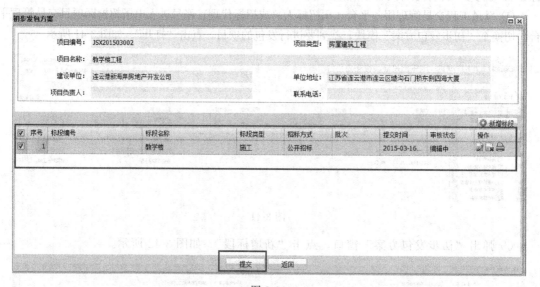

图 3-43

④ 勾选要发包的标段，点击"提交"如图 3-44 所示。

图 3-44

（2）行政监管人员在线审批　行政监管人员登陆广联达工程交易管理服务平台，用初审监管员账号进入电子招投标项目交易管理平台，完成招标工程的初步发包方案审批工作。

① 登录工程交易管理服务平台，用招初审监管员账号账号进入电子招投标项目交易管理平台，切换至"初步发包方案审核"，找到刚才提交的"教学楼工程"，点击"审核"。如图 3-45 所示。

② 进入审核界面，进行信息核对，并点击"审核"，最后给出审核意见并提交。如图 3-46、图 3-47 所示。

图 3-45

图 3-46

图 3-47

3. 完成招标工程项目的在线自行招标备案或者委托招标备案

（1）招标人在线自行（或委托）招标备案

1）招标人登录工程交易管理服务平台，用招标人账号进入电子招投标项目交易管理平台，完成招标工程的自行招标备案并提交审批。

① 登录工程交易管理服务平台，用招标人账号进入电子招投标项目交易管理平台，切换至"自行招标备案"模块，点击"登记自行招标"。如图 3-48 所示。

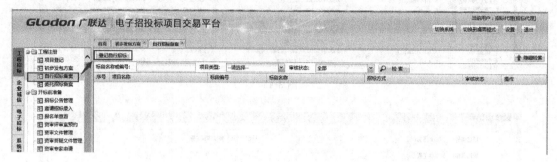

图 3-48

② 勾选要进行自行招标备案的标段，点击"确定"。如图 3-49 所示。

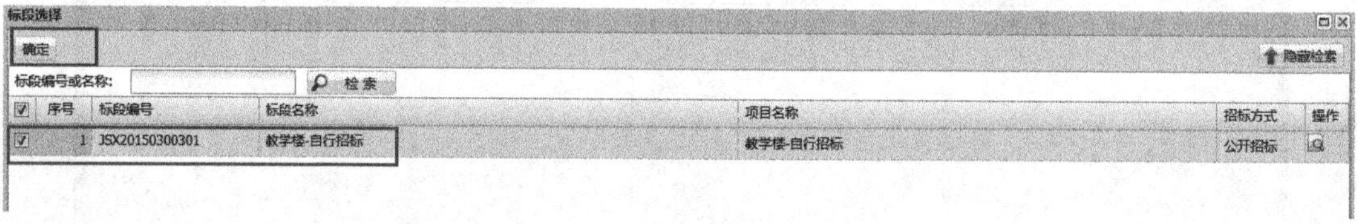

图 3-49

③ 弹出"新增自行招标"窗口，填写相应内容，点击"保存"及"提交"。如图 3-50 所示。

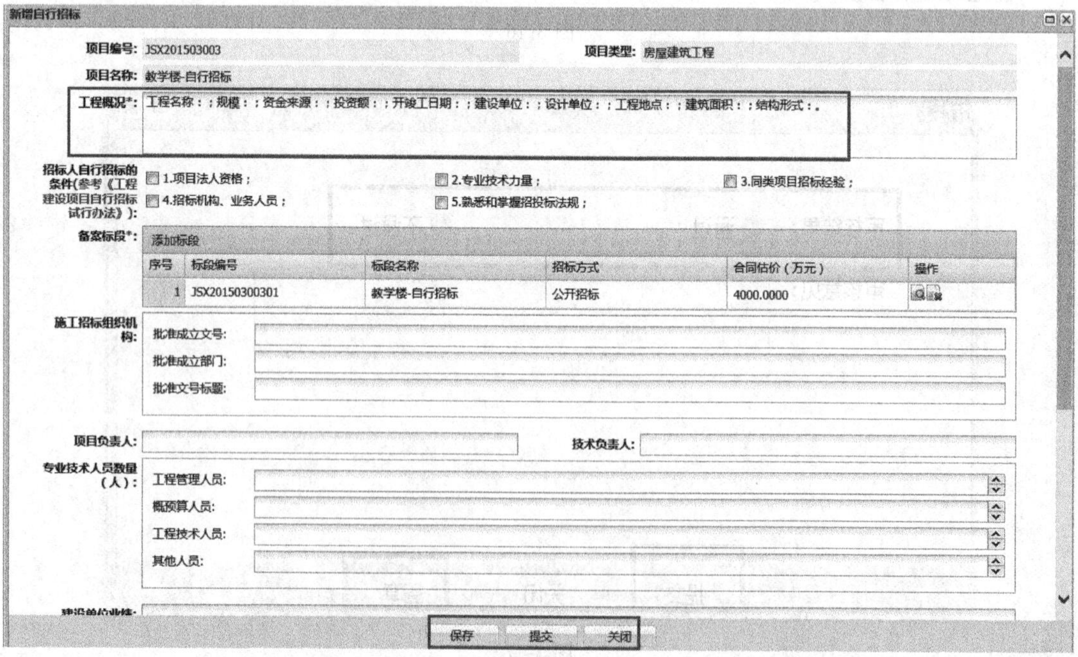

图 3-50

2）招标代理登陆工程交易管理服务平台，用招标代理账号进入电子招投标项目交易管理平台，完成招标工程的委托招标备案并提交审批。

① 登陆工程交易管理服务平台，用招标代理账号进入电子招投标项目交易管理平台，切换至"委托招标备案"模块，点击"登记委托招标"。如图 3-51 所示。

图 3-51

② 勾选要进行委托招标备案的标段，点击"确定"。如图 3-52 所示。

图 3-52

③ 弹出"新增委托招标"窗口，填写相应内容，并上传委托代理合同，最后点击"保存"及"提交"。如图 3-53 所示。

图 3-53

（2）行政监管人员在线审批

行政监管人员登陆工程交易管理服务平台，用初审监管员账号进入电子招投标项目交易管理平台，完成招标工程的招标备案审批工作。

1）自行招标备案审批。

① 登陆工程交易管理服务平台，用初审监管人员账号进入电子招投标项目交易管理平台，切换至"自行招标备案审核"模块，找到待审核的项目，点击"审核"。如图3-54所示。

图 3-54

② 弹出"自行招标备案审核"窗口，核对信息，点击"审核"，最后给出审核意见。如图3-55、图3-56所示。

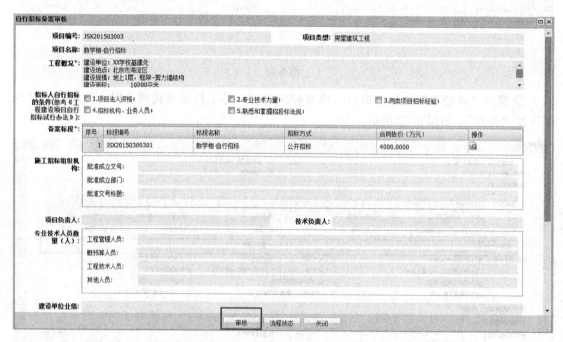

图 3-55

2）委托招标备案审批。

① 登陆工程交易管理服务平台，用初审监管人员账号进入电子招投标项目交易管理平台，切换至"委托招标备案审核"模块，找到待审核的项目，点击"审核"。如图3-57所示。

② 弹出"委托招标备案审核"窗口，核对信息，点击审核，最后给出审核意见。如图3-58、图3-56所示。

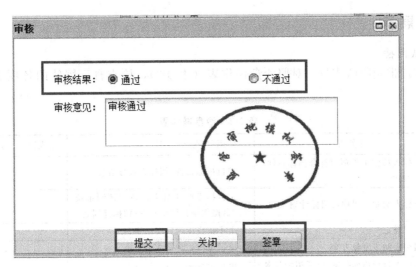

图 3-56

图 3-57

委托招标审核						□ □ ×

项目名称：教学楼工程　　　　　　　　　　　　　　　　项目编号：JSX201503002

代理机构名称：招标代理　　　　　　　　　　　　　　　组织机构代码：12345687-1

代理机构联系地址：

备案标段＊：

序号	标段编号	标段名称	招标方式	合同估价（万元）	操作
1	JSX20150300201	教学楼	公开招标	4000.0000	

联系人＊：刘XX　　　　　　　　　　　　　　　　　　联系电话＊：12345678

代理招标内容＊： ☑1.代拟发包方案；　　　☑2.发布招标公告（发出投标邀请书）；　　　☑3.编制资格审查文件；

☑4.组织接收投标申请人报名；　　☑5.审查潜在投标人资格、由委托确定潜在投标人；　　☑6.编制招标文件；

☑7.编制工程量清单；　　☑8.组织现场踏勘和答疑；　　☑9.组织开标、评标；

☑10.草拟工程合同；　　☑11.编制招投标情况书面报告；　　☑12.与发包有关的其它事宜；

代理执行标准： --请选择--

代理合同编号：　　　　　　　　　　　　　　　　　　代理合同价格：　　　　　　　　　　　　　元

代理开始时间：　　　　　　　　　　　　　　　　　　代理结束时间：

项目组人员：

姓名	职务	职称	注册资格	上岗证号	人员代理事项	操作

备注说明：

相关附件： 附件

文件名	上传日期	大小	操作
□ 合同			
招标代理合同.pdf	2015-03-16	448.2 KB	⬇

审核　　流程状态　　关闭

图 3-58

九、沙盘展示

1. 团队自检

项目经理带领团队成员，对照沙盘操作表（表 3-2），检查自己团队的各项工作任务是否完成。

表 3-2 沙盘操作表

序号	任务清单	使用单据/表/工具	完成情况 完成请打"√"
1	招标人确定工程项目符合招标条件、招标方式	项目招标条件、招标方式分析表	☐
2	招标人编制工程项目招标计划	工程招投标沙盘模拟执行评测系统（沙盘操作执行模块）——招标计划表	☐
3	项目登记	电子招投标项目交易平台	☐
4	招标人初步发包方案	电子招投标项目交易平台	☐
5	招标人自行招标备案/委托招标备案	电子招投标项目交易平台	☐

2. 沙盘盘面上内容展示与分享

招标人展示，如图 3-59 所示。

图 3-59

3. 作业提交

（1）作业内容

① 招标人招标策划文件；

② 招标人项目交易平台评分文件。

（2）操作指导

① 生成招标策划文件。

使用工程招投标沙盘模拟执行评测系统（沙盘操作执行模块）生成招标策划文件。具体操作详见附录 2：生成评分文件。

② 生成招标人项目交易平台评分文件。

使用工程交易管理服务平台生成项目交易平台评分文件。具体操作详见附录 2：生成评分文件。

③ 提交作业。

将招标策划文件、工程项目备案与登记文件拷贝到 U 盘中提交给老师，或者使用在线文件递交（文件在线提交系统或电子邮箱等方式）提交给老师。

十、实训总结

1. 教师评测

（1）评测软件操作　具体操作详见附录3：学生学习成果评测。

（2）学生成果展示　具体操作详见附录3：学生学习成果评测。

2. 学生总结

小组讨论3分钟，写下该环节你认为需要完善的内容及心得，并进行分享。

十一、拓展练习

在本实训模块之外需要学生了解相关知识内容或需要同学课外需要思考的问题。

① 招标组织方式中除了公开招标外，可以邀请招标、直接发包或议标的条件；

② 选用资格后审招标方式时，招标计划的编制方法。

模块四　资格预审

> **知识目标**
> 1. 了解资格审查的主要内容、资格审查的方式及评审办法
> 2. 掌握资格预审文件的主要内容及编制方法
> 3. 掌握资格审查文件的发售时间与条件
> 4. 了解资格审查前的准备工作内容
>
> **能力目标**
> 1. 会选取适用的资格审查方式及评审办法
> 2. 能熟练进行资格预审文件的编制
> 3. 能够进行资审公告及资审文件的备案与发布
> 4. 能进行资格审查前的准备工作（如预约标室、抽选专家）

项目一　资格审查相关理论知识

本部分理论知识只是本模块工作任务学习的引导，详细知识的学习自行查阅相关资料。

一、资格审查概述

资格审查是指招标人对潜在的投标人经营资格、专业资质、财务状况、技术能力、管理能力、业绩、信誉等多方面评估审查，以判定其是否具有投标、订立和履行合同的资格及能力。

（一）资格审查的方式

资格审查方式通常分为资格预审和资格后审。

资格预审是投标前对投标人资格进行的审查。审查的目的主要在于：一是为了保证投标参与者都是有履约能力的；二是为项目业主（或总包单位）减轻评标负担；三是通过资格预审可将投标人的数量控制在一定的范围内，保证竞争的适度性和合理性。有些业主往往还通过资格审查试探投标者的兴趣或调查潜在的承包商的数量。

资格后审是指对未进行资格预审的招标项在开标后对各投标单位的资质情况进行的审查。如在国际招标项目中，业主单位在确定了最低评标价的投标之后、正式授予合同之前对准中标人的资格进行详细审查，以确定其是否有能力和资源有效地履行合同。若审查结果符合业主要求，则正式授予合同；如果该投标人无法满足要求，则应予以拒绝，同时应对下一个最低评标价的投标商进行类似的审查。

由于资格后审是在评标过程中进行的，工作量较大，涉及专业人员较多，组织工作较烦琐，且由于审查的滞后性，往往会为评标和定标增加风险和难度，所以业主（或总包单位）一般倾向于组织资格预审，以确定有限的投标单位。

小贴士：

资格审查方式的适用范围

资格预审一般适用于潜在投标人较多或者大型、技术复杂货物的公开招标，以及需要公开选择潜在投标人的邀请招标。属于国家重点工程建设项目或者大中型工程建设项目，一般采用经资格预审的公开招标。

经资格预审的公开招标的好处如下。

① 经资格预审可以淘汰不合格的投标人，因此可以吸引有实力的大公司来投标，以便招标人选择；

② 可以减少评标工作量；

③ 可使招标人事先了解潜在投标人的数量、水平和竞争情况；

④ 可使潜在投标人事先预评估自己是否合格，以便决策是否提交资格预审申请或购买招标文件，同时还可以防止过大的经济浪费。

资格后审适用于一般性工程建设项目的公开招标。采用这种公开招标方式的招标公告，应详细标明资格和资质条件，以便潜在的投标人事先评估自己是否符合要求，决策是否购买招标文件。由于未进行资格预审，所以在评标过程中首先进行资格后审。对资格后审合格的投标人，再进行深入评标。

地方规定：北京市京建法〔2011〕12号第六条明确规定，提倡实行资格后审。国有资金投资的建设工程，具有通用技术和性能标准，施工总承包三级资质等级即可承担且单项合同额不超过三千万元的，施工招标应当采用资格后审方式；对投标文件技术部分应采用合格制评审的方法，对项目负责人只进行工程建设类注册执业资格和安全生产考核合格证的审查。

本教材可以依据给定的工程项目特点，在授课过程中，由老师自行选择采取哪种资格审查方式。如果采用资格后审的审查方式，则此章节省略，直接进入模块六　工程招标环节。

（二）资格审查的内容

（1）投标人是响应招标、参加投标竞争的法人或者其他组织。投标人应具备下列条件。

① 投标人应具备承担招标项目的能力；国家有关规定或者招标文件对投标人资格条件是有规定的，投标人应当具备规定的资格条件。

② 投标人应当按照招标文件的要求编制投标文件，投标文件应当对招标文件提出的要求和条件做出实质性响应。

③ 投标人应当在招标文件所要求提交投标文件的截止时间前，将投标文件送达投标地点。招标人收到投标文件后，应当签收保存，不得开启。招标人对在招标文件要求提交投标文件的截止时间后收到的投标文件，应当原样退还，不得开启。

④ 投标人在招标文件要求提交投标文件的截止时间前，可以补充、修改或者撤回已提交的投标文件，并书面通知招标人。补充、修改的内容为投标文件的组成部分。

⑤ 投标人根据招标文件载明的项目实际情况，拟在中标后将中标项目的部分非主体、非关键性工作交由他人完成的，应当在投标文件中载明。

⑥ 两个以上法人或者其他组织可以组成一个联合体，以一个投标人的身份共同投标。

⑦ 投标人不得相互串通投标报价，不得排挤其他投标人的公平竞争，损害招标人或者其他人的合法权益。

⑧ 投标人不得以低于成本价报价竞标，也不得以他人名义投标或者以其他方式弄虚作假，骗取中标。

（2）资格审查应主要审查潜在投标人或者投标人是否符合下列条件。

① 具有独立订立合同的权利。

② 具有履行合同的能力，包括专业、技术资质资格和能力，资金、设备和其他物质设施状况，管理能力，经验、信誉和相应的从业人员。投标人资质条件、能力和信誉一般包括：资质条

件、财务要求、设计业绩要求、施工业绩要求、信誉要求、项目经理的资格要求、设计负责人的资格要求、施工负责人的资格要求、施工机械设备、项目管理机构及人员等方面。

③ 没有处于被责令停业，投标资格被取消，财产被接管、冻结、破产状态。

④ 在最近三年内没有骗取中标和严重违约重大工程质量问题。

⑤ 国家规定的其他资格条件。

资格审查时，招标人不得以不合理的条件限制、排斥潜在投标人或者投标人，不得对潜在投标人或者投标人实行歧视待遇。任何单位和个人不得以行政手段或者其他不合理方式限制投标人的数量。

（三）资格审查的评审办法

2010 年由国家发改委、住建部等部委联合编制的《房屋建筑和市政工程标准施工招标资格预审文件》(以下简称"行业标准施工招标资格预审文件") 将资格审查评审办法分为合格制与有限数量制。

合格制是指设计一些资格条件，每个条件都是对投标人资格的一种限定，投标申请人符合资格审查文件中投标申请人全部条件的，即为合格。适用于工程项目具有通用技术、性能标准或招标人对技术性能没有特殊要求、投资规模较小的公开招标项目和邀请招标项目。

有限数量制是指招标人对符合资格条件的申请人做出数量限制，一般适用于潜在投标人较多时，或使用国有资金投资、国有资金占控股或主导地位的有特殊要求或总投资在一定规模以上的工程项目。

 小贴士：

合格制与有限数量制的运用

合格制：一般情况下，应当采用合格制，凡符合资格预审文件规定资格审查标准的申请人均通过资格预审，即取得相应投标资格。合格制中，满足条件的申请人均获得投标资格。其优点是：投标竞争性强，有利于获得更多、更好的投标人和投标方案；对满足资格条件的所有申请人公平、公正。缺点是：投标人可能较多，从而加大投标和评标工作量，浪费社会资源。

有限数量制：当潜在投标人过多时，可采用有限数量制。招标人在资格预审文件中既要规定资格审查标准，又应明确通过资格预审的申请人数量。审查委员会依据资格预审文件中规定的审查标准和程序，对通过初步审查和详细审查的资格预审申请文件进行量化打分，按得分由高到低的顺序确定通过资格预审的申请人。通过资格预审的申请人不得超过资格审查办法前附表规定的数量。采用有限数量制一般有利于降低招标投标活动的社会综合成本，提高投标的针对性和积极性，但在一定程度上可能限制了潜在投标人的范围，比较容易审标。

二、资格预审文件的编制

"行业标准施工招标资格预审文件"是《标准施工招标资格预审文件》(国家发展和改革委员会、财政部、原建设部等九部委 56 号令发布) 的配套文件，广泛适用于一定规模以上，且设计和施工不是由同一承包人承担的房屋建筑和市政工程施工招标的资格预审。

"行业标准施工招标资格预审文件"由五部分组成：资格预审公告；申请人须知；资格审查办法；资格预审申请文件格式；建设项目概况。

本部分内容包括前附表、正文条款和附件三个部分，前附表列出了各条款的重要内容，包括全部审查因素和审查标准。此外还详细规定了资格审查的具体标准和详细程序，标明了申请人不满足其要求就不能通过资格预审的全部条款。列出了项目说明、建设条件、建设要求及其他需要说明的情况等内容。

三、资格预审文件发售

资格预审文件编制完成之后，即进行发售，招标人应当按照资格预审公告、招标公告或者投标邀请书规定的时间、地点发售资格预审文件。资格预审文件的发售期不得少于5日。招标人发售资格预审文件可收取一定的费用，收取的费用应当限于补偿印刷、邮寄的成本支出，不得以营利为目的。

同时招标人应当合理确定提交资格预审申请文件的时间。依法必须进行招标的项目提交资格预审申请文件的时间，自资格预审文件停止发售之日起不得少于5日。

四、资格审查前的准备工作

国有资金占控股或者主导地位依法必须进行招标的项目，招标人应当组建资格审查委员会审查资格预审申请文件。资格审查委员会及其成员组成应当遵守《中华人民共和国招标投标法》和《中华人民共和国招标投标法实施条例》有关评标委员会及其成员的规定，并符合资格预审文件的要求。

招标人或招标代理公司在组织资格审查会议之前，在规定时间之内须向当地行政主管部门招投标管理办公室申请预约资格预审评审标室，同时在评审之前1日到招投标管理办公室抽取评审专家，并办理相关手续。包括资格预审评审专家抽取申请表加盖公章、招标人拟派资格预审评审代表资格条件登记表加盖公章、拟派评审代表劳动合同、社保证明、建筑业相关专业高级职称证书、身份证（出示原件并提供复印件加盖公章）等。

项目二 学生实践任务

实训目的：

1.通过拆分资格预审知识点，结合案例和操作单据背面的提示功能，让学生掌握资格预审文件的编制方法

2.掌握资格预审业务流程、技能知识点

3.学习资格预审招标工具中资格预审相关文件的软件操作

实训任务：

任务一 编制资格预审文件

任务二 发布资格预审公告、发售资格预审文件

任务三 完成资格审查前的准备工作

【课前准备】

一、硬件准备

（1）多媒体设备 投影仪、教师电脑、授课PPT。

（2）实训电脑 学生用实训电脑配置要求如下。

① IE浏览器8及以上。

② 安装Office办公软件2007或2010版。

③ 电脑操作系统：Windows 7。

（3）网络环境　机房内网或校园网内网环境。

（4）实训物资　工程招投标实训教材、工程招投标沙盘实物道具、签字笔、广联达软件加密锁、CA 锁。

二、软件准备

① 广联达工程招投标沙盘模拟执行评测系统（沙盘操作执行模块）。

② 广联达电子招标文件编制工具 V6.0。

③ 广联达工程交易管理服务平台（GBP）。

④ 广联达工程招投标沙盘模拟执行评测系统（招投标评测模块）。

【招投标沙盘】

一、沙盘引入

主要指明在沙盘面上要完成的具体任务。如图 4-1 所示。

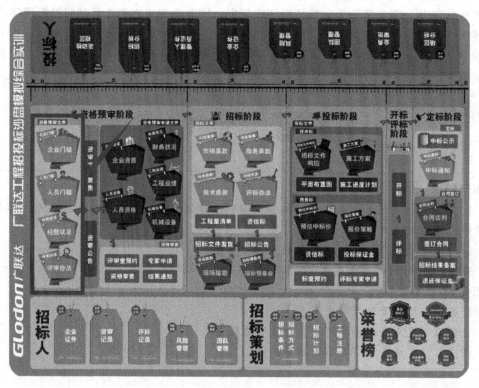

图 4-1

二、道具探究

本实训任务中需要准备的相关道具如下。

1. 单据

（1）经营状况表（图 4-2）

（2）项目负责人资格条件（图 4-3）

组别：　　　　表4-1 经营状况表　　　　日期：

序号	项目名称	具体内容						
1	类似工程定义	标段	建筑面积(m²)	结构类型	层数	跨度(m)	工程造价(万元)	特殊工艺
2	业绩门槛	类别	公司业绩	项目负责人业绩		项目技术负责人业绩		
		近__年						
		数量						

填表人：　　　会签人：　　　　　　　审批人：

图 4-2

组别：　　　　表4-2 项目负责人资格条件　　　　日期：

序号条件设置	1 执业资格		2 职称等级		3 学历	4 安全生产考核合格证	5 工作年限
	专业	等级					
具体内容	□建筑工程专业	□一级建造师	□高级	□高级工程师 □高级经济师	□硕士及以上	□主要负责人(A证)	
	□市政公用工程专业		□中级	□工程师 □经济师	□本科	□项目负责人(B证)	
	□机电工程专业	□二级建造师	□初级	□助理工程师 □助理经济师	□高职高专	□专职安全员(C证)	
	□						
	□						

填表人：　　　会签人：　　　　　　　审批人：

图 4-3

（3）资格审查评审方法（图4-4）

（4）资格预审文件审查表（图4-5）

组别：　　　　表4-3 资格审查评审方法　　　　日期：

序号	项目	具体内容	
1	资格审查方式	□资格预审	□合格制
			□有限数量制，入围____家
		□资格后审	□合格制
			□评分制
2	资格审查委员会组成	总人数(人)	招标人代表(人)
		评审专家(人)	评标专家所占比例(%)
		资审专家总数量 其中：技术专家 其中：经济专家	

填表人：　　　会签人：　　　　　　　审批人：

图 4-4

组别：　　　　表4-4 资格预审文件审查表　　　　日期：

序号	审查内容	完成情况	需完善内容
1	资格预审公告	□	
2	申请人须知	□	
3	资格审查办法（合格制）	□	
4	资格审查办法（有限数量制）	□	
5	资格预审申请文件格式	□	
6	其他要求	□	

填表人：　　　会签人：　　　　　　　审批人：

图 4-5

（5）工作任务分配单（图4-6）

（6）项目部管理人员组织结构（图4-7）

组别：　　　　表0-5 工作任务分配单　　　　日期：

工程名称	
工作任务	
具体内容	
责任人	完成日期

项目经理：　　　　　任务接收人：

图 4-6

组别：　　　　表0-1 项目部管理人员组织结构　　　　日期：

序号			
管理人员			
岗位证书			
专业			
学历			
职称			
数量（人）			
工作年限			
工程业绩（近__年）			

填表人：　　　会签人：　　　　　　　审批人：

图 4-7

2. 卡片

（1）企业资质类卡片

① 房屋建筑工程施工总承包特级（图4-8）。

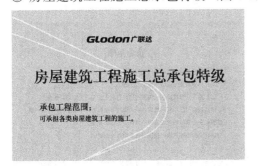
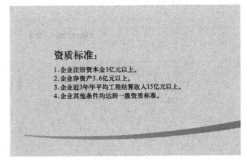

图 4-8

② 房屋建筑工程施工总承包一级（图 4-9）。

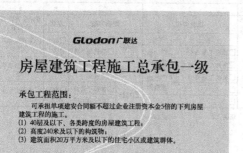

图 4-9

③ 房屋建筑工程施工总承包二级（图 4-10）。

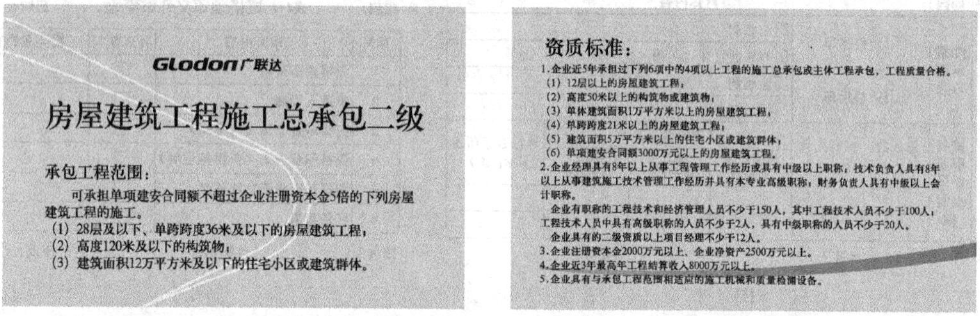

图 4-10

④ 房屋建筑工程施工总承包三级（图 4-11）。

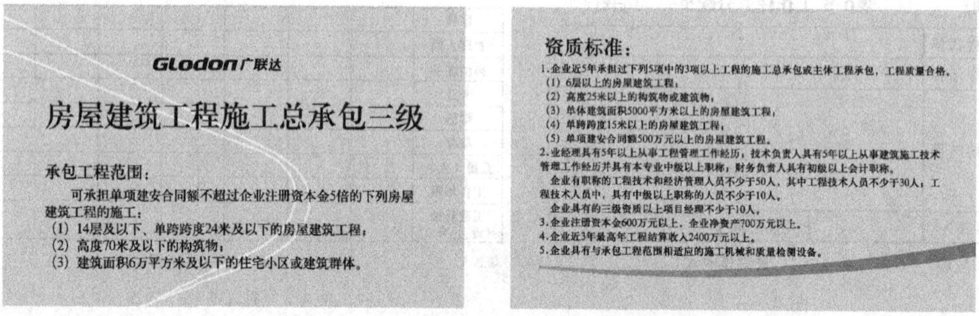

图 4-11

（2）项目负责人资格卡片

① 一级建造师（图 4-12）。

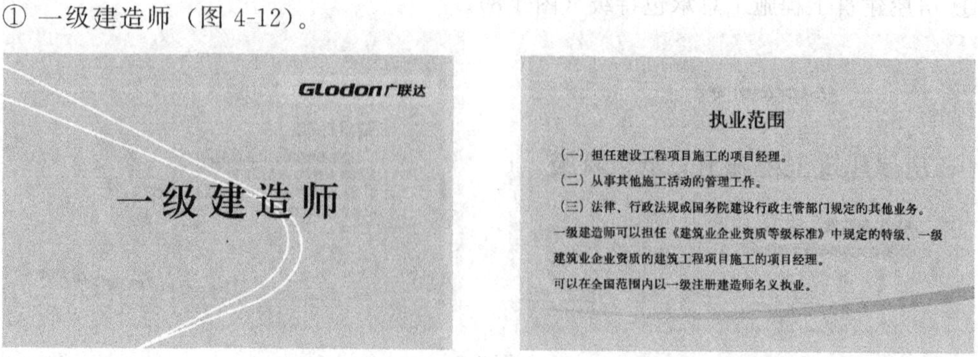

图 4-12

② 二级建造师（图 4-13）。

图 4-13

③ 建筑工程专业（图 4-14）。

图 4-14

④ 机电工程专业（图 4-15）。

图 4-15

⑤ 市政公用工程专业（图 4-16）。

图 4-16

（3）人员职称类卡片

① 高级工程师（图 4-17）。

　　高级工程师属于中国专业技术职务任职资格工程类中的高级职称。
俗称"高工"。
高级工程师具备能力：
1.具有解决生产过程或综合技术管理中本专业领域重要技术问题的能力。
2.有系统广博的专业基础理论知识和专业技术知识，掌握本专业国内
　外现状和现代管理的发展趋势。
3.有丰富的生产、技术管理工作实践经验，在生产、技术管理工作中
　有显著成绩和社会经济效益。
4.能够指导工程师的工作和学习。

图 4-17

② 高级经济师（图 4-18）。

高级经济师

　　高级经济师是中国人事部门制定的，属于高级职称。
高级工程师需具备的专业知识：
1.系统掌握经济管理专业理论知识，熟悉相关专业知识和现代经济管理
　科学知识。
2.掌握国家有关国民经济、社会发展和经济工作的方针、政策，熟悉国
　家经济法律、法规及各项配套法规、规章和规定。
3.了解国内外现代经济管理科学理论、方法和发展趋势，结合本行业或本
　部门（单位）的实际情况，提出有较高价值的政策性意见，指导本行
　业或本部门（单位）的经济工作。

图 4-18

③ 工程师（图 4-19）。

工 程 师

　　通常所说的工程师，是指中级工程师。工程师职称是要上级主管
部门评定，全国通用。
工程师具备能力：
1.基本掌握现代生产管理和技术管理的方法，有独立解决比较复杂的
　技术问题的能力。
2.能够灵活运用本专业的基础理论知识和专业技术知识，熟悉本专业
　国内外现状和发展趋势。
3.有一定从事生产技术管理的实践经验，取得有实用价值的技术成果
　和经济效益。
4.能够指导助理工程师的工作和学习。

图 4-19

④ 经济师（图 4-20）。

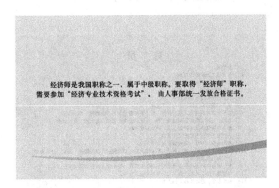

图 4-20

⑤ 助理工程师（图 4-21）。

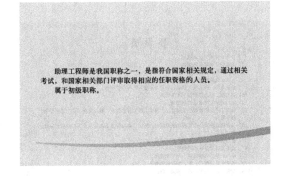

图 4-21

⑥ 助理经济师（图 4-22）。

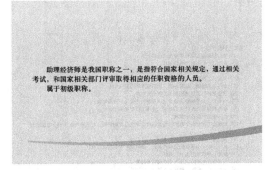

图 4-22

（4）管理人员岗位卡片

① 施工员（图4-23）。

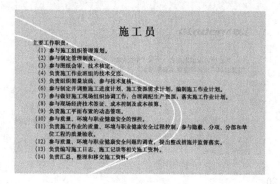

图 4-23

② 质量员（图4-24）。

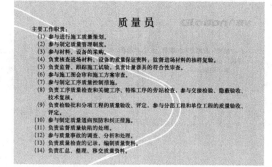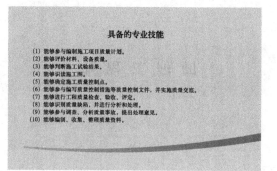

图 4-24

③ 安全员（图4-25）。

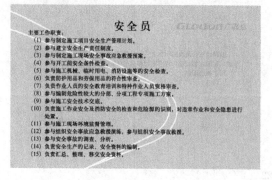

图 4-25

④ 材料员（图 4-26）。

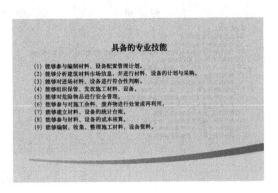

图 4-26

⑤ 机械员（图 4-27）。

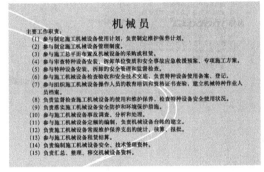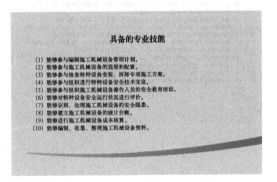

图 4-27

⑥ 资料员（图 4-28）。

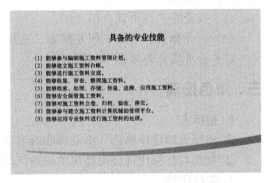

图 4-28

⑦ 劳务员（图 4-29）。

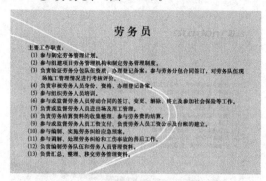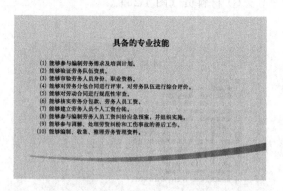

图 4-29

⑧ 造价员（图 4-30）。

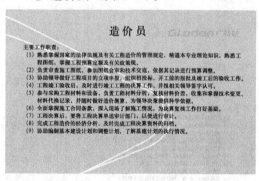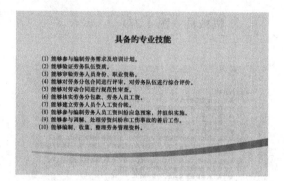

图 4-30

3. 企业证件资料

（1）企业营业执照（图 2-2）。

（2）开户许可证（图 2-3）。

（3）组织机构代码证（图 2-4）。

（4）资质证书（图 2-5）。

（5）安全生产许可证（图 2-6）。

（6）三个体系（环境、职业健康、质量）　如图 2-7～图 2-9 所示。

（7）企业资信等级证书（图 2-10）。

三、角色扮演

1. 招标人

① 招标人即建设单位，由老师临时客串；

② 负责对招标代理公司提出的疑难问题进行解答。

2. 招标代理

① 每个学生团队都是一个招标代理公司；

② 完成资格预审文件的编制；

③ 完成工程项目在线招标公告、资审文件的发售。

3. 行政监管人员

① 每个学生团队中由项目经理指定一名成员，担任本团队的行政监管人员；

② 负责工程交易管理服务平台的业务审批。

小贴士：如项目招标由招标人自行完成，则不设招标代理角色，其相关工作由招标人完成，并由学生团队担当。

四、时间控制

建议学时 4～5 学时。

五、任务一 编制资格预审文件

（一）任务说明

（1）确定潜在投标人的各类门槛条件

① 确定潜在投标人的企业门槛；

② 确定潜在投标人的人员门槛；

③ 确定潜在投标人的经营状况。

（2）确定本招标工程的资格审查评审办法。

（3）完成一份电子版资格预审文件。

（二）任务分配

项目经理将工作任务进行分配，填写工作任务分配单（图 4-31），下发给团队成员，由任务接收人进行签字确认。

任务分配原则如下。

市场经理——确定潜在投标人的企业门槛。

技术经理——确定潜在投标人的人员门槛。

商务经理——确定潜在投标人的经营状况。

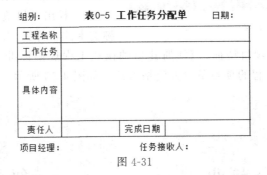

组别：　　　　**表0-5 工作任务分配单**　　　　日期：

工程名称	
工作任务	
具体内容	
责任人	完成日期

项目经理：　　　　　　　　任务接收人：

图 4-31

（三）操作过程

1. 确定潜在投标人的各类门槛条件

（1）确定潜在投标人的企业门槛

1）根据招标工程的项目特征、资质标准，确定适合本工程的潜在投标人的企业资质条件，具体操作如下。

① 找出企业资质类卡片，共 4 种，详见"二、道具探究"。

② 根据企业资质卡片正面的承包工程范围，结合背面的资质标准详细介绍，确定本招标工程潜在投标人的企业资质条件。

✎ **小贴士**：确定企业资质条件需符合"就低不就高"的原则，即如果具备施工总承包二级资质的企业可以承担本招标工程的施工，不可以将潜在投标人的企业门槛提高至施工总承包一级及以上。

2）根据招标工程的项目特征、潜在投标人的企业性质，确定潜在投标人需要提交的企业证件资料，具体操作如下。

① 从投标人企业证件资料中（详见"二、道具探究"），选出本招标工程需要潜在投标人具备的企业证件类型。

② 确定潜在投标人需要提交企业证件形式：证件原件、证件原件扫描件。

3）签字确认。

市场经理负责将确定的投标人企业门槛资料，连同项目经理下发的工作任务分配单，一同提交项目经理进行审查，经团队其他成员和项目经理签字确认后，置于招投标沙盘盘面资格预审阶段区域的对应位置处。如图 4-32 所示。

图 4-32

（2）确定潜在投标人的人员门槛

1）确定项目负责人（项目经理）的资格门槛。

根据招标工程的项目特征、《注册建造师管理规定》（中华人民共和国建设部令第 153 号）、《注册建造师执业工程规模标准》（建市〔2007〕171 号）、工程项目所在地关于建设工程施工现场管理人员配备的管理规定，结合给出的项目负责人资格卡片、人员职称类卡片，确定潜在投标人项目负责人（项目经理）的资格门槛。

具体操作如下。

① 找出项目负责人资格卡片、人员职称类卡片，详见"二、道具探究"。

② 根据招标工程的项目特征、《注册建造师执业工程规模标准》、《注册建造师管理规定》，选出适应本招标工程的项目负责人资格卡片。如图 4-33 所示。

图 4-33

③ 根据招标工程的项目特征、工程技术系列技术职称评审规定，结合人员职称类卡片背面的介绍，选出适应本招标工程的项目负责人职称等级。如图 4-34 所示。

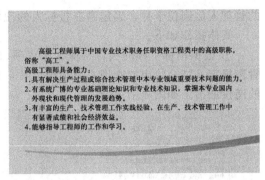

图 4-34

④ 根据招标工程的项目特征，确定项目负责人的其他资格条件门槛，完成单据项目负责人资格条件（图 4-35）。

组别：　　　　　　表4-2　项目负责人资格条件　　　　　　日期：

序号	1		2		3	4	5
条件设置	执业资格		职称等级		学历	安全生产考核合格证	工作年限
具体内容	专业	等级	□高级	□高级工程师	□硕士及以上	□主要负责人（A证）	
	□建筑工程专业	□一级建造师		□高级经济师			
	□市政公用工程专业		□中级	□工程师	□本科	□项目负责人（B证）	
	□机电工程专业	□二级建造师		□经济师			
	□		□初级	□助理工程师	□高职高专	□专职安全员（C证）	
				□助理经济师			

填表人：　　　　　会签人：　　　　　审批人：

图 4-35

2）确定技术负责人（技术总工）的资格门槛。

根据招标工程的项目特征、工程项目所在地关于建设工程施工现场管理人员配备的管理规定，结合给出的人员职称类卡片，确定潜在投标人技术负责人的资格门槛。具体操作如下。

① 根据招标工程的项目特征、工程技术系列技术职称评审规定、工程项目所在地关于建设工程施工现场管理人员配备的管理规定，结合人员职称类卡片背面的介绍，选出适应本招标工程的技术负责人职称等级。

② 根据招标工程的项目特征，确定技术负责人的其他资格条件门槛，完成单据项目部管理人员组织结构（图 4-36）。

组别：　　　　　　表0-1　项目部管理人员组织结构　　　　　　日期：

序号					
管理人员					
岗位证书					
专业					
学历					
职称					
数量／人					
工作年限					
工程业绩（近___年）					

填表人：　　　　　会签人：　　　　　审批人：

图 4-36

3）确定施工现场管理人员的资格门槛。

施工现场管理人员的主要工作职责及岗位能力要求，依据《建筑与市政工程施工现场专业人员职业标准》（JGJ/T 250—2011）确定，具体可参考管理人员岗位卡片。

根据招标工程的项目特征、工程项目所在地关于建设工程施工现场管理人员配备的管理规定、《建筑施工企业安全生产管理机构设置及专职安全生产管理人员配备办法》，结合给出的管理人员岗位卡片，确定潜在投标人的现场管理人员的岗位分工及其资格门槛。

具体操作如下。

① 根据招标工程的项目特征、工程项目所在地关于建设工程施工现场管理人员配备的管理规定，结合给出的管理人员岗位卡片，选出适合本招标工程的施工现场管理人员及所需的岗位证书。如图 4-37 所示。

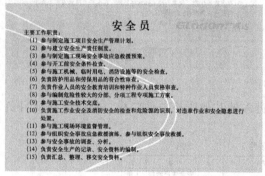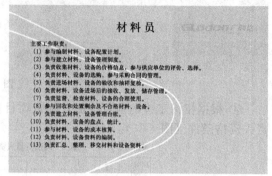

图 4-37

② 根据招标工程的项目特征、工程技术系列技术职称评审规定、工程项目所在地关于建设工程施工现场管理人员配备的管理规定，结合人员职称类卡片背面的介绍，选出适应本招标工程的管理人员职称等级。如图 4-34 所示。

③ 根据招标工程的项目特征，确定施工现场管理人员的其他资格条件门槛，完成单据项目部管理人员组织结构（图 4-36）。

图 4-38

4）签字确认。

技术经理负责将确定的投标人人员门槛资料，连同项目经理下发的工作任务分配单，一同提交项目经理进行审查，经团队其他成员和项目经理签字确认后，置于招投标沙盘盘面资格预审阶段区域的对应位置处。如图 4-38 所示。

小贴士：

（1）工程技术系列技术职称评审规定，在每个地区、企业的管理规定均不相同，可到当地的人事考试网查阅相关规定。

（2）施工现场管理人员配备可以参考《建筑工程施工现场关键岗位人员配备标准及管理办法（广联达版）》，详见广联达工程招投标沙盘模拟执行评测系统中的资料库。

（3）确定潜在投标人的经营状况

1）根据招标工程的项目特征，确定本招标工程的类似工程定义。

小贴士：类似工程指的是工程在建筑面积、结构类型、层数、跨度、特殊施工工艺、特殊施工技术（装饰装修工程还包括造价）等方面与招标工程相类似（面积、层数、跨度、造价等指标差距允许在 20% 以内）。

2）根据招标工程的项目特征，确定潜在投标人企业、项目负责人、项目技术负责人同类工程施工经验的要求。见图 4-39。

组别： 表4-1 经营状况表 日期：

序号	项目名称	具体内容						
1	类似工程定义	标段	建筑面积/㎡	结构类型	层数	跨度/m	工程造价/万元	特殊工艺
2	业绩门槛	类别	公司业绩	项目负责人业绩		项目技术负责人业绩		
		近__年						
		数量						

填表人： 会签人： 审批人：

图 4-39

3）签字确认。

商务经理负责将确定的投标人经营状况门槛资料，连同项目经理下发的工作任务分配单，一同提交项目经理进行审查，经团队其他成员和项目经理签字确认后，置于招投标沙盘盘面资格预审阶段区域的对应位置处。如图4-40所示。

2．确定本招标工程的资格审查评审办法

（1）确定资格审查委员会组成 项目经理带领团队成员讨论，参照资格审查评审方法（图4-41），确定本招标工程的资格审查委员会的组成。

资格审查委员会的组成，在《中华人民共和国招标投标法实施条例》中有明确规定：第十八条 资格预审应当按照资格预审文件载明的标准和方法进行，国有资金占控股或者主导地位的依法必须进行招标的项目，招标人应当组建资格审查委员会审查资格预审申请文件。

图 4-40

资格审查委员会及其成员应当遵守招标投标法和本条例有关评标委员会及其成员的规定。

组别： 表4-3 资格审查评审方法 日期：

序号	项目	具体内容					
1	资格审查方式	□资格预审	□合格制				
			□有限数量制，入围____家				
		□资格后审	□合格制				
			□评分制				
2	资格审查委员会组成	总人数/人	招标人代表/人	评审专家/人			评标专家所占比例/%
				资审专家总数量	其中：技术专家	其中：经济专家	

填表人： 会签人： 审批人：

图 4-41

小贴士：需要查阅的《中华人民共和国招标投标法实施条例》、《中华人民共和国招标投标法》、《评标委员会和评标方法暂行规定》，可以参考广联达工程招投标沙盘模拟执行评测系统中的资料库。

（2）确定资格审查评审办法 项目经理带领团队成员讨论，确定本招标工程的资格审查评审办法。具体设置方法参考本模块项目一 资格审查相关理论知识相关内容。

（3）签字确认 市场经理负责将结论记录到资格审查评审方法（图4-41），经团队其他

图 4-42

成员和项目经理签字确认后，置于招投标沙盘盘面的资格预审阶段区域的对应位置处。如图 4-42所示。

3. 完成一份电子版资格预审文件

（1）项目经理组织团队成员，共同完成一份资格预审文件电子版。

（2）操作说明

1）新建工程：双击"广联达电子招标文件编制工具"。如图 4-43 所示。

① 进入软件主界面，然后如图所示点击"新建项目"，选择"房屋建筑和市政工程标准施工招标资格预审文件 2010 年版"模块，进行资格预审文件的编制。如图 4-44 所示。

② 弹出"另存为"对话框，选择保存路径，输入相应案例名称。如图 4-45 所示。

2）填写基本信息。
① 根据招标案例提供的背景资料信息，填写基本信息。如图 4-46 所示。

图 4-43

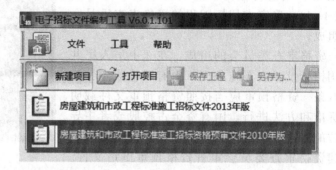

图 4-44

图 4-45

图 4-46

②"项目信息"和"招标人信息"相关内容检查通过后才可以进行评标办法的设置。如图 4-47 所示。

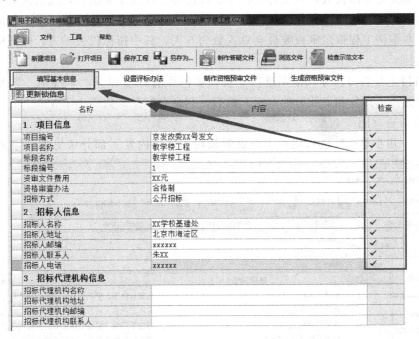

图 4-47

3）点击"设置评标办法"按钮，根据沙盘推演出的数据及有关规定，依次对"参数设置"、"初步审查"、"详细审查"和"废标条款"进行评标办法设置。

① 参数设置（图 4-48）。

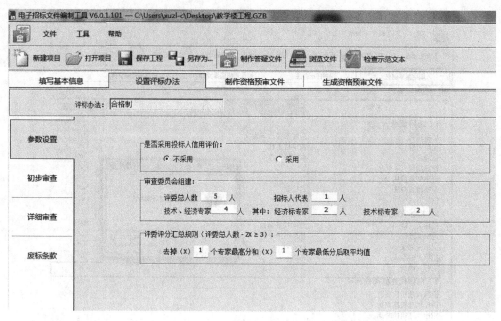

图 4-48

a. 软件会自动联动"填写基本信息"中设置好的评标办法,不需手动修改。

b. 根据《评标委员会和评标办法暂行规定》第九条规定评标委员会由招标人、招标代理机构熟悉相关业务的代表,以及有关技术、经济等方面的专家组成,成员人数为 5 人以上的单数。其中招标人或者招标代理机构以外的技术、经济等方面的专家不得少于成员人数的三分之二。本案例工程拟定审查委员会总人数为 5 人,其中招标代表 1 人,经济标及技术标专家各 2 人。

c. 小组讨论是否对投标人信用进行评价及如何设置评委评分汇总规则。评委评分汇总规则需满足去掉最高分和最低分的专家人数后,剩余专家总人数不小于 3 人。

② 初步审查(图 4-49)。

a. 点击"初步审查"进入初步审查设置模块,软件内置了部分常见的评审因素及评审

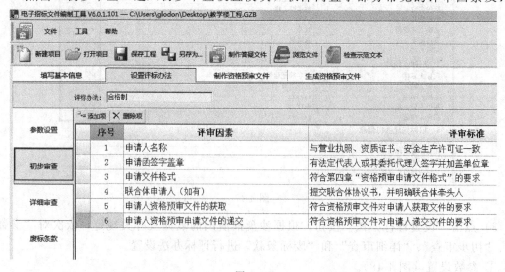

图 4-49

标准，招标人有其他评审因素可自行进行添加或者删除。

b. 点击"添加项"，添加第 7 条评审因素，核对法定代表人身份证明是否在有效期内。如图 4-50 所示。

图 4-50

c. 选择序号 4，点击"删除项"，弹出确认删除提示框，即可选择是否删除联合体申请人评审因素项，如图 4-51 所示。

图 4-51

③ 详细审查（图 4-52）。

点击"详细审查"进入详细审查模块，依次对"详细审查"、"申请人须知规定"、"资格审查办法规定"和"其他审查"进行设置，软件内置了部分常见的评审因素、评审标准和相关证明材料，招标人有其他评审因素可自行进行添加、添加子项或者删除，方法同初步审查，此处不做演示。

④ 废标条款（图 4-53）。

点击"废标条款"进入废标条款设置模块，软件内置了部分常见废标条款，招标人有其他废标条款内容可自行进行添加或者删除，方法同初步评审，此处不做演示。

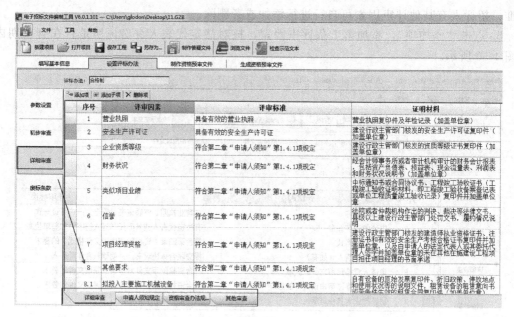

图 4-52

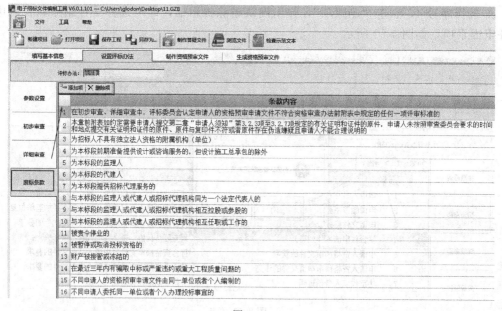

图 4-53

4）制作资格预审文件。

① 封面。

a. 点击"制作资格预审文件"按钮，进入资格预审文件编制模块，软件内置了 2010 年房屋建筑和市政工程标准施工招标资格预审文件范本，在此范本中修改相关信息即可。

b. 点击"封面"按钮，进入封面信息修改界面，部分基本信息在前面已经设置过，软件会自动联动不需要再次填写，同时软件会自动提示未填写项数量，如图 4-54 所示。

c. 下翻文档，找到未填写项为封面时间，此处带"＊"为必填写项，按照广联达沙盘模拟执行系统中编制好的招标计划内相关时间要求，点击进行时间选择。如图 4-55 所示。

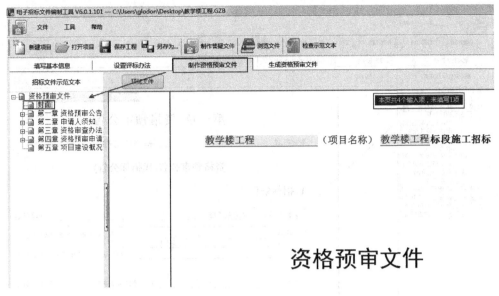

图 4-54

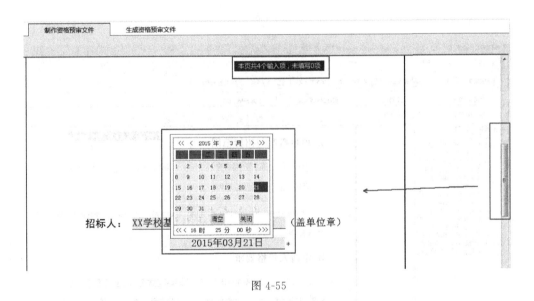

图 4-55

② 资格预审公告。

a. 双击"第一章 资格预审公告"进入资格预审公告界面,将鼠标移动到填写处,软件会提示填写内容相关备注说明。如图 4-56 所示。

b. 根据背景资料、沙盘推演结果、沙盘执行系统中内置的资料库中相关法律文件和编制好的招标计划时间要求,将资格预审公告相关内容填写完整。如图 4-57 所示。

(a) 申请人须知:根据背景资料、沙盘推演结果及沙盘执行系统中内置的资料库中相关法律文件,将申请人须知相关内容填写完整。方法同资格预审公告,此处不做演示。

(b) 资格审查办法:根据背景资料、沙盘推演结果及沙盘执行系统中内置的资料库中相关法律文件,将资格审查办法相关内容填写完整。方法同资格预审公告,此处不做演示。

(c) 资格预审申请文件格式:第四章主要是对投标人编制的资格预审申请文件做出的格式要求,学生可以通过查看格式要求,了解资格预审申请文件的主要内容。

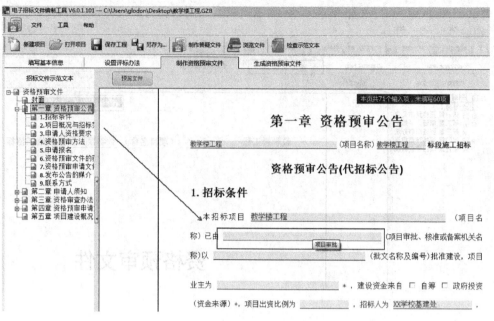

图 4-56

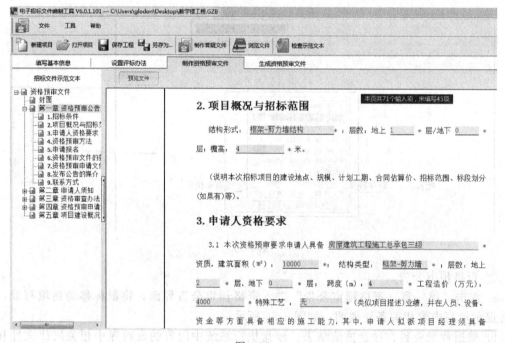

图 4-57

（d）项目建设概况：招标人对项目建设概况有其他说明的，可在第五章进行填写说明。

5）资格预审文件编制完成后，点击"检查示范文本"，软件自动检查出资格预审文件制作错误信息，根据错误信息提示返回相应模块进行修改，检查通过后才可以进行电子签章，生成资格预审文件，如图 4-58 所示。

6）示范文本检查通过后，点击"生成资格预审文件"按钮，进行电子签章后，导出资格预审文件。

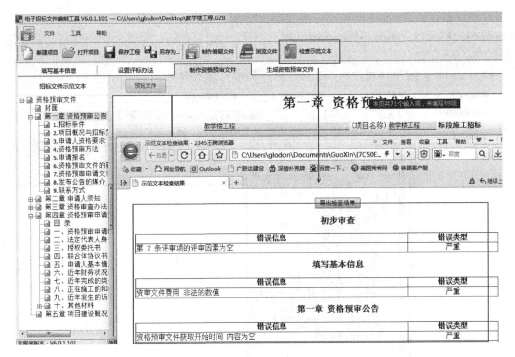

图 4-58

电子签章操作说明如下。

① 在生成资格预审文件模块下，点击"转换"按钮将资格预审文件转换成签章文件。如图 4-59 所示。

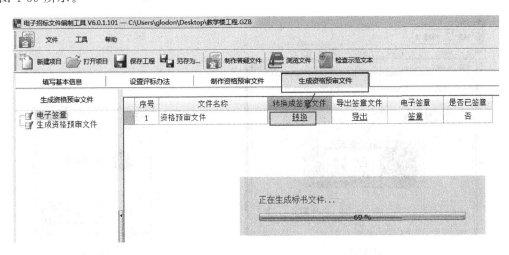

图 4-59

② 转换成功后可以进行电子签章，点击"签章"按钮可以对转换后的 PDF 版文件进行签章或者批量签章，如图 4-60 所示。

③ 点击"批量签章"，弹出"选择 CA 锁类型"界面，此时需要将广联达 CA 锁插入才能进行电子签章。如图 4-61 所示。

 小贴士：没有插入 CA 锁进行电子签章，软件会提示找不到证书，如图 4-62 所示。

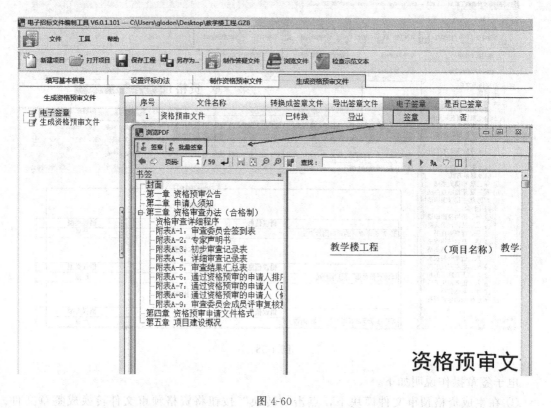

图 4-60

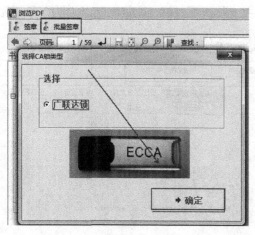

图 4-61

图 4-62

④ 选择 CA 锁之后弹出"演示专用章",在需要盖章位置点击鼠标左键,弹出"请输入 KEY 的 PIN 码"提示框,输入 CA 锁密码后选择确认按钮即可进行签章。如图 4-63 所示。

⑤ 电子签章完成后,关闭 PDF 版资格预审文件浏览窗口,软件显示已签章之后选择"导出"按钮,软件提示选择保存路径,选择保存路径并修改文件名之后点击"保存"。如图 4-64 所示。

资格预审文件

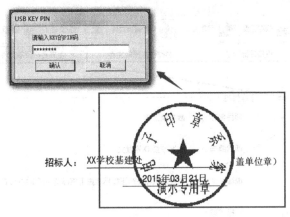

图 4-63

图 4-64

⑥ 选择"生成资格预审文件"模块，"生成资格预审文件"界面下点击"生成"。如图4-65 所示。

⑦ 弹出保存路径提示框，点击"保存"，将此电子版资格预审文件提交给老师进行评测。如图 4-66 所示。

⑧ 点击保存后，弹出"请输入密码"提示框，输入 CA 锁密码选择"确定"按钮，提示生成招标书文件成功。如图 4-67 所示。

小贴士：没有插入 CA 锁进行生成电子版资格预审文件，软件会提示"未正确插入 CA 锁或者证书已过期"，如图 4-68 所示。

⑨ 将资格预审文件工程保存，关闭广联达电子招标编制工具，退出系统。在整个资格预审文件编制过程中，一共会生成三种格式文件。文件一为可以进行查看或者打印的 PDF 版资格预审文件；文件二为进行过电子签章的资格预审 BJZSZ 文件（.BJZSZ），此文件可发放给潜在投标人导入广联达电子投标编制工具中进行浏览（不可进行编辑）；文件三为资格预审

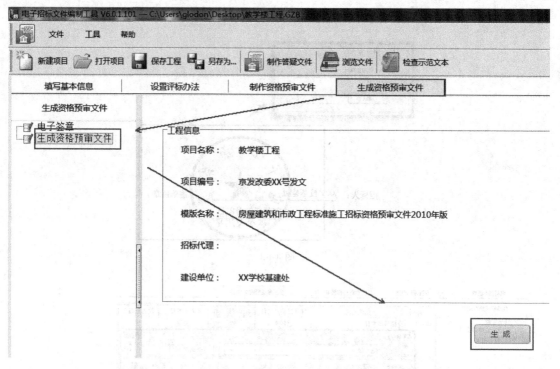

图 4-65

图 4-66

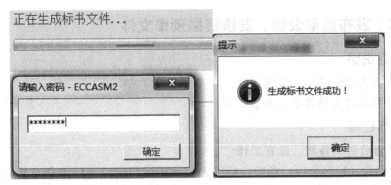

图 4-67

GZB 文件（.GZB），此文件为原工程文件，招标人可对资格预审文件进行重新编辑或者制作答疑文件。需要将文件二提交给老师进行评分。如图 4-69 所示。

图 4-68

图 4-69

（3）团队自检 资格预审文件电子版完成后，项目经理组织团队成员，利用资格预审文件审查表（图 4-70）进行自检。

组别： **表4-4 资格预审文件审查表** 日期：

序号	审查内容	完成情况	需完善内容
1	资格预审公告	☐	
2	申请人须知	☐	
3	资格审查办法（合格制）	☐	
4	资格审查办法（有限数量制）	☐	
5	资格预审申请文件格式	☐	
6	其他要求	☐	

填表人： 会签人： 审批人：

图 4-70

（4）签字确认 市场经理负责将结论记录到资格预审文件审查表（图 4-70），经团队其他成员和项目经理签字确认后，置于招投标沙盘盘面的资格预审阶段区域的团队管理处。如图 4-71 所示。

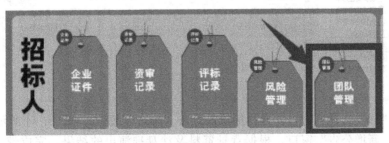

图 4-71

六、任务二　发布资审公告、发售资格预审文件

(一) 任务说明

① 完成资审公告的备案、发布工作；

② 完成资格预审文件备案、发售工作。

(二) 操作过程

1. 完成资审公告的备案、发布工作

(1) 资审公告 (招标公告) 备案　招标人 (或招标代理) 登陆工程交易管理服务平台，用招标人 (或招标代理) 账号进入电子招投标项目交易管理平台，完成招标工程的资审公告 (招标公告) 备案并提交审批。

① 登陆工程交易管理服务平台，用招标人 (或招标代理) 账号进入电子招投标项目交易管理平台。如图 4-72 所示。

图 4-72

② 切换到招标公告管理模块，点击 "新增公告"。如图 4-73 所示。

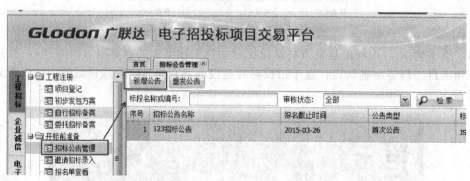

图 4-73

③ 弹出 "标段选择" 窗口，选择标段后点击 "确定" 按钮。如图 4-74 所示。

④ 弹出 "新增公告" 窗口，根据背景资料及沙盘推演出的结果，完成带 "＊" 部分的

图 4-74

填写后，点击"保存"及"提交"。如图 4-75 所示。

图 4-75

（2）行政监管人员在线审批 行政监管人员登陆工程交易管理服务平台，用初审监管员账号进入电子招投标项目交易管理平台，完成招标工程的资审公告（招标公告）审批工作。

① 登陆工程交易管理服务平台，用初审监管员账号进入电子招投标项目交易管理平台。如图 4-76 所示。

图 4-76

② 切换至"招标公告审核"模块，找到小组刚进行发布的公告，点击"审核"。如图 4-77 所示。

图 4-77

③ 核对项目相应信息，核对后点击"审核"。如图 4-78 所示。

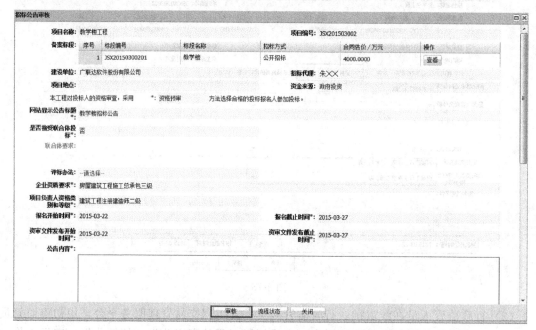

图 4-78

④ 根据核对结果，给出审核意见。如图 4-79 所示。

图 4-79

小贴士：审核不通过的，要以招标人或招标代理的身份再次登陆平台进行修改，并提交，接着进行再次审核。

2. 完成资格预审文件的备案、发售工作

（1）资审文件备案 招标人（或招标代理）登陆工程交易管理服务平台，用招标人（或招标代理）账号进入电子招投标项目交易管理平台，完成招标工程的资审文件备案并提交审批。

① 登陆工程交易管理服务平台，用招标人（或招标代理）账号进入电子招投标项目交易管理平台，切换至"资审文件管理"模块，点击"新增资审文件"。如图 4-80 所示。

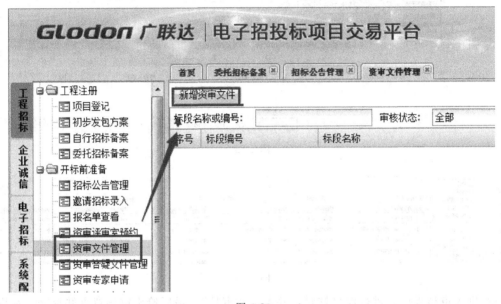

图 4-80

② 弹出"标段选择"窗口，找到相应的标段，点击"确定"。如图 4-81 所示。

图 4-81

③ 弹出"资审文件管理"窗口，完成带"＊"部分的填写，上传由广联达电子招标工具编制工具生成的资格预审 BJZSZ 文件（.BJZSZ），加载无误后点击"保存"及"提交"。如图 4-82 所示。

（2）行政监管人员在线审批 行政监管人员登陆工程交易管理服务平台，用初审监管员账号进入电子招投标项目交易管理平台，完成招标工程的资审文件审批工作。

① 登陆工程交易管理服务平台，用初审监管员账号进入电子招投标项目交易管理平台，切换至"资审文件审核"模块，找到刚才提交审核的"教学楼资审文件"，点击"审核"。如图 4-83 所示。

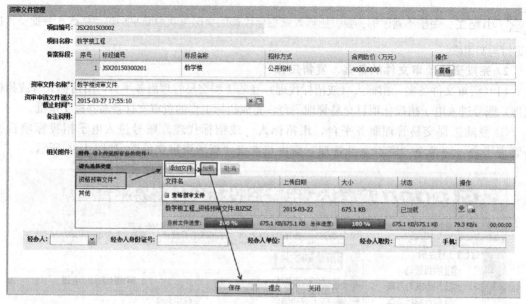

图 4-82

图 4-83

② 进入审核界面，进行信息核对，并点击"审核"，最后给出审核意见并提交。如图 4-84、图 4-85 所示。

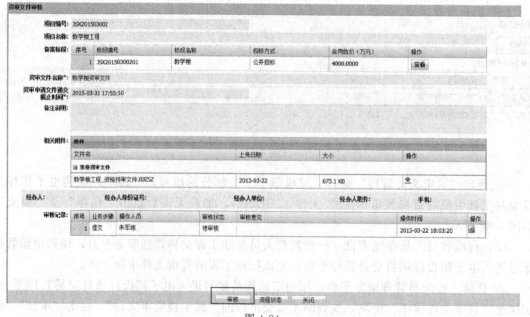

图 4-84

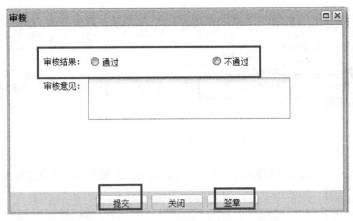

图 4-85

✏️　**小贴士**：本教材给出的是在线完成资审公告、资审文件的备案审批操作指导，如果学校不具备在线备案审批的条件，可参考学校所在地区住建委现场备案审批的工作流程。

七、任务三　完成资格审查前的准备工作

（一）任务说明

① 完成资审评审室的预约工作；
② 完成资审专家申请、抽取工作。

（二）操作过程

1. 完成资审评审室的预约工作

（1）资审评审室预约　招标人（或招标代理）登陆工程交易管理服务平台，用招标人（或招标代理）账号进入电子招投标项目交易管理平台，完成招标工程的资审评审室的预约并提交审批。

① 登陆工程交易管理服务平台，用招标人（或招标代理）账号进入电子招投标项目交易管理平台，切换至"资审评审室预约"模块，选择"标室预约"。如图 4-86 所示。

图 4-86

② 弹出"标段选择"窗口，找到相应的标段，点击"确定"。如图 4-87 所示。

③ 弹出"新增标室预约"窗口，完成带"＊"部分的填写，无误后点击"保存"及"提交"。如图 4-88 所示。

（2）行政监管人员在线审批　行政监管人员登陆工程交易管理服务平台，用初审监管员

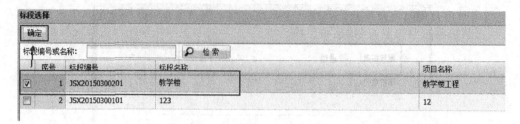

图 4-87

图 4-88

账号进入电子招投标项目交易管理平台，完成招标工程的资审评审室预约的审批工作。

① 登陆工程交易管理服务平台，用初审监管员账号进入电子招投标项目交易管理平台，切换至"资审评审室预约审核"模块，找到刚才申请预约标室的"教学楼工程"，点击"审核"。如图 4-89 所示。

图 4-89

② 进入审核界面，进行信息核对，并点击"审核"，最后给出审核意见并提交。如图 4-90、图 4-91 所示。

2. 完成资审专家申请、抽取工作

（1）资审专家申请　招标人（或招标代理）登陆工程交易管理服务平台，用招标人（或招标代理）账号进入电子招投标项目交易管理平台，完成招标工程的资审评审室的预约并提交审批。

① 登陆工程交易管理服务平台，用招标人（或招标代理）账号进入电子招投标项目交易管理平台，切换至"资审专家申请"模块，选择"新增评委备案"。如图 4-92。

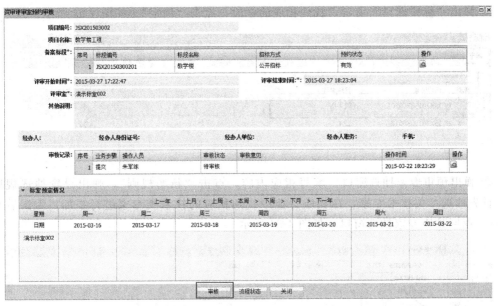

图 4-90

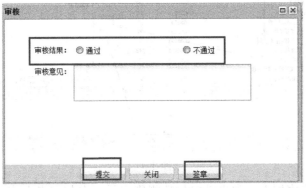

图 4-91

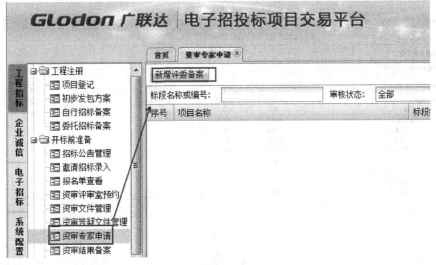

图 4-92

② 弹出"标段选择"窗口，找到相应的标段，点击"确定"。如图 4-93 所示。

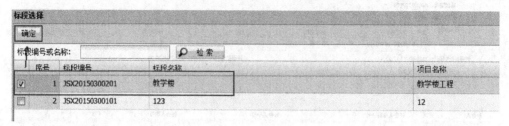

图 4-93

③ 弹出预审专家抽选窗口，填写相应内容，点击"新增规则"，弹出设置抽选规则提示，首先抽选 2 位技术专家，在相应专业中找到相应的技术类专家进行添加，无误后点击"保存"返回预审专家抽选窗口。如图 4-94 所示。

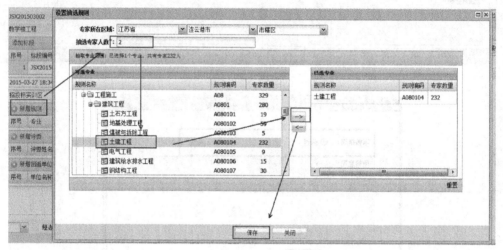

图 4-94

④ 抽选经济类专家同上，弹出设置抽选规则提示，在相应专业中找到相应的经济类专家进行添加，无误后点击"保存"返回预审专家抽选窗口。如图 4-95 所示。

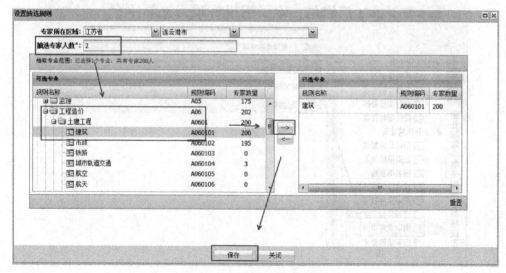

图 4-95

⑤ 点击"新增评委"按钮，新增 1 个招标人评委，组成 5 位评审专家，无误后"保存"并"提交"。如图 4-96 所示。

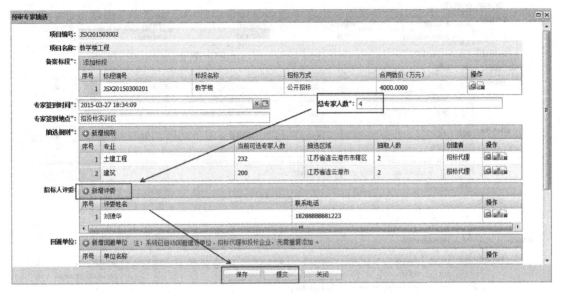

图 4-96

（2）行政监管人员在线审批 行政监管人员登陆工程交易管理服务平台，用初审监管员账号进入电子招投标项目交易管理平台，完成招标工程的资审专家申请的审批工作。

① 登陆工程交易管理服务平台，用初审监管人员账号进入电子招投标项目交易管理平台，切换至"资审专家申请审核"模块，找到待审核的项目，点击"审核"。如图 4-97 所示。

序号	项目名称	标段编号	标段名称	招标代理	提交时间	审核状态		抽选状态	操作
1	教学楼工程	JSX20150300201	教学楼	朱军练	2015-03-2...	待审核	→	未完成	
2	在北京自己盖房子	JSX20140300301	在北京盖自己的房子	招标	2014-03-1...	审核通过		已完成	
3	资格预审项目	JSX20140300201	资格预审项目	招标代理	2014-03-0...	审核通过		未完成	
4	彩虹队	JSX20140200701	一标段	彩虹队	2014-02-2...	审核通过		未完成	
5	测试1	JSX20140200101	1	招标代理	2014-02-2...	审核通过		已完成	

图 4-97

② 弹出"预审专家抽选审核"窗口，核对信息，点击"审核"，最后给出审核意见。如图 4-98、图 4-99 所示。

（3）行政监管人员在线抽取资审专家 行政监管人员审批招标工程的资审专家申请结束后，完成资审专家的抽取工作。

① 返回至"资审专家申请审核"模块，找到完成预审专家审核通过的工程项目，点击"抽选"。如图 4-100 所示。

② 弹出"专家抽选"提示框，抽选相应专家，选择"参加"表示经过沟通专家能够参加评审，抽选完成后点击"保存"及"抽选已完成"。如图 4-101 所示。

✎ **小贴士**：本教材给出的是在线完成资审评审室预约、资审专家申请的备案审批操作指导，如果学校不具备在线备案审批的条件，可参考学校所在地区住建委和专家库现场备案审批的工作流程。

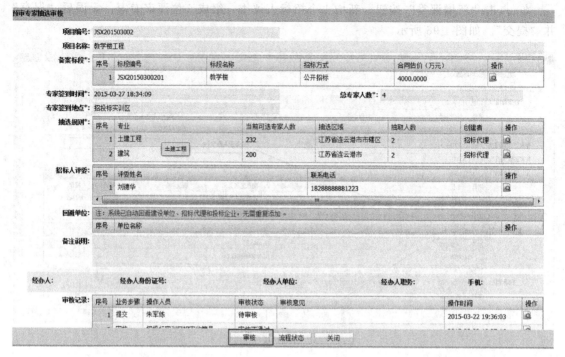

图 4-98

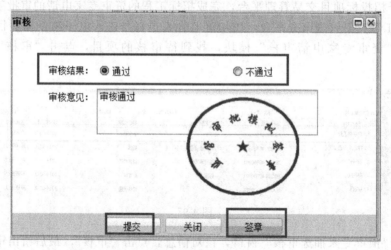

图 4-99

图 4-100

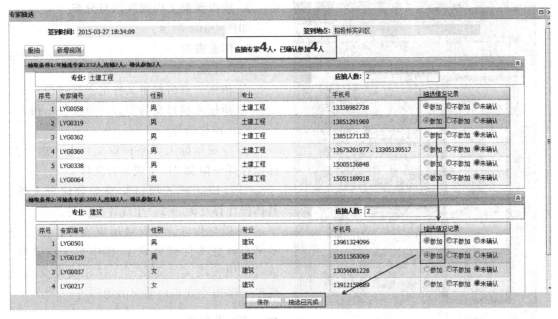

图 4-101

八、沙盘展示

1. 团队自检

项目经理带领团队成员，对照沙盘操作表，检查自己团队的各项工作任务是否完成，见下表。

沙盘操作表

序号	任务清单	使用单据/表/工具	完成情况 （完成请打"√"）
（一）	资格预审文件编制		☐
1	招标人确定潜在投标人企业资质门槛		☐
2	招标人确定项目负责人投标资格门槛	项目负责人资格条件	☐
3	招标人确定技术负责人投标资格门槛	项目部管理人员组织结构	☐
4	招标人确定专职安全员投标资格门槛	项目部管理人员组织结构	☐
5	招标人确定与本工程项目相类似的工程业绩	经营状况表	☐
6	招标人确定资格审查委员会组成	资格审查评审办法	☐
7	招标人确定资格审查评审方法	资格审查评审办法	☐
8	招标人完成资格预审文件编制	电子招标文件编制工具	☐
9	招标人对资格预审文件自检合格	资格预审文件审查表	☐
（二）	资审公告、发售资审文件		
1	招标人发布资审公告	电子招投标项目交易平台	☐
2	招标人发售资格预审文件	电子招投标项目交易平台	☐
（三）	资格审查准备工作		
1	招标人预约资审评审室	电子招投标项目交易平台	☐
2	招标人预约资审评审专家	电子招投标项目交易平台	☐

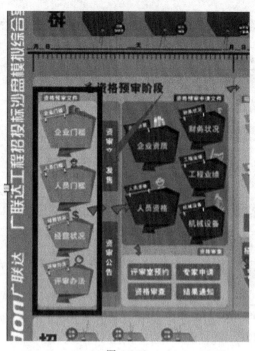

图 4-102

2. 沙盘盘面上内容展示与分享

如图 4-102 所示。

3. 作业提交

（1）作业内容

① 招标人资格预审文件电子版一份；

② 招标人项目交易平台评分文件一份。

（2）操作指导

① 生成招标人资格预审文件电子版。具体操作详见附录 2：生成评分文件。

② 生成招标人项目交易平台评分文件。具体操作详见附录 2：生成评分文件。

③ 提交作业。将资格预审文件、项目交易平台评分文件拷贝到 U 盘中提交给老师，或者使用在线文件递交（文件在线提交系统或电子邮箱等方式）提交给老师。

九、实训总结

1. 教师评测

（1）评测软件操作　具体操作详见附录 3：学生学习成果评测。

（2）学生成果展示　具体操作详见附录 3：学生学习成果评测。

2. 学生总结

小组讨论 3 分钟，写下该环节你认为需要完善的内容及心得，并进行分享。

十、拓展练习

在本实训模块之外需要学生了解相关知识内容或需要同学课外需要思考的问题。

① 经营状况门槛设置时，潜在投标人的财务状况（资产负债率、净资产）与投标人经营状况的影响关系；

② 企业业绩、项目经理业绩门槛设置时，如何确定最合理的企业业绩和项目经理业绩数量。

模块五 资格申请

知识目标

    1. 了解工程项目投标决策的一般方法

    2. 掌握资格预审申请文件的主要内容及编制方法

    3. 了解资格预审文件需重点分析内容

    4. 掌握资格审查的具体工作流程

能力目标

    1. 能对工程项目是否投标进行决策

    2. 能熟练进行资格预审申请文件的编制

    3. 能对资格预审文件进行重点内容分析

    4. 模拟专家组成人员进行资格审查

项目一　资格申请相关理论知识

一、工程项目投标决策

投标人通过投标取得项目，是市场经济条件下的必然。但是，作为投标人来讲，并不是每标必投，因为投标人要想在投标中获胜，既要中标得到承包工程，又要从承包工程中赢利，就需要研究投标决策的问题。所谓投标决策，包括三方面内容：其一，针对项目招标是投标或是不投标；其二，倘若去投标，是投什么性质的标；其三，投标中如何采用以长制短、以优胜劣的策略和技巧。投标决策的正确与否，关系到能否中标和中标后的效益，关系到施工企业的发展前景和职工的经济利益。因此，企业的决策班子必须充分认识到投标决策的重要意义，把这一工作摆在企业的重要议事日程上。

投标决策可以分为两个阶段进行。这两个阶段就是投标的前期决策和投标的后期决策。

1. 投标的前期决策

投标的前期决策必须在投标人参加投标资格预审前后完成。决策的主要依据是招标公告，以及公司对招标工程、业主情况的调研和了解的程度，如果是国际工程，还包括对工程所在国和工程所在地的调研和了解程度。前期阶段必须对是否投标做出论证。通常情况下，下列招标项目应放弃投标。

① 本施工企业主管和兼管能力之外的项目。

② 工程规模、技术要求超过本施工企业技术等级的项目。

③ 本施工企业生产任务饱满，且招标工程的盈利水平较低或风险较大的项目。

④ 本施工企业技术等级、信誉、施工水平明显不如竞争对手的项目。

2. 投标的后期决策

如果决定投标，即进入投标的后期决策阶段，它是指从申报投标资格预审资料后至投标报价（封送投标书）期间完成的决策研究阶段。主要研究倘若去投标，是投什么性质的标，以及在投标中采取的策略问题。

关于投标决策一般有以下分类。

（1）按性质分类　投标有投风险标和投保险标。

1）投风险标：投标人通过前期阶段的调查研究，明知工程承包难度大、风险大，且技术、设备、资金上都有未解决的问题，但由于本企业任务不足、处于窝工状态，或因为工程盈利丰厚，或为了开拓市场而决定参加投标，同时设法解决存在的问题，即是风险标。投标后，如问题解决得好，可取得较好的经济效益，也可锻炼出一支好的施工队伍，使企业更上一层楼；解决得不好，企业的信誉就会受到损害，严重者可能导致企业亏损甚至破产。因此，投风险标必须审慎决策。

2）投保险标：投标人对可以预见的情况从技术、设备、资金等重大问题都有了解决的对策之后再投标，称为投保险标。企业经济实力较弱，经不起失误的打击，则往往投保险标。当前，我国施工企业多数都愿意投保险标，特别是在国际工程承包市场。

（2）按效益分类　投标有投盈利标和投保本标。

1）投盈利标：投标人如果认为招标工程既是本企业的强项，又是竞争对手的弱项，或建设单位意向明确，或本企业虽任务饱满，但利润丰厚，才考虑让企业超负荷运转时，此种情况下的投标，称投盈利标。

2）投保本标：当企业无后继工程，或已经出现部分窝工时，必须争取中标，但招标的工程项目本企业又无优势可言，竞争对手又多，此时，就该投保本标，至多投薄利标。

二、资格预审申请文件的编制

（一）资格预审申请文件包括的主要内容

《房屋建筑和市政工程标准施工招标资格预审文件》第四章"资格预审申请文件格式"明确规定了资格预审申请文件的组成和格式。具体包括：资格预审申请函、法定代表人身份证明、联合体协议书、申请人基本情况表、近年财务状况表、近年完成的类似项目情况表、正在施工的和新承接的项目情况表、近年发生的诉讼和仲裁情况、其他材料等。具体表格模式及主要内容详见附录。

（二）资格预审申请文件的编制要求

① 资格预审申请文件应严格按照资格预审文件中规定的格式进行编写，如有必要，可以增加附页，并作为资格预审申请文件的组成部分。申请人须知前附表规定接受联合体资格预审申请的，联合体各方成员均要填写相应的表格和提交相应的资料。

② 法定代表人授权委托书必须由法定代表人签署。

③"申请人基本情况表"应附申请人营业执照副本及其年检合格的证明材料、资质证书副本和安全生产许可证等材料的复印件。

④"近年财务状况表"应附经会计师事务所或审计机构审计的财务会计报表，包括资产负债表、现金流量表、利润表和财务情况说明书的复印件，具体年份要求见申请人须知前附表。

⑤"近年完成的类似情况表"应附中标通知书或合同协议书、工程接收证（工程竣工验收证书）的复印件，具体年份要求见申请人须知前附表。每张表格只填写一个项目，并标明序号。

⑥"正在施工和新承接的项目情况表"应附中标通知书或合同协议书的复印件。每张表

格只填写一个项目，并标明序号。

⑦ "近年发生的诉讼及仲裁情况" 应说明相关情况，并附法院或仲裁机构做出的裁决等有关法律文书复印件，具体年份要求见申请人须知前附表。

⑧ 申请人应按照资格预审文件的要求，编制完整的资格预审申请文件，用不褪色的材料书写或打印，并由申请人的法定代表人或其委托代理人签字或盖单位章。资格预审申请文件中的任何改动之处应加盖单位章或由申请人的法定代表人或其委托代理人签字确认。

（三）资格预审申请文件的递交

资格预审申请文件正本一份，副本份数按照申请人须知前附表规定的数量准备。正本和副本的封面上应清楚地标记 "正本" 或 "副本" 字样。当正本和副本不一致时，以正本为准。资格预审申请文件正本与副本应分别按要求装订成册，并编制目录。

资格预审申请文件的正本与副本应分开包装，加贴封条，并在封条的封口处加盖申请人单位章。在资格预审申请文件的封套上应清楚地标记 "正本" 或 "副本" 字样。

未按要求密封和加写标记的资格预审申请文件，招标人将不予受理。

申请人须按照资格预审文件规定的申请截止时间之前将申请文件送达资格预审文件规定的地点，并在 "申请文件递交时间和密封及标识检查记录表" 上签字确认。逾期送达或未送达指定地点的资格预审申请文件，招标人不予受理。

（四）资格预审申请文件编制过程注意事项

为了顺利通过资格预审，投标人应注意平时做好一般资格预审的有关资料积累工作，储存在计算机中。因为资格预审申请文件的内容中，关于财务状况、施工经验、人员能力等属于通用审查的内容，在此基础上，补充一些针对某一具体项目要求的其他资料，即可完成资格预审申请文件需要填写的内容。

填表分析时，既要针对工程特点，下工夫填好各个栏目，又要仔细分析针对业主考虑的重点，全面反映出本公司的施工经验、施工水平和施工组织能力。使资格预审申请文件既能达到业主要求，又能反映自己的优势，给业主留下深刻印象。

三、资格审查工作流程

资格审查应当按照资格预审文件载明的标准和方法进行。资格审查是由业主组织资格审查委员会进行评审。了解其过程对承包商来说是有益且必要的。在承包商编制完资格审查申请文件并按规定提交业主以后，业主组织有关咨询、法律、工程技术、财务等方面人士组成评审委员会，对所有资格审查申请文件进行审查。在此以资格预审方式为例进行介绍。其评审一般分为四个阶段，一是符合性检查；二是强制性资格条件评审；三是澄清与核实；四是资格评分。

符合性检查主要是检查资料的完整性和各种手续的完备性，如：申请书是否完整，授权书是否有效等。未通过资格检查的不得通过资格预审。

对于通过符合性检查的申请人进行强制性资格条件评审。一般业主对承包商的类似工程经验、财务、项目关键人员、施工机具设备、公司安全历史、诉讼及履约等情况都设置了强制性标准，如有些项目业主要求项目经理必须具有一级经理资质，或要求企业必须通过 ISO 9002 质量体系认证等。未全部通过强制性资格条件评审的申请人不能通过资格预审。

在评审过程中，业主有权要求申请人对资格预审申请书中不明确的或重要的事项进行必要的澄清和核实。对通过符合性检查和强制性资格条件评审的申请人的各项资格进行评分，计算每个申请人的资格总分，进行排序，并按有关规定决定合格申请人。一般情况下，通过资格预审的单位不宜超过 7 个，但也不能少于 3 家；也有些业主或贷款机构规定，凡是符合资审条件的单位均应获得资格预审合格通知书而成为项目投标人。

项目二　学生实践任务

实训目的：
1. 了解投标报名时需要准备的资料内容
2. 通过拆分资格预审申请文件知识点，结合案例和操作单据背面的提示功能，让学生掌握资格申请文件的编制方法
3. 学习电子投标文件编制工具中资格预审申请文件的软件操作

实训任务：
任务一　完成工程项目投标报名、获取资格预审文件
任务二　分析资格预审文件重点内容
任务三　资格预审申请文件编制
任务四　完成资格预审申请文件递交工作
任务五　完成资格审查工作

【课前准备】

一、硬件准备

（1）多媒体设备　投影仪、教师电脑、授课 PPT。
（2）实训电脑　学生用实训电脑配置要求如下。
① IE 浏览器 8 及以上；
② 安装 Office 办公软件 2007 版或 2010 版；
③ 电脑操作系统：Windows 7。
（3）网络环境　机房内网或校园网内网环境。
（4）实训物资　工程招投标实训教材、工程招投标沙盘实物道具、签字笔、广联达软件加密锁、CA 锁。

二、软件准备

① 广联达工程招投标沙盘模拟执行评测系统（沙盘操作执行模块）；
② 广联达电子投标文件编制工具 V6.0；
③ 广联达工程交易管理服务平台；
④ 广联达工程招投标沙盘模拟执行评测系统（招投标评测模块）。

【招投标沙盘】

一、沙盘引入

主要指明在沙盘面上要完成的具体任务。如图 5-1 所示。

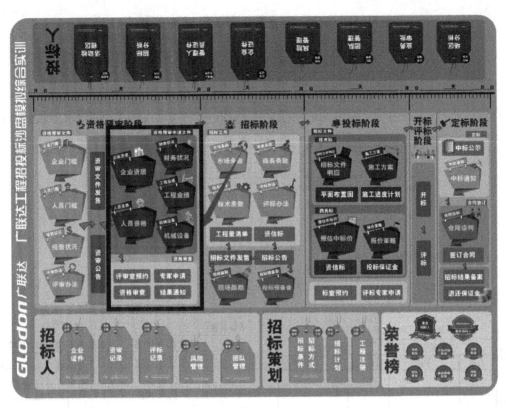

图 5-1

二、道具探究

本实训任务中需要准备的相关道具。

1. 单据

（1）工作任务分配单（图 5-2）

（2）授权委托书（图 5-3）

表0-8 授权委托书

　　本人_____（姓名）系_____（投标人名称）的法定代表人，现委托_____（姓名）为我方代理人。代理人根据授权，以我方名义进行（项目名称）_____标段等事宜，其法律后果由我方承担。

　　委托期限：自____年____月____日 至____年____月____日止。

　　代理人无转委托权。

　　投标人：_____（盖单位章）

　　法定代表人：_____（签字或盖章）

　　身份证号码：_____。

　　委托代理人：_____（签字）

　　身份证号码：_____。

_____年____月____日

组别：	**表0-5 工作任务分配单**		日期：

工程名称	
工作任务	
具体内容	
责任人		完成日期	

项目经理：　　　　　　　　任务接收人：

图 5-2

图 5-3

（3）登记（签到）表（图 5-4）

表0-3 _____ 工程 _____ 登记(签到)表

序号	单　位	递交（退还、签到）时间	联系人	联系方式	传真
		年　月　日　时　分			
		年　月　日　时　分			
		年　月　日　时　分			
		年　月　日　时　分			
		年　月　日　时　分			
		年　月　日　时　分			
		年　月　日　时　分			
		年　月　日　时　分			
		年　月　日　时　分			

招标人或招标代理经办人：（签字）　　　　　第　　页共　　页

图 5-4

（4）资金、用章审批表（图 5-5）

（5）携带资料清单表（图 5-6）

组别：　　　表0-6 资金、用章审批表　　　日期：

项目名称	资金审批		用章审批	
	金额	用途	公章类型	用途
具体内容				

填表人：　　　　　　　　审批人：

图 5-5

组别：　　　表0-7 携带资料清单表　　　日期：

活动名称：

序号	需携带资料内容	完成情况	需要补充内容
		☐	
		☐	
		☐	
		☐	
		☐	
		☐	

填表人：　　　会签人：　　　　　审批人：

图 5-6

（6）资格预审文件分析表（图 5-7）

（7）项目部管理人员组织结构（图 5-8）

组别：　　表6-1 资格预审文件分析表　　日期：

序号	项目内容	具体要求
1	企业资质条件	
2	资审申请文件递交方式及份数	
3	签字盖章要求	
4	质疑截止日期	
5	资审申请文件递交截止日期	
6	项目负责人条件	
7	项目技术负责人条件	
8	管理人员条件	
9	机械设备条件	
10	需要作出的承诺	
11	业绩要求	
12	财务要求	
13	评审方式	
14	其他要求	

填表人：　　　会签人：　　　审批人：

图 5-7

组别：　　　表0-1 项目部管理人员组织结构　　　日期：

序号					
管理人员					
岗位证书					
专业					
学历					
职称					
数量/人					
工作年限					
工程业绩（近___年）					

填表人：　　　　　会签人：　　　审批人：

图 5-8

（8）财务状况表（图 5-9）

（9）工程业绩统计表（图 5-10）

组名:　　　　**表6-2 财务状况表**　　　日期:

序号	项目名称	内容	提供资料
1	近三个年度资产负债率		
2	近三个年度平均资产负债率		提供近三个年度（近三个年度是指20___、20___、20___年度）经过合法审计机构审计的财务审计报告
3	近三个年度净资产额		
4	近三个年度平均净资产额		
5	资信等级		提供加盖公章的资信等级证书复印件

填表人:　　　会签人:　　　审批人:

图 5-9

组名:　　　　**表6-4 工程业绩统计表**　　　日期:

类别:　　□企业工程业绩　　　□项目负责人工程业绩

序号	工程名称	开工日期	竣工日期	项目经理	工程质量	工程造价/万元	建筑规模/㎡

填表人:　　　会签人:　　　审批人:

图 5-10

（10）资格预审申请文件审查表（图5-11）

组别　　　　**表6-3 资格预审申请文件审查表**　　　日期:

序号	审查内容		完成情况	需调整内容	责任人
1	初步审查		☐		
2	详细审查		☐		
3	评分制	财务状况	☐		
		项目经理	☐		
		类似项目业绩	☐		
		认证体系	☐		
		信誉	☐		
		拟投入的生产资源	☐		
4	其他内容		☐		

填表人:　　　会签人:　　　审批人:

图 5-11

2. 卡片

（1）人员职称类卡片

① 高级工程师（图4-17）。

② 高级经济师（图4-18）。

③ 工程师（图4-19）。

④ 经济师（图4-20）。

⑤ 助理工程师（图4-21）。

⑥ 助理经济师（图4-22）。

（2）管理人员岗位卡片

① 施工员（图4-23）。

② 质量员（图4-24）。

③ 安全员（图4-25）。

④ 材料员（图4-26）。

⑤ 机械员（图4-27）。

⑥ 资料员（图4-28）。

3. 人员资格证书资料

（1）岗位证书（图5-12）

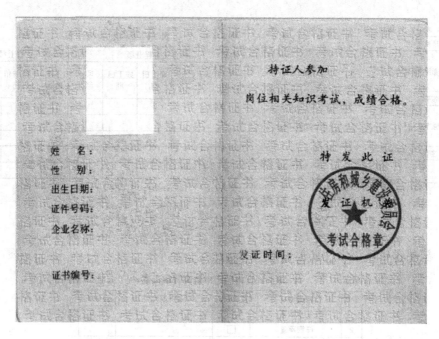

图 5-12

（2）毕业证书（图 5-13）

图 5-13

（3）安全生产考核合格证（图 5-14）

（4）建造师执业资格证书（图 5-15）

（5）建造师注册证书（图 5-16）

（6）职称证书（图 5-17）

（7）项目部组织机构图（图 5-18）

图 5-14

图 5-15

图 5-16

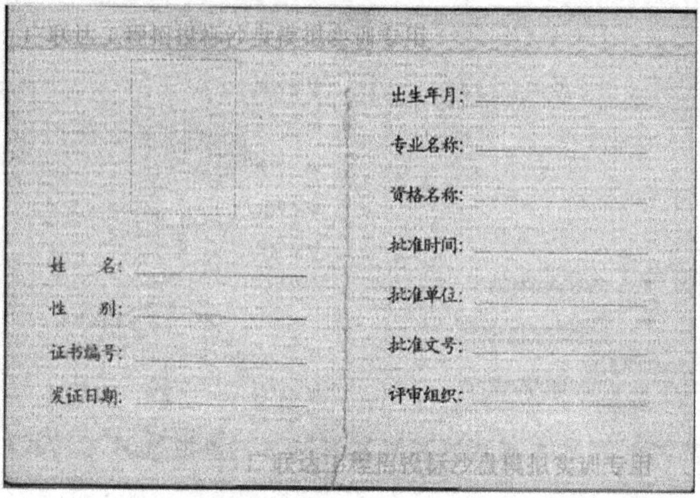

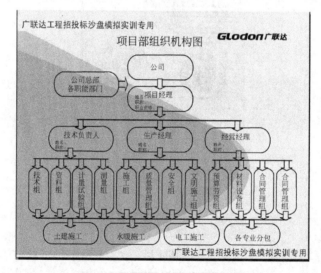

图 5-17

图 5-18

4. 企业证书资料

（1）企业营业执照

（2）组织结构代码证

（3）开户许可证

（4）安全生产许可证

（5）企业资质证书

（6）职业健康管理体系认证证书

（7）质量管理体系认证证书

（8）环境管理体系认证证书

（9）企业资信等级证书

以上企业证书资料详见模块二　团队建设、企业备案项目二　学生实践任务中【招投标沙盘】2. 投标人证件。

三、角色扮演

（1）招标人

① 招标人即建设单位，由老师临时客串；

② 对招标代理提出的疑难问题进行解答。

（2）招标代理

① 由老师指定 2～4 名学生担任招标代理公司；

② 辅助投标人完成投标报名、资审文件发售等工作；

③ 辅助投标人完成资格审查工作。

（3）投标人

① 每个学生团队都是一个投标人公司；

② 完成投标报名、获取资格预审文件；

③ 完成资格预审申请文件的编制、递交工作。

（4）行政监管人员

① 每个学生团队中由项目经理指定一名成员，担任本团队的行政监管人员；

② 负责工程交易管理服务平台的业务审批。

📝 **小贴士**：如项目招标由招标人自行完成，则不设招标代理角色，其相关工作由招标人完成，并由学生团队担当。

四、时间控制

建议学时 4～6 学时。

五、任务一　完成工程项目投标报名、获取资格预审文件

（一）任务说明

① 完成工程项目投标报名；

② 获取资格预审文件。

（二）操作过程

1. 工程项目投标报名

投标人登陆工程交易管理服务平台，完成工程项目投标报名工作。

① 登陆工程交易管理服务平台，用投标人账号进入电子招投标项目交易管理平台。如图 5-19 所示。

② 切换到"投标报名"模块，找到相应的标段点击"操作"。如图 5-20 所示。

③ 弹出"报名"提示框，选择相应的企业资格及人员资质后点击"提交"，如图 5-21 所示。

📝 **小贴士**：

① 在添加企业资质时，要根据招标公告中要求的"企业资质要求"选择投标人企业的企业资质；如果添加的企业资质与招标公告要求的企业资质不匹配，无法完成投标报名工作。

② 在选择项目负责人时，要根据招标公告中要求的"项目负责人资格类别和等级"选择资格类别和等级相匹配的项目负责人；如果添加的项目负责人资格类别和等级与招标公告要求的不匹配，无法完成投标报名工作。

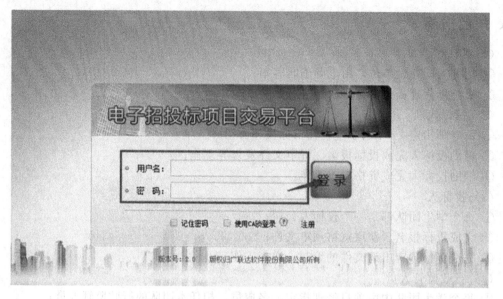

图 5-19

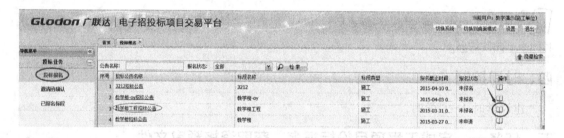

图 5-20

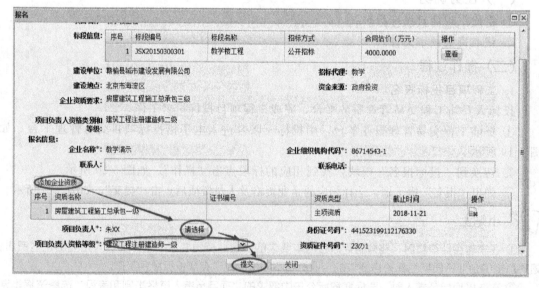

图 5-21

④ 提示报名成功，点击"确定"。如图 5-22 所示。

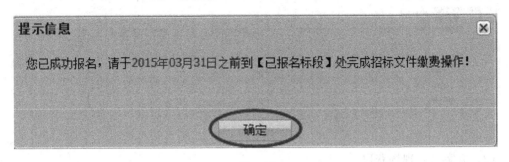

图 5-22

2. 获取资格预审文件

（1）方案一：在线获取 投标人登陆工程交易管理服务平台，完成资格预审文件工作。

① 登陆工程交易管理服务平台，用投标人账号进入电子招投标项目交易管理平台。如图 5-19 所示。

② 切换至"已报名标段"，选择相应标段点击进入，如图 5-23 所示。

图 5-23

③ 弹出"查看"提示框，可以查看相应的招标公告及报名信息，此时界面显示为未下载状态，点击"下载"即可下载并查看招标文件。如图 5-24 所示。

序号	信息类型	状态	操作
1	报名信息	报名时间：2015-04-22	查看
2	招标公告	【首次公告】发布时间：2015-04-22	查看
3	下载资格预审文件	【未下载】发布日期：2015-04-22	下载
4	网上递交资审申请文件	【已上传】上传日期：2015-04-22	上传
5	资审结果确认	【已确认】参加投标，确认时间：2015-04-22	查看
6	招标文件	【未发布】	-
7	网上提问	【不可提问】	-
8	查看答疑文件	【未发布】	-
9	下载招标控制价文件	【未发布】	-

图 5-24

④ 在"资审文件管理"界面下，点击"下载"即可下载资格预审文件。如图 5-25 所示。

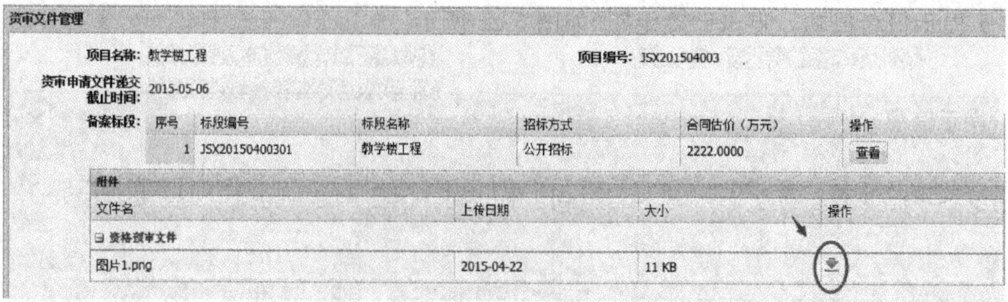

图 5-25

（2）方案二：现场获取

1）本方案适用于没有电子招投标项目管理平台的情况。

2）投标人按照招标公告的要求，准备相关证件资料。

① 企业、人员证件资料（如果招标公告有要求）。

② 填写授权委托书（图 5-26）。

表0-8　授权委托书

授权委托书

本人　朱XX　（姓名）系　　广联达第一建筑有限公司　　（投标人名称）的法定代表人，现委托　李XX　（姓名）为我方代理人。代理人根据授权，以我方名义进行　　　xx学校教学楼工程　　　　（项目名称）　X　标段　招投标　　　　等事宜，其法律后果由我方承担。

委托期限：自　XX　年　XX　月　XX　日 至 XX 年 XX月 XX日止。
　　　　　　　　　广联达第一建筑有限公司　　　　　　　。

代理人无转委托权。

投标人：　广联达第一建筑有限公司　（盖单位章）

法定代表人：　朱XX　（签字或盖章）

身份证号码：　XXXXXXXXXXXXXXXXXX　。

委托代理人：　李XX　（签字）

身份证号码：　XXXXXXXXXXXXXXXXXX　。

　　XX　年　XX　月　XX　日

图 5-26

市场经理填写授权委托书。

市场经理根据授权委托书所需的印章类型，填写资金、用章审批表（图 5-27），提交项目经理进行审批；项目经理审批通过后，将市场经理申请的印章交给市场经理；市场经理拿到印章后，在授权委托书上盖章、签字。

表0-6 资金、用章审批表

组别：　　　　　　　　　　　　　　　　　　　日期：X月X日

项目名称	资金审批		用章审批	
	金额	用途	公章类型	用途
具体内容			单位章	授权委托书用章

填表人：　　朱XX　　　　　　审批人：　王XX

图 5-27

项目经理将资金、用章审批表置于沙盘盘面投标人区域的业务审批处。如图 5-28 所示。

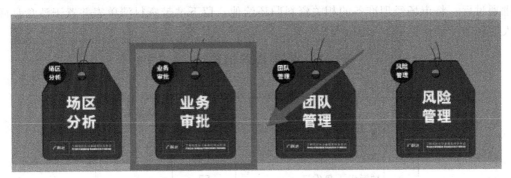

图 5-28

③ 准备资金。

市场经理根据招标公告上购买资格预审文件的资金要求，填写资金、用章审批表（图 5-29），提交项目经理进行审批；项目经理审批通过后，将市场经理申请的资金数量交给市场经理。

组别：　　　**表0-6　资金、用章审批表**　　　日期：X月X日

项目 名称	资金审批		用章审批	
	金额	用途	公章类型	用途
具体 内容	XX元	购买资格预审文件		

填表人：　　　朱XX　　　　　审批人：　　　王XX

图 5-29

4 种规格代金币如图 5-30 所示。

图 5-30

项目经理将资金、用章审批表置于沙盘盘面投标人区域的业务审批处。如图 5-28 所示。

④ 投标人自检。

市场经理将招标公告中有关携带资料的要求，填写到携带资料清单表（图 5-31），并将

所准备的相关资料内容（如授权委托书、资金等），一同提交项目经理进行审批；项目经理审批通过后，将市场经理准备的相关资料归还给他，留下携带资料清单表并置于沙盘盘面投标人区域的活动检视区。如图 5-32 所示。

组别：　　　　**表0-7　携带资料清单表**　　　　日期：

活动名称：

序号	需携带资料内容	完成情况	需要补充
1	授权委托书	☐	
2	现金	☐	
3	被授权人身份证	☐	
4	授权人身份证（身份证复印件）	☐	
5		☐	
		☐	

填表人：李XX　　　会签人：王XX　　　审批人：张XX

图 5-31

图 5-32

✏️ **小贴士**：投标人在进行投标报名、购买招标文件（资格预审文件）时，需要仔细阅读招标公告的要求，严格按照招标公告的内容准备相关证件资料；实际投标人企业在投标报名和购买文件时，因为没有仔细阅读招标公告和检查携带资料是否齐全，经常会丢三落四，导致往返企业和购买场所多次。

实训教材在此增加投标人自检环节，意在培养学生养成一种良好的工作习惯：在参加招标人组织的各类活动时，提前检查一下自己需要携带的资料是否齐全。

3）获取资格预审文件。

① 招标人（或招标代理）现场接受投标报名、发售资审文件；此过程招标人（或招标代理）由老师指定学生担任。

② 投标人（被授权人）携带相关资料，在招标公告规定的时间和地点，进行投标报名、购买资格预审文件；

③ 招标人审核投标人提交的各类资料内容，审核通过后，收取资金，将资格预审文件发放给投标人；投标人在现场的登记表（图 5-33）中填写单位信息。

序号	单位	递交（退还、签到）时间	联系人	联系方式	传真
1	广联达第一建筑公司	xx年xx月xx日xx时xx分	朱xx	XXXXXXXXX	XXXXXXXX
		年 月 日 时 分			
		年 月 日 时 分			
		年 月 日 时 分			
		年 月 日 时 分			
		年 月 日 时 分			
		年 月 日 时 分			
		年 月 日 时 分			
		年 月 日 时 分			

表0-3 __教学楼__ 工程 __资格预审文件发放__ 登记(签到)表

招标人或招标代理经办人：李xx   第 1 页共 1 页

图 5-33

六、任务二 分析资格预审文件重点内容

（一）任务说明

① 阅读资格预审文件；

② 对资格预审文件重点内容进行分析、记录。

（二）操作过程

1. 阅读资格预审文件

将资格预审文件导入到投标工具中，阅读资格预审文件。

① 双击"广联达电子投标文件编制工具"。如图 5-34 所示。

② 选择"新建项目"，弹出导入文件提示框，点击"导入文件"按钮导入资格预审文件。如图 5-35 所示。

③ 弹出打开文件提示框，将领取的资格预审文件选择之后点击"打开"按钮，将资格预审文件导入。如图 5-36 所示。

广联达电子投标
文件编制工具
V6.0

图 5-34

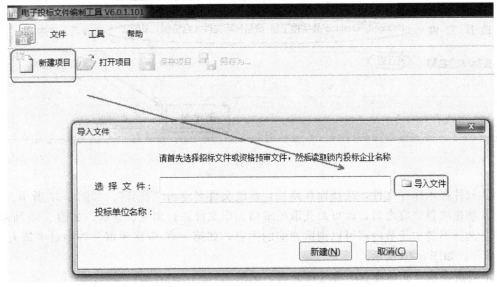

图 5-35

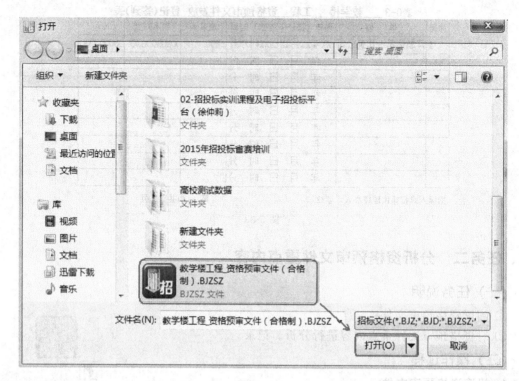

图 5-36

④ 文件选择完成之后，要读取投标单位 CA 锁信息，将 CA 锁插入后点击"读取锁信息"，读取完成选择"新建"。如图 5-37 所示。

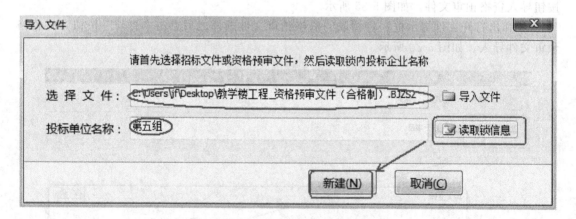

图 5-37

⑤ 软件提示保存文件，选择保存路径，修改文件名点击"打开"。如图 5-38 所示。

⑥ 新建项目完成之后，即可对获取的资格预审文件进行浏览、查看。如图 5-39 所示。

⑦ 选择书签中章节内容可以浏览相应的内容，如第一章 资格预审公告中对申请人的资格要求等。如图 5-40 所示。

2. 对资格预审文件重点内容进行分析、记录

（1）项目经理带领团队成员，借助单据资格预审文件分析表（图 5-41），对领取的资格

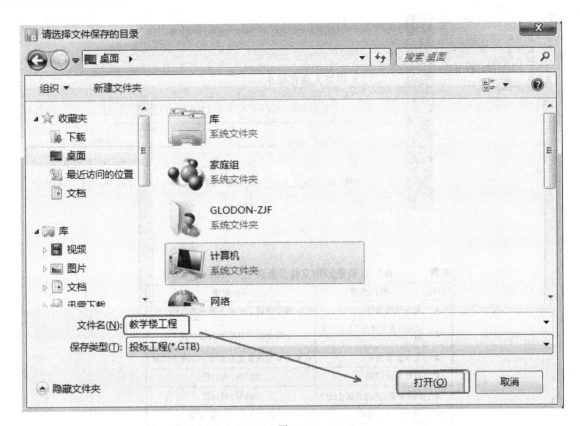

图 5-38

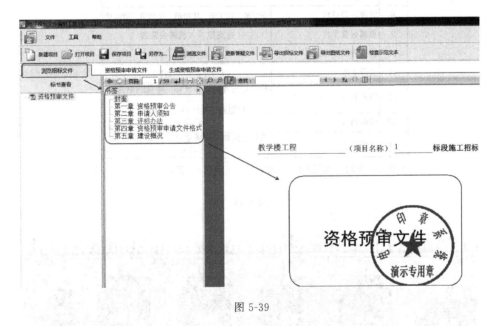

图 5-39

预审文件进行分析。

（2）完成单据资格预审文件分析表（图 5-41）。

（3）市场经理将分析的结论填写至资格预审文件分析表，经过项目团队签字确认后，由市场经理将单据置于沙盘盘面投标人区域的招标分析处。如图 5-42 所示。

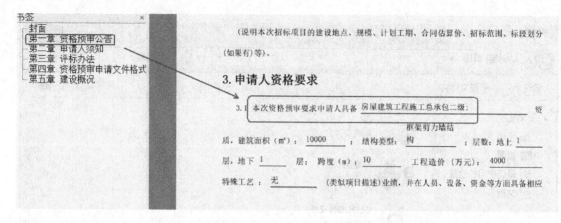

（说明本次招标项目的建设地点、规模、计划工期、合同估算价、招标范围、标段划分（如果有）等）。

3. 申请人资格要求

3.1 本次资格预审要求申请人具备 房屋建筑工程施工总承包二级； 资质，建筑面积（m²）：10000 ，结构类型：框架剪力墙结构 ；层数：地上 1 层，地下 1 层；跨度（m）：10 工程造价（万元）：4000 特殊工艺： 无 （类似项目描述）业绩，并在人员、设备、资金等方面具备相应

图 5-40

组别：　　**表6-1 资格预审文件分析表**　　日期：XX月XX日

序号	项目内容	具体要求
1	企业资质条件	房屋建筑工程施工总承包二级
2	资审申请文件递交方式及份数	电子招投标项目管理平台
3	签字盖章要求	在规定部位加盖企业或个人CA电子印章
4	质疑截止日期	2015年2月13日
5	资审申请文件递交截止日期	2015年2月16日
6	项目负责人条件	建筑工程一级建造师
7	项目技术负责人条件	
8	管理人员条件	安全员、施工员、质检员、造价员、资料员
9	机械设备条件	提交拟投入机械设备表
10	需要作出的承诺	合格
11	业绩要求	近5年类似项目5个
12	财务要求	提供近三年经过审计部门审批的财务报告（含负债表、利润表、现金流量表）
13	评审方式	合格制
14	其他要求	需营业执照、资质证书、安全生产许可证、

填表人： 朱XX　　会签人： 李XX　　　审批人：王XX

图 5-41

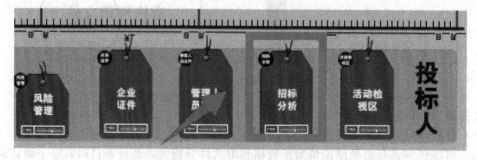

图 5-42

小贴士：俗话讲"磨刀不误砍柴工"，投标人在正式编制资格预审申请文件前，必须要对资格预审文件进行仔细的阅读，了解招标人对资格审查都有哪些规定、需要投标人提交的资料内容、各项工作安排计划及资格审查的详细评审方法等，这样才能做到在编制资格预审申请文件时"有的放矢"，避免产生遗漏。

七、任务三 资格预审申请文件编制

（一）任务说明

1. 任务分配

2. 准备资格预审申请各类证明资料

① 准备企业资质证明资料；

② 准备人员资格证明资料；

③ 准备企业财务状况证明资料；

④ 准备企业、人员工程业绩证明资料；

⑤ 准备机械设备资料。

3. 完成资格预审申请文件编制

（二）任务分配

项目经理将工作任务进行分配，填写工作任务分配单（图 5-43），下发给团队成员，由任务接收人进行签字确认。任务分配原则如下。

市场经理——准备企业资质证明资料；

技术经理——准备人员资格证明资料、机械设备资料；

商务经理——准备企业财务状况证明资料、企业和人员工程业绩资料。

组别：　　　　　**表0-5 工作任务分配单**　　　日期：

工程名称	
工作任务	
具体内容	
责任人	完成日期

项目经理：　　　　　　　　任务接收人：

图 5-43

（三）操作过程

1. 准备资格预审申请各类证明资料

（1）准备企业资质证明资料

① 根据资格预审文件中的相关要求，准备相应的的企业证件资料；

② 市场经理负责将准备的企业证件资料，连同项目经理下发的工作任务分配单，一同提交项目经理进行审查，经团队其他成员和项目经理签字确认后，将企业证件资料置于招投标沙盘盘面资格预审阶段区域的企业资质。如图 5-44 所示。

（2）准备人员资格证明资料　按照资格预审文件中的相关要求，准备项目管理人员的证件资料。

1) 准备项目负责人的证件资料。

按照资格预审文件要求，准备建造师、安全生产考核合格证、职称证、学历证等。如图 5-45～图 5-47 所示。

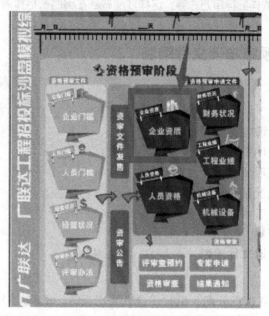

图 5-44

图 5-45

图 5-46

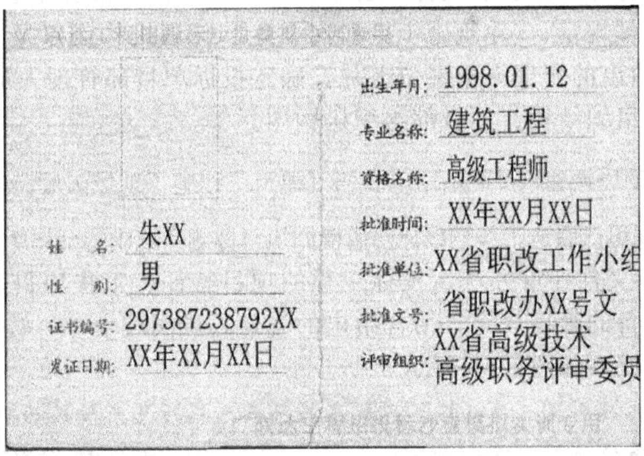

图 5-47

2）准备技术负责人的证件资料。

按照资格预审文件要求，准备职称证等。如图 5-48、图 5-49 所示。

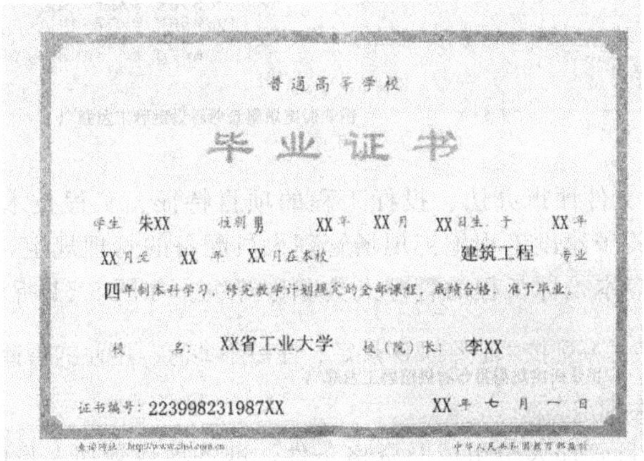

图 5-48

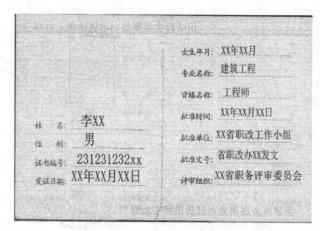

图 5-49

3）准备项目部管理人员的证件资料。

根据资格预审文件评审办法、投标工程项目规模、工程项目所在地关于建设工程施工现场管理人员配备的管理规定、《建筑施工企业安全生产管理机构设置及专职安全生产管理人员配备办法》，结合给出的管理人员岗位卡片，确定投标项目部管理人员的组成及资格条件，完成项目部管理人员组织结构、项目部组织机构图。

 小贴士：施工现场管理人员配备可以参考《建筑工程施工现场关键岗位人员配备标准及管理办法（广联达版）》，详见广联达工程招投标沙盘模拟执行评测系统中的资料库。

① 根据资格预审文件评审办法、投标工程的项目特征、工程项目所在地关于建设工程施工现场管理人员配备的管理规定，结合给出的管理人员岗位卡片，选出适合本投标工程的施工现场管理人员组成。如图 5-50 所示。

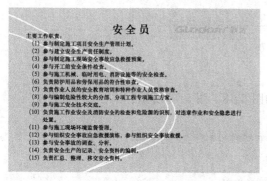

图 5-50

② 根据资格预审文件评审办法、投标工程的项目特征、工程技术系列技术职称评审规定、工程项目所在地关于建设工程施工现场管理人员配备的管理规定，结合人员职称类卡片背面的介绍，选出适应本投标工程的管理人员职称等级。如图 5-51 所示。

 小贴士：工程技术系列技术职称评审规定，在每个地区、企业的管理规定均不相同，可到当地的人事考试网查阅相关规定。

③ 根据确定的项目管理人员组成及资格条件，准备项目管理人员的证件资料：上岗证、职称证等。如图 5-52、图 5-53 所示。

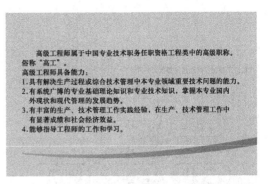

图 5-51

图 5-52

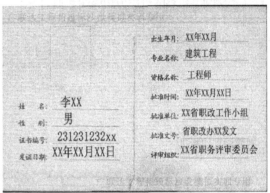

图 5-53

④ 根据资格预审文件评审办法、投标工程的项目特征，确定施工现场管理人员的其他资格条件门槛，完成单据项目部管理人员组织结构（图 5-54）、项目部组织机构图（图 5-55）。

组别：　　　　表0-1 项目部管理人员组织结构　　　　日期：

序号					
管理人员					
岗位证书					
专业					
学历					
职称					
数量／人					
工作年限					
工程业绩（近___年）					

填表人：　　　　　　会签人：　　　　　　审批人：

图 5-54

4）签字确认。

技术经理负责将准备的人员资格证明资料，连同项目经理下发的工作任务分配单，一同提交项目经理进行审查，经团队其他成员和项目经理签字确认后，将人员资格证明资料置于招投标沙盘盘面资格预审阶段区域的人员资格。如图 5-56 所示。

（3）准备机械设备资料

① 根据工程项目规模，确定本投标项目拟投入的施工机械；从提供的机械设备资料卡片中，挑选适合本投标工程项目的施工机械。如图 5-57 所示。

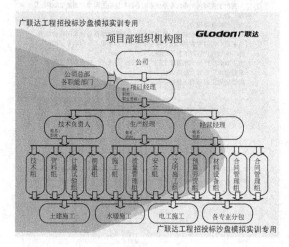

图 5-55

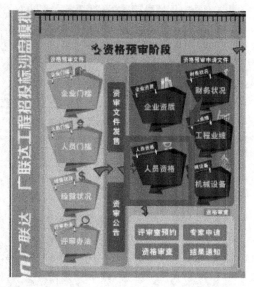

图 5-56

图 5-57

 小贴士：资审阶段施工机械选取原则：由于在资审阶段，没有施工图纸、工程量清单等招标资料，只有资格预审文件对于招标工程概况的简单介绍，因此投标人在选择施工机械时，需要根据以往同类工程所用施工机械的经验，结合本招标工程的工程概况，尽可能多地选择施工机械，且确保选取的施工机械能随时投入使用，以便招标人和资审评审专家在对施工机械评审时，对投标人的机械设备储备情况有清晰的了解。

　　② 技术经理负责将确定的施工机械设备资料卡，连同项目经理下发的工作任务分配单，一同提交项目经理进行审查，经团队其他成员和项目经理签字确认后，将施工机械设备资料卡置于招投标沙盘盘面资格预审阶段区域的机械设备。如图 5-58 所示。

　　（4）准备企业财务状况证明资料

　　1）根据提供的财务审计报告，结合单据财务状况表（图 5-59）的内容，计算企业近三年的净资产额、资产负债率。

 小贴士：

　　① 净资产额计算方法：净资产等于资产减负债（含少数股东权益）。

　　② 资产负债率计算方法：资产负债率等于负债总额（含少数股东权益）除以资产总额的比率。

　　③ 净资产额、资产负债率计算时，计算数值取每年的期末值。

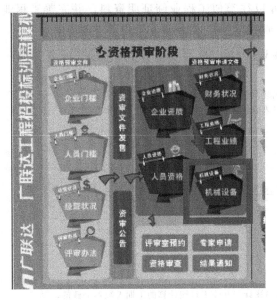

图 5-58

组名：	表6-2 财务状况表		日期：XX月XX日
序号	项目名称	内容	提供资料
1	近三个年度资产负债率	24.15% 32.38% 34.12%	提供近三个年度 （近三个年度是指 20＿＿、20＿＿、 20＿＿年度）经过 合法审计机构审计 的财务审计报告
2	近三个年度平均资产负债率	30.22%	
3	近三个年度净资产额	92393102.76 84247531.83 85339613.56	
4	近三个年度平均净资产额	87326749.38	
5	资信等级	AAA	提供加盖公章的资 信等级证书复印件

填表人：朱XX　会签人：李XX　审批人：王XX

图 5-59

2）准备企业资信等级证明证书。如图 5-60 所示。

✎ **小贴士**：企业资信等级：分为 A、AA、AAA 三个等级，一般是由银行或者评估机构出具的资信证明；提供的资信证明必须为有效期内的。

3）签字确认。

商务经理负责将完成的财务状况表，连同项目经理下发的工作任务分配单，一同提交项目经理进行审查，经团队其他成员和项目经理签字确认后，将财务状况表和资格等级证书置于招投标沙盘盘面资格预审阶段区域的账务状况。如图 5-61 所示。

图 5-60

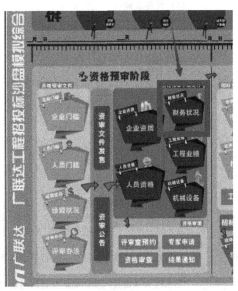

图 5-61

（5）准备企业、人员工程业绩证明资料　根据资格预审文件要求，准备企业和人员的工程业绩证明资料。

1）根据资格预审文件相关要求，准备企业以往类似工程业绩证明资料，并完善工程业绩证明资料（合同协议书、中标通知书、竣工验收单等）。如图 5-62～图 5-64 所示。

合同协议书

发包人（全称）：＿＿＿＿＿＿＿××高等职业院校＿＿＿＿＿＿＿
承包人（全称）：＿＿＿＿＿＿＿广联达第一建筑公司＿＿＿＿＿＿＿

根据《中华人民共和国合同法》、《中华人民共和国建筑法》及有关法律规定，遵循平等、自愿、公平和诚实信用的原则，双方就××学校行政楼工程施工及有关事项协商一致，共同达成如下协议：

一、工程概况
    1. 工程名称：＿＿＿＿＿＿××学校行政楼工程＿＿＿＿＿＿。
    2. 工程地点：＿＿＿＿＿＿＿北京市海淀区＿＿＿＿＿＿＿。
    3. 工程立项批准文件：＿＿＿＿京发改委××号文＿＿＿＿。
    4. 资金来源：＿＿＿＿＿＿＿企业自筹＿＿＿＿＿＿＿。
    5. 工程内容：混凝土工程、砌体、屋面防水、墙地面抹灰、门窗安装，群体工程应附《承包人承揽工程项目一览表》（附件1）。
    6. 工程承包范围：
＿＿＿图纸范围内所有土建工程＿＿＿
＿＿＿＿＿＿＿＿＿＿＿＿＿＿＿＿＿。

二、合同工期
    计划开工日期：2010 年 03 月 01 日。
    计划竣工日期：2010 年 10 月 01 日。
    工期总日历天数：200 天。工期总日历天数与根据简述计划开竣工日期计算的工期天数不一致的，以工期总日历天数为准。

三、质量标准
    工程质量符合＿合格＿标准。

四、签约合同价与合同价格形式
    1. 签约合同价为：
    人民币（大写）肆仟万整（￥40000000 元）；
    其中：
    （1）安全文明施工费：
    人民币（大写）壹仟叁佰贰拾万（￥13200000 元）；
    （2）材料和工程设备暂估价金额：
    人民币（大写）壹佰万（￥1000000 元）；
    （3）专业工程暂估价金额：
    人民币（大写）0（￥0 元）；
    （4）暂列金额：
    人民币（大写贰佰万）（￥2000000 元）。
    2. 合同价格形式：＿＿＿总价合同＿＿＿。

五、项目经理
    承包人项目经理：＿＿＿朱××＿＿＿.

六、合同文件构成
    本协议书与下列文件一起构成合同文件：
    （1）中标通知书（如果有）；
    （2）投标函及其附录（如果有）；
    （3）专用合同条款及其附件；
    （4）通用合同条款；
    （5）技术标准和要求；
    （6）图纸；
    （7）已标价工程量清单或预算书；
    （8）其他合同文件。
    在合同订立及履行过程中形成的与合同有关的文件均构成合同文件组成部分。
    上述各项合同文件包括合同当事人就该项合同文件所作出的补充和修改，属于同一类内容的文件，应以最新签署的为准。专用合同条款及其附件须经合同当事人签字或盖章。

七、承诺
    1. 发包人承诺按照法律规定履行项目审批手续、筹集工程建设资金并按照合同约定的期限和方式支付合同货款。
    2. 承包人承诺按照法律规定及合同约定组织完成工程施工，确保工程质量和安全，不进行转包及违法分包，并在缺陷责任期及保修期内承担相应的工程维修责任。
    3. 发包人和承包人通过招投标形式签订合同的，双方理解并承诺不再就同一工程另行签订与合同实质性内容相背离的协议。

八、词语含义
    本协议书中词语含义与第二部分通用合同条款中赋予的含义相同。

九、签订时间

本合同于 2010 年 02 月 25 日签订。

十、签订地点

本合同在北京市海淀区××学校签订。

十一、补充协议

合同未尽事宜，合同当事人另行签订补充协议，补充协议是合同的组成部分。

十二、合同生效

本合同自签订之日起生效。

十三、合同份数

本合同一式 2 份，均具有同等法律效力，发包人执 1 份，承包人执 1 份。

发包人：　　　　　（公章）承包人：　　　　　　公章

法定代表人或其委托代理人：　　　　法定代表人或其委托代理人：

（签字）李××　　　　　　　　　　（签字）朱××

组织机构代码：34234323-2　　　组织机构代码：87645636-8

地址：北京市海淀区　　　　地址：北京市海淀区××××号

邮政编码：010210　邮政编码：010210

法定代表人：李××　法定代表人：　　　　

委托代理人　　　　委托代理人：朱××

电话：××××　电话：××××

传真：××××　传真：××××

电子信箱：××××@163.com　电子信箱：××××@163.com

开启银行：中国银行　开启银行：中国银行

账号：6320 0983 0921××　账号：6321 8723 9831××

图 5-62

中标通知书

广联达第一建筑公司　　　　　　（中标人名称）：

你方于 2009年10月12日（投标日期）所递交的

（项目名称）　XX学校行政楼　标段施工投标文件已被我方接受，被确定为中标人。

工程名称	XX学校行政楼		建设规模	1500平方
建设地点	北京市海淀区			
中标范围	图纸范围内所有土建工程			
中标价格	小写：40000000 元		大写：	肆仟万整
中标工期	200 日历天	计划开工日期	2010 年 03 月 01 日	
		计划竣工日期	2010 年 10 月 01 日	
工程质量	合格			
项目经理	朱XX	注册建造师执业资格	一级建造师	
备注				

请你方在接到本通知书后　7　天内到北京市海淀区XX学校（指定地点）与我方签订施工承包合同，在此之前按招标文件第二章"投标人须知"第7.3款规定向我方提交履约担保。

随附的澄清、说明、补正事项纪要（如果有），是本中标通知书的组成部分。

特此通知。

附：澄清、说明、补正事项纪要

招标人：XX高等职业院校（盖单位章）

法定代表人：　李XX　　　（签字）

2010 年　02 月　15 日

图 5-63

单位（子单位）工程质量竣工验收记录

表C8-1

工程名称	XX学校行政楼		结构类型	框剪结构	层数/建筑面积	地上6层
施工单位	广联达第一建筑公司		技术负责人	王XX	开工日期	2010.3.1
项目经理	朱XX		项目技术负责人	李XX	竣工日期	2010.10.13

序号	项目	验收记录	验收结论
1	分部工程	共 9 分部，经查 9 分部 符合标准及设计要求 9 分部	经各专业分部工程验收，工程质量符合验收标准要求，通过验收
2	质量控制资料核查	共 30 项，经审查符合要求 30 项 经核定符合规范要求 30 项	质量控制资料经核查共30项，符合有关规范要求，通过验收
3	安全和主要使用功能核查及抽查结果	共核查 20 项，符合要求 20 项 共抽查 15 项，符合要求 15 项 经返工处理符合要求 0 项	安全和主要使用功能共核查20项，符合要求；抽查其中15项，使用功能均满足，通过验收
4	观感质量验收	共抽查 20 项，符合要求 20 项 不符合要求 0 项	观感质量验收为"好"
5	综合验收结论	经对本工程综合验收，各分项均满足有关规范和标准要求，通过单位工程竣工验收	

参加验收单位	建设单位（公章）	监理单位（公章）	施工单位（公章）	设计单位（公章）
	单位（项目）负责人： 黄XX	总监理工程师： 宋XX	单位负责人： 朱XX	单位（项目）负责人： 张XX

图 5-64

2）根据确定的企业类似工程业绩证明材料，完成单据工程业绩统计表（图 5-65）。

组名：　　　**表6-4 工程业绩统计表**　　　日期： X年X月

类别： √企业工程业绩　　　□项目负责人工程业绩

序号	工程名称	开工日期	竣工日期	项目经理	工程质量	工程造价/万元	建筑规模/㎡
1	XX学校行政楼	xx年xx月x	xx年xx月x	朱XX	合格	5000	16500
2	XX学校综合楼	xx年xx月x	xx年xx月x	朱XX	合格	4500	15000
3	广联达办公大楼	xx年xx月x	xx年xx月x	李XX	合格	5500	20000

填表人：朱XX　　　会签人：李XX　　　　　审批人：王XX

图 5-65

3）根据资格预审文件相关要求，准备项目负责人以往类似工程业绩证明资料，并完善工程业绩证明资料（合同协议书、中标通知书、竣工验收单等）。

填写要求同企业类似工程业绩证明资料。

4）根据确定的项目负责人类似工程业绩证明材料，完成单据工程业绩统计表（图 5-66）。

组名：	表6-4	工程业绩统计表			日期：	X年X月	

类别：　□企业工程业绩　　√项目负责人工程业绩

序号	工程名称	开工日期	竣工日期	项目经理	工程质量	工程造价/万元	建筑规模/㎡
1	XX学校行政楼	xx年xx月x	xxx年xx月	朱XX	合格	5000	16500
2	XX学校综合楼	xx年xx月x	xxx年xx月	朱XX	合格	4500	15000
3	XX办公楼	xx年xx月x	xxx年xx月	朱XX	合格	5200	18000

填表人：朱XX　　会签人：李XX　　　　　审批人：王XX

图 5-66

5）签字确认。

商务经理负责将完成的工程业绩统计表、类似工程证明材料等，连同项目经理下发的工作任务分配单，一同提交项目经理进行审查，经团队其他成员和项目经理签字确认后，置于招投标沙盘盘面资格预审阶段区域的工程业绩。如图 5-67 所示。

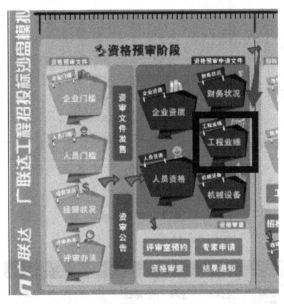

图 5-67

2. 完成一份电子版资格预审申请文件

（1）项目经理组织团队成员，共同完成一份资格预审申请文件电子版。

（2）操作说明

① 点击"资格预审申请文件"，进入资格预审申请文件编制模块，软件内置了资格预审申请文件标准文本，按照相关规定填写相应内容。如图 5-68 所示。

② 如需要添加相应附件，可右键添加子附件；选择"授权委托书"右键点击"添加子附件"。如图 5-69 所示。

③ 修改子附件名称，点击"导入文件"。如图 5-70 所示。

④ 找到相应文件，点击打开。如图 5-71 所示。

⑤ 招标文件填写完成，点击检查示范文本。如图 5-72 所示。

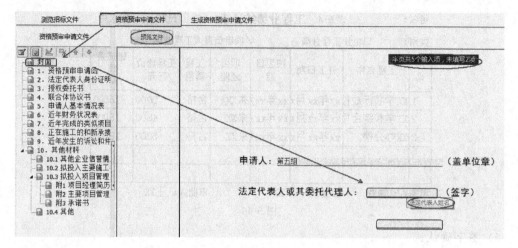

图 5-68

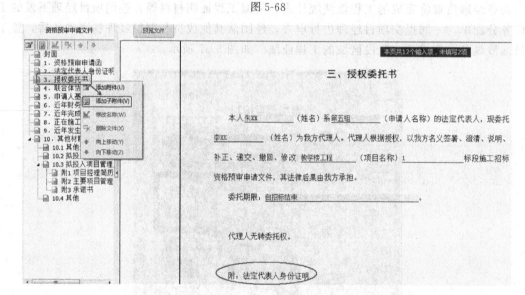

图 5-69

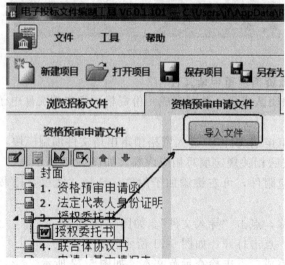

图 5-70

图 5-71

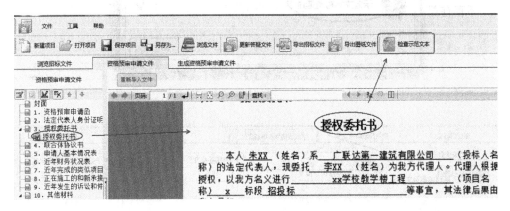

图 5-72

⑥ 根据资格预审文件的要求，将其他内容填写完整。

⑦ 软件会自动检查是否存在强制性填写内容是否为空，可将错误结果导出，方便修改。如图 5-73 所示。

⑧ 将错误内容完善后，再次检查示范文件，检查通过后即可进行电子签章，生成签章文件。如图 5-74 所示。

⑨ 选择"生成资格预审申请文件"模块，在"电子签章"界面进行签章文件的转换。如图 5-75 所示。

⑩ 转换完成后，点击"电子签章"，可以对电子文件进行签章。如图 5-76 所示。

错误信息	错误类型
投标人电话 内容为空	严重
投标人传真 内容为空	严重
投标人地址 内容为空	严重
投标人邮政编码 内容为空	严重
申请函_签字日期 内容为空	严重

图 5-73

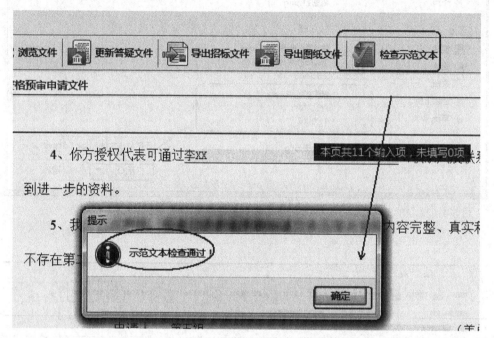

图 5-74

图 5-75

图 5-76

⑪ 选择"签章"或"批量签章",弹出选择 CA 锁类型,选择广联达锁点击"确定"。如图 5-77 所示。

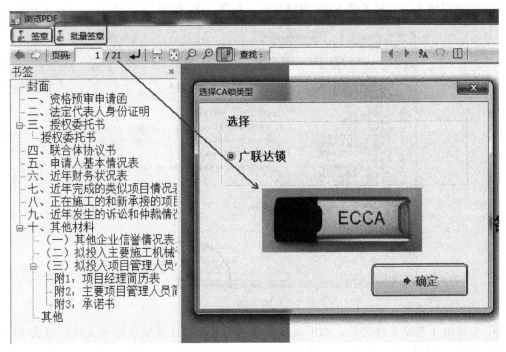

图 5-77

⑫ 在相应的位置进行电子签章，输入 CA 锁密码后点击"确定"。如图 5-78 所示。

资格预审申请文件

图 5-78

⑬ 签章完成之后即可关闭 PDF 浏览界面。如图 5-79 所示。

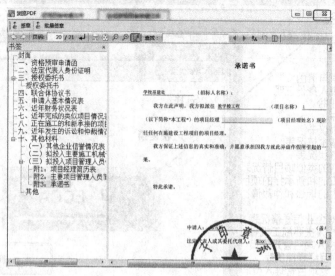

图 5-79

⑭ 生成电子签章文件之后，如果需要将电子标书打印成纸质版标书文件，可将 PDF 版资格预审申请文件导出。如图 5-80 所示。

图 5-80

⑮ 选择"生成资格预审申请文件"界面，点击"生成"按钮。如图 5-81 所示。

⑯ 将后缀名为 BJZST 格式的电子资格预审申请文件保存。如图 5-82 所示。

⑰ 输入 CA 锁密码保存文件。如图 5-83 所示。

⑱ 将资格预审文件工程保存，关闭广联达电子投标编制工具，退出系统。

⑲ 在整个资格预审申请文件编制过程中，一共会生成三种格式文件。文件一为可以进行查看或者打印的 PDF 版资格预审申请文件；文件二为资格预审申请 GTB 文件，此文件招标人进行重新编辑的原工程文件；文件三、四为进行过电子签章的资格预审申请 BJZST 及 BJZST2 文件，BJZST2 文件为投标人提交给招标人所用的电子资格预审申请文件。如图 5-84 所示。

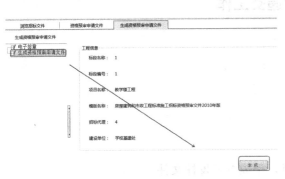

图 5-81　　　　　　　　　　　　　图 5-82

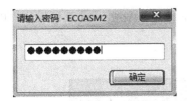

图 5-83

图 5-84

（3）团队自检　资格预审申请文件电子版完成后，项目经理组织团队成员，利用资格预审申请文件审查表（图5-85）进行自检。

组别	表6-3　资格预审申请文件审查表			日期：XX月XX日
序号	审查内容		完成情况	需调整内容	责任人
1	初步审查		√		朱XX
2	详细审查		√		朱XX
3	评分制	财务状况	√		朱XX
		项目经理	√		朱XX
		类似项目业绩	√		朱XX
		认证体系	√		朱XX
		信誉	√		朱XX
		拟投入的生产资源	√		朱XX
4	其他内容		☐		朱XX

填表人：朱XX　　会签人：李XX　　　　审批人：王XX

图 5-85

（4）签字确认　市场经理负责将结论记录到资格预审申请文件审查表（图5-85），经团队其他成员和项目经理签字确认后，置于招投标沙盘的资格预审阶段区域的对应位置处。如图5-86所示。

图 5-86

八、任务四　完成资格预审申请文件递交工作

（一）任务说明

① 完成资格预审申请文件的封装工作；

② 完成资格预审申请文件的递交工作。

（二）操作过程

1. 完成资格预审申请文件的封装工作

（1）方案一：网络递交

使用 CA 锁，在投标工具中进行电子签章，生成电子投标文件。

具体操作详见任务三：资格预审申请文件编制。

（2）方案二：现场递交

1）投标人准备一个信封（或密封袋）、封套、多个密封条、胶水（或双面胶）、印章（企业公章、法人印章）、印泥。如图 5-87 所示。

信封：

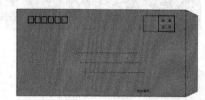

档案袋：

封套：

工程项目名称

招标文件编号：

投标文件

投标文件：　**商务标部分**

投标人：＿＿＿＿＿＿＿＿＿＿＿＿　（盖章）

法定代表人：＿＿＿＿＿＿＿＿　（签字或盖章）

编制日期：＿＿＿＿年＿＿＿月＿＿＿日

＿＿＿＿＿项目投标文件在＿＿＿年＿＿月＿＿日＿＿时＿＿分前不得开启。

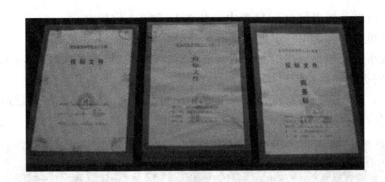

密封条：

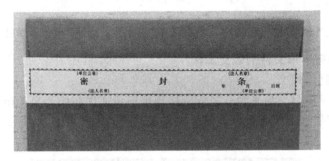

企业公章：

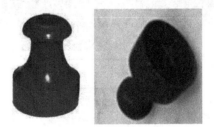

法定代表人章：

印泥：

图 5-87

2）投标人将电子标书保存至 U 盘中，并将 U 盘放入信封中。

3）投标人填写资金、用章审批表（图 5-5），完成标书密封、盖章。

4）投标人市场经理填写授权委托书（图 5-3）、携带资料清单表（图 5-6），并将单据和密封的标书一同提交项目经理审批。

5）结束后，将资金、用章审批表置于沙盘盘面投标人区域的业务审批处；将携带资料清单表置于沙盘盘面投标人区域的活动检视区。如图 5-88 所示。

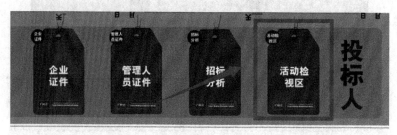

图 5-88

　小贴士：该过程由项目经理组织，市场经理主要负责，团队其他成员辅助完成。

2. 完成资格预审申请文件的递交工作

（1）方案一：网络递交

登陆电子招投标项目交易平台，完成资格预审申请文件在线递交工作。

① 登陆工程交易管理服务平台，用投标人账号进入电子招投标项目交易管理平台。如图 5-89 所示。

图 5-89

② 切换到"已报名标段"模块，找到相应的标段点击"进入"操作。如图 5-90 所示。

图 5-90

③ 弹出"查看"提示框，点击"上传"进行网上递交资格预审申请文件工作，如图 5-91 所示。

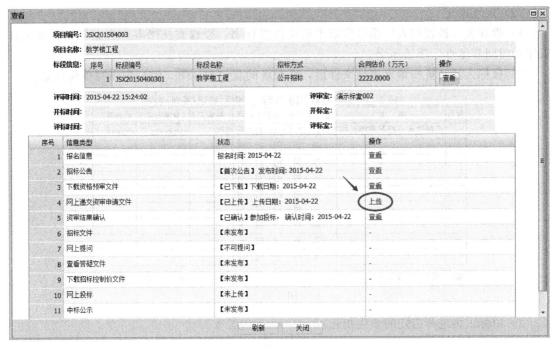

图 5-91

④ 弹出资审申请文件上传提示，选择上传"资审申请文件"按钮，按照要求完善操作人姓名并将资审申请文件添加及加载完成后，点击"保存"完成网上资审文件递交工作。如图 5-92 所示。

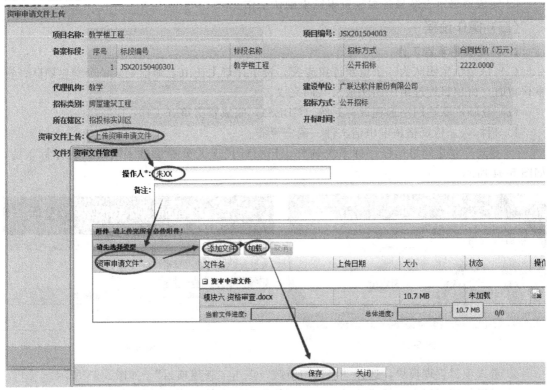

图 5-92

（2）现场递交

1）投标人（被授权人）携带资审申请文件投标书、授权委托书等，根据资格预审文件规定的时间和地点，现场递交。

2）投标人递交资格预审申请文件后，在现场的登记表（图 5-93）中填写单位信息。

表0-3 　**XX学校教学楼 工程 投标 登记**(签到)表

序号	单　　位	递交（退还、签到）时间	联系人	联系方式	传真
	广联达第一建筑有限公司	XX 月 XX 日 XX 时XX分	李XX	xxxxxxxx	xxxxxx
		年　月　日　时　分			
		年　月　日　时　分			
		年　月　日　时　分			
		年　月　日　时　分			
		年　月　日　时　分			
		年　月　日　时　分			
		年　月　日　时　分			
		年　月　日　时　分			

招标人或招标代理经办人：（签字） 　　　　　第　页共　　页

图 5-93

3）招标人由老师指定的学生担任。

九、任务五　完成资格审查工作

（一）任务说明

① 完成资格审查工作；

② 完成资格审查结果备案、资审结果确认工作。

（二）操作过程

1. 完成资格审查工作

（1）每个学生团队为一个资审评审专家，资审评审主任由老师指定某一个学生团队；资审评审时，由项目经理组织团队成员共同完成。

（2）登陆广联达网络远程评标系统（GBES），完成资格审查工作。

1）招标人上传资格预审申请文件、确定评委。

① 登陆广联达网络远程评标系统软件，用招标代理人员身份进入网络远程评标系统。如图 5-94 所示。

图 5-94

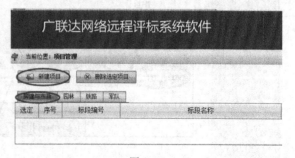

图 5-95

② 进入项目管理模块，选择"房建与市政"点击"新建项目"。如图 5-95 所示。

③ 可以使用招标文件新建项目，点击"使用招标文件新建项目"。如图 5-96 所示。

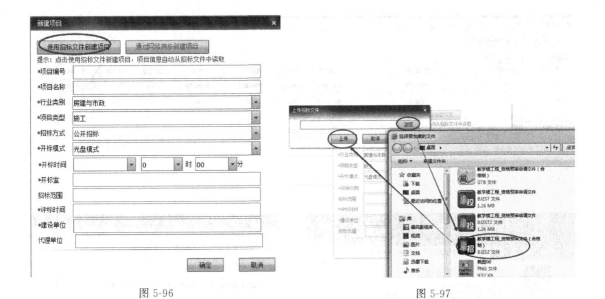

图 5-96 图 5-97

④ 弹出"上传招标文件"提示框，点击"浏览"，找到招标文件（BJZSZ文件）进行上传，如图 5-97 所示。

⑤ 系统会根据招标文件自动识别项目编号、名称和类型等信息，将开标时间及评标时间按照要求录入后点击"确定"，新建项目完成。如图 5-98 所示。

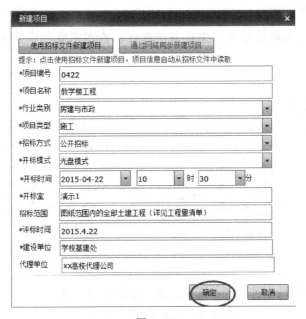

图 5-98

⑥ 选择刚刚新建完成的标段，点击"进入开标系统"。如图 5-99 所示。

⑦ 切换至"开标会签到"模块，首先进行投标人签到，点击"新增单位"。如图 5-100 所示。

⑧ 根据投标人资料新增投标单位，检查无误后点击"确定"。如图 5-101 所示。

⑨ 按照签到顺序依次勾选"投标人签到"并完善相关签到人姓名等信息，亦可进行"批

图 5-99

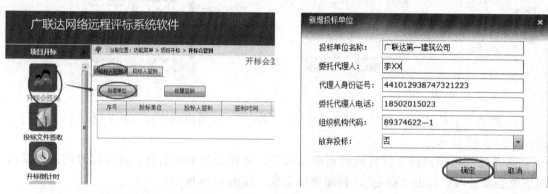

图 5-100　　　　　　　　　　　　　　　　　　　　　图 5-101

量签到"，如投标人未参加开标会可进行备注选择，签到完成之后进入下一步。如图 5-102
所示。

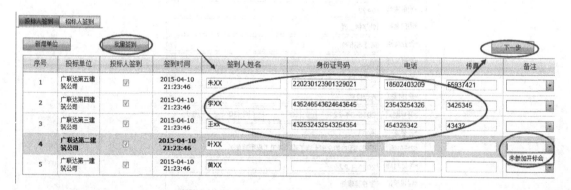

图 5-102

注：如有招标人到场亦可进行招标人签到，如图 5-103 所示。

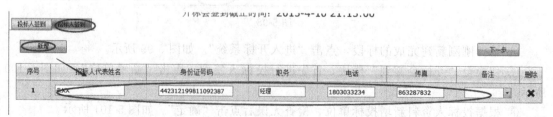

图 5-103

⑩ 根据投标人文件送达时间依次签收并检查相关文件数量、密封情况及是否有投标保证金，亦可进行"批量签收"，如投标人未递交投标文件可进行备注选择，签收完成之后进入下一步。如图 5-104 所示。

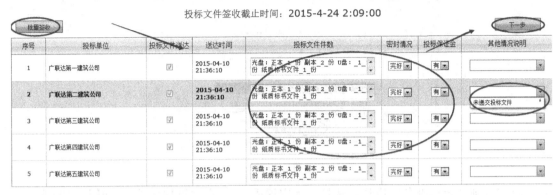

图 5-104

⑪ 进入开标倒计时模块，开标时间到达即可点击"下一步"进入开标。如图 5-105 所示。

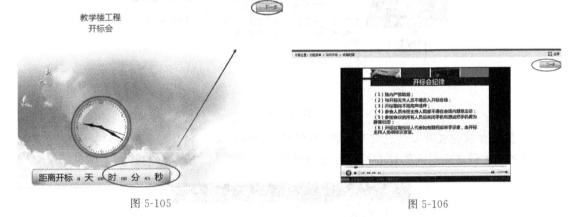

图 5-105   图 5-106

⑫ 进入开标会首先观看开标会纪律视频，观看完毕后点击"下一步"进入人员介绍模块。如图 5-106 所示。

⑬ 进入人员介绍环节，主持人依次介绍唱标人、监督人、监标人等人员，介绍完成后点击"下一步"开标模块。如图 5-107 所示。

图 5-107

⑭ 进入开标模块，将投标人投标文件（后缀名为＊.BJZST2）上传导入，如图 5-108 所示。

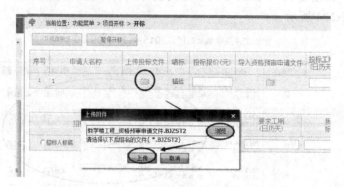

图 5-108

⑮ 切换到"评标准备"模块，选择"确定评委"，点击"添加评委"。如图 5-109 所示。

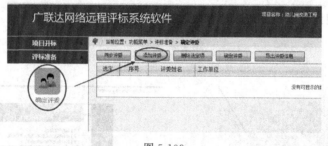

图 5-109

⑯ 按照要求完成评委信息之后点击"确定"，此处评委姓名及专家证编号为评审专家账号登录网络远程评标系统的评委姓名及专家证编。如图 5-110 所示。

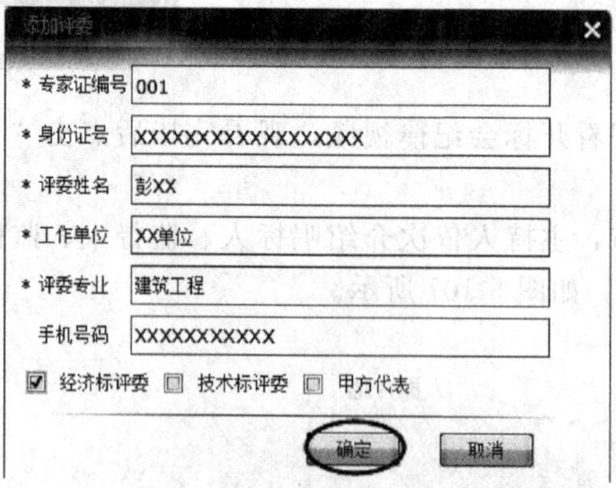

图 5-110

⑰ 评委添加完成，可对评委进行重新编辑或者导出评委信息，点击"确定评委"完成评委准备。如图 5-111 所示。

⑱ 系统提示确定评委后，不能再修改，点击"确定"完成评委准备工作。如图 5-112 所示。

⑲ 切换到"开标准备"模块，选择"开标结束"，点击"开标结束"。如图 5-113 所示。

2）评审专家评审资格预审申请文件。

| | 当前位置: 功能菜单 > 评标准备 > 确定评委 | | | | | | | 全 |
| 同步评委 | 添加评委 | 删除选定项 | 确定评委 | 导出评委信息 | | | | |

选定	序号	评委姓名	工作单位	经济标评委	技术标评委	甲方代表	编辑
☐	1	朱XX	xx学校	☑	☑	☑	编辑
☐	2	朱XX	XX单位	☐	☑	☐	编辑
☐	3	王XX	XX单位	☐	☑	☐	编辑
☐	4	李XX	xx单位	☑	☐	☐	编辑
☐	5	彭XX	XX单位	☑	☐	☐	编辑

图 5-111

图 5-112

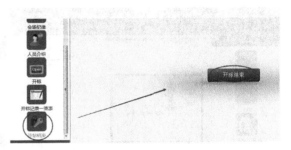

图 5-113

① 登陆广联达网络远程评标系统软件,用评委账号进入网络远程评标系统。如图 5-114 所示。

图 5-114

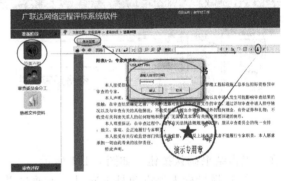

图 5-115

② 切换至准备阶段,选择签署声明界面进行声明签章,点击批量签章按钮,插入 CA 锁,输入 CA 密码进行电子签章,签章完成之后可以"保存签章"。如图 5-115 所示。

③ 切换至审查委员会分工界面,进行评标组长确认,如果评委未同时在线,需要等全部评委全部登陆在线后才能继续下面的评标工作。如图 5-116 所示。

④ 每个评委只能推荐一次,完成此次评标组长的推荐工作。如图 5-117 所示。

⑤ 所有评委完成投票工作,系统软件自动推荐票数,判定评标组长。如图 5-118 所示。

⑥ 切换熟悉文件资料界面,首先每位评委对招标人资格预审文件进行浏览和熟悉。如图 5-119 所示。

⑦ 文件熟悉完成进入审查过程模块,进行资格审查。选择初步审查界面,可对资格预审文件及投标单位的资格预审申请文件进行浏览。如图 5-120 所示。

⑧ 在初步审查界面下选择投标单位,根据资格预审申请文件,检查相应评审项是否存

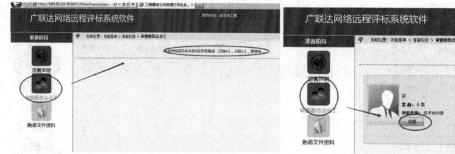

图 5-116

图 5-117

图 5-118

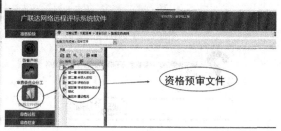

图 5-119

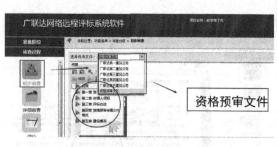

图 5-120

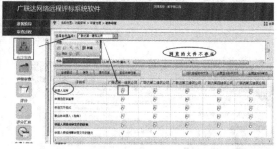

图 5-121

在，点击结果确认按钮。如图 5-121 所示。

⑨ 选择投标人评审项是否通过，不通过需给出不通过原因，亦可检查完所有评审项后点击"全部通过"按钮，批量通过所有评审项。如图 5-122 所示。

⑩ 审查完成提交结果之后可以查看评审结果进度，评审结果提交后不能再次修改。点击"提交结果"按钮。如图 5-123 所示。

图 5-122

图 5-123

⑪ 初步评审完成需要进行评分汇总之后才能进行详细评审，点击"评分汇总"按钮，选择"详细审查"界面，进行评审工作。如图 5-124 所示。

⑫ 详细审查与初步审查方式方法一样，点击"对比查看标书文件"及"全屏显示标书文件"，方便浏览相关文件进行审查。如图 5-125 所示。

⑬ 如图所示可显示多个文件进行对比及全屏显示标书文件，点击"全屏"或"默认显示"可全屏显示或者恢复默认显示。如图 5-126 所示。

⑭ 所有评委评审完成并提交结果后，评委组长可进行汇总评审结果，汇总后其他评委方能进行下一步操作。如图 5-127 所示。

⑮ 切换至评分界面，对投标文件进行打分可以点击"全部最高分"进行快速评分，评分完成提交结果并进行评审结果的汇总。如图 5-128 所示。

图 5-124

图 5-125

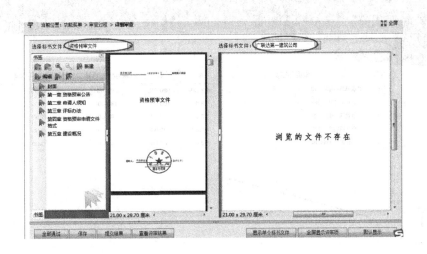

图 5-126

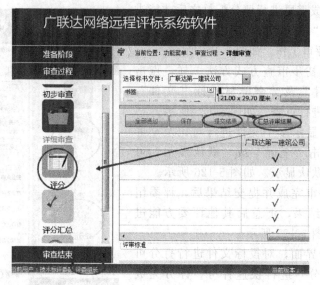

图 5-127

图 5-128

⑯ 切换至评分汇总界面，可以查看评分结果并导出结果。如图 5-129 所示。

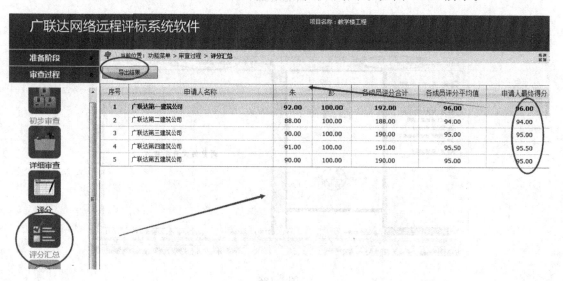

图 5-129

⑰ 切换至申请人排序界面，可以查看申请人排名，组长提交排序结果。如图 5-130 所示。

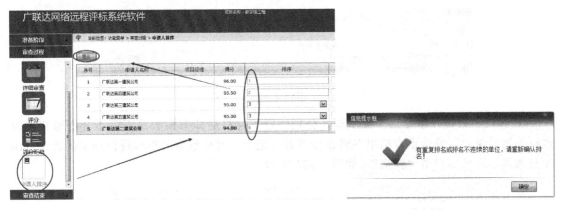

图 5-130　　　　　　　　　　　　　　　　　图 5-131

⑱ 如出现重复排名或排名不连续的情况，需要重新排名。如图 5-131 所示。

⑲ 按照有关规定进行排序后重新提交完成资格预审评审，提交后不能修改。如图 5-132 所示。

　　　　　　　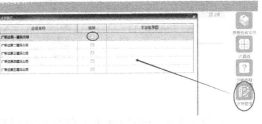

图 5-132　　　　　　　　　　　　　　　　　图 5-133

⑳ 右上角可以点击查看资审文件或者提出评委质疑，如果存在需要废标处理的情况，点击"评审管理"选择废标单位，填写不合格原因。如图 5-133 所示。

2. 完成资格审查结果备案、资审结果确认工作

（1）招标人对资格审查结果进行通知　招标人登陆工程交易管理服务平台，完成招标人在线发布资格审查结果。

① 使用招标人账号登录工程交易管理服务平台。如图 5-134 所示。

② 选择"资审结果备案"界面，点击"登记预审结果"。如图 5-135 所示。

　　　　　　　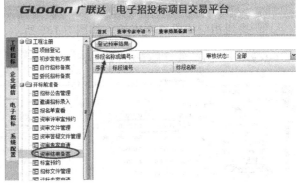

图 5-134　　　　　　　　　　　　　　　　　图 5-135

③ 选择相应的标段，点击"确定"。如图 5-136 所示。

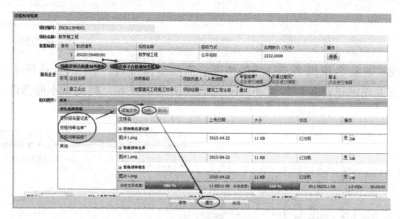

图 5-136

④ 弹出"资格预审结果"提示框，分别将资审合格通知书模板及资审不合格通知模板进行编辑并保存，确认审查结果并将投标报名登记表、资格预审名单和资格预审报告进行添加并加载，完成后点击"提交"。如图 5-137 所示。

图 5-137

⑤ 使用监管员账号登录工程交易管理服务平台进行资审结果审核。如图 5-138 所示。

图 5-138

⑥ 找到相应标段点击审核。如图 5-139 所示。

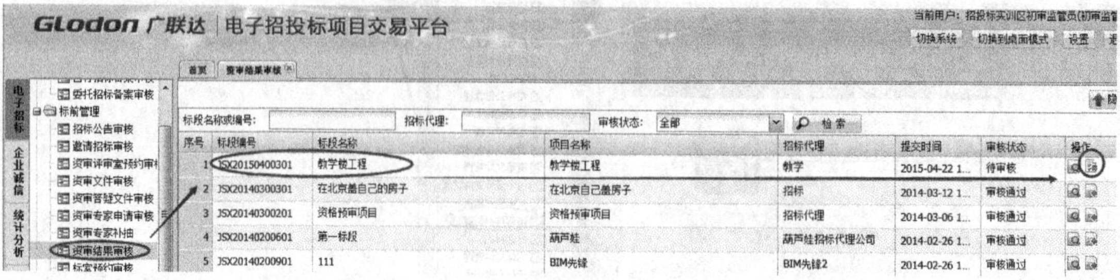

图 5-139

⑦ 检查资格预审结果，检查无误之后点击"审核"。如图 5-140 所示。

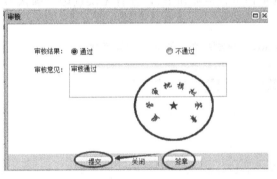

图 5-140

⑧ 选择审核结果，进行签章并提交审核。如图 5-141 所示。

图 5-141　　　　　　　　　　　　　　　　　　　图 5-142

（2）投标人对资审结果进行确认　投标人登陆工程交易管理服务平台，完成投标人在线确认资格审查结果。

① 使用投标人账号登录工程交易管理服务平台进行在线确认资格审查结果。如图 5-142 所示。

② 切换到已报名标段，找到相应标段点击"查看"。如图 5-143 所示。

图 5-143

③ 弹出"查看"提示框,对资审结果进行确认,点击"确认"按钮。如图 5-144 所示。

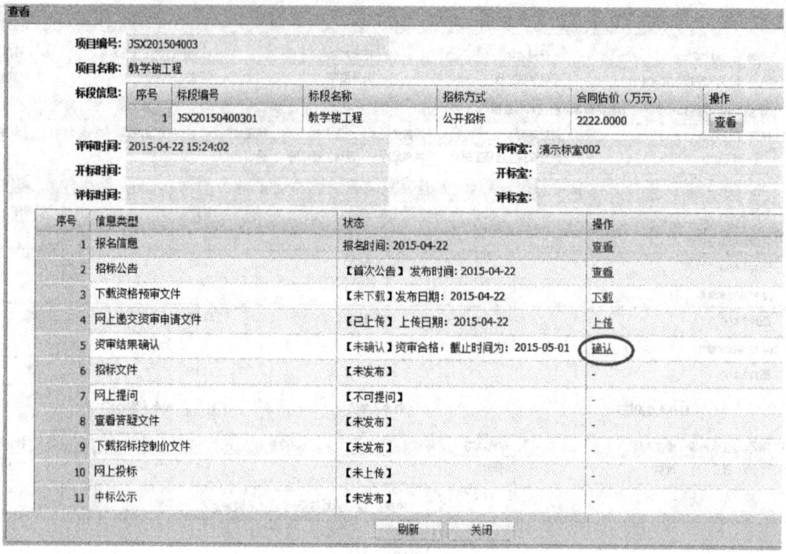

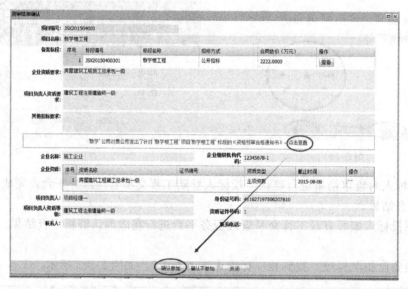

图 5-144

④ 在"资审结果确认"界面可以查看《资格预审合格通知书》,查看无误点击"确认参加"按钮。如图 5-145 所示。

图 5-145

📝 **小贴士**:本教材给出的是在线完成招标人资审结果通知、投标人对资审结果确认的操作指导,如果学校不具备在线通知和确认的条件,可参考学校所在地区招标投标企业相关的工作流程。

十、沙盘展示

1. 团队自检

项目经理带领团队成员,对照沙盘操作表,检查自己团队的各项工作任务是否完成。见下表。

沙盘操作表

序号	任务清单	使用单据/表/工具	完成情况 （完成请打"√"）
（一）	投标报名		☐
	投标人投标报名/获取资格预审文件	授权委托书/代金币/登记表/资金、用章审批表/携带资料清单表	☐
（二）	资格预审申请文件编制		
1	投标人对资审文件重点内容进行分析	资格预审文件分析表	☐
2	投标人准备企业证件、项目负责人、技术负责人的证件资料	企业证书系列/人员资格证书系列	☐
3	投标人完成财务状况表/准备财务审计报告、资信等级证书	财务状况表	☐
4	投标人准备企业类似工程业绩资料	工程业绩统计表	☐
5	投标人准备项目负责人类似工程业绩资料	工程业绩统计表	☐
6	投标人完成项目部组织机构	项目部管理人员组织结构/项目部组织机构图/各类人员证件资料	☐
7	投标人完成拟投入的机械设备		☐
8	投标人完成资格预审申请文件	投标工具	☐
9	投标人对资格预审申请文件自检合格	资审预审申请文件审查表	☐
（三）	资格预审申请文件封装、递交		☐
1	投标人封装资格预审申请文件	资金、用章审批表	☐
2	投标人递交资格预审申请文件	携带资料清单表/授权委托书/登记表	☐
（四）	资格审查		☐
1	招标人组织资格审查	广联达网络远程评标系统（GBES）	☐
2	招标人进行资审结果通知	电子招投标项目交易平台	☐
3	投标人对资审结果进行确认	电子招投标项目交易平台	☐

2. 沙盘盘面上内容展示与分享

如图 5-146 所示。

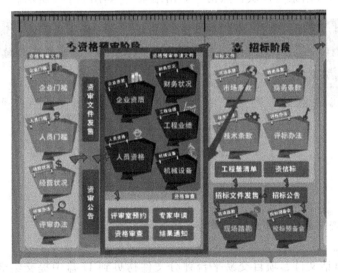

图 5-146

3. 作业提交

（1）作业内容

① 投标人资格预审申请文件电子版一份；

② 投标人项目交易平台评分文件一份；

③ GBES 生成的资格审查结果文件一份。

（2）操作指导

1）生成投标人资格预审申请文件电子版。

使用工程投标工具生成资格预审申请文件，具体操作详见任务三：资格预审申请文件编制。

2）生成投标人项目交易平台评分文件。

使用工程交易管理服务平台生成投标人项目交易平台评分文件一份，具体操作详见附录2：生成评分文件。

3）GBES 生成的资格审查评审结果文件一份。

使用 GBES 生成一份资格审查结果文件。

① 使用评委组长身份登录广联达网络远程评标系统软件。如图 5-147 所示。

图 5-147

② 切换至"审查结束"模块，点击"导出结果"。如图 5-148 所示。

序号	申请人名称	朱	彭	各成员评分合计
1	广联达第一建筑公司	92.00	100.00	192.00
2	广联达第二建筑公司	88.00	100.00	188.00
3	广联达第三建筑公司	90.00	100.00	190.00
4	广联达第四建筑公司	91.00	100.00	191.00
5	广联达第五建筑公司	90.00	100.00	190.00

图 5-148

③ 将资格审查结果保存下载。如图 5-149 所示。

4）提交作业。

将资格预审申请文件、项目交易平台评分文件拷贝到 U 盘中提交给老师，或者使用在

图 5-149

线文件递交（文件在线提交系统或电子邮箱等方式）提交给老师。

十一、实训总结

1. 教师评测

（1）评测软件操作 具体操作详见附录 3：学生学习成果评测。

（2）学生成果展示 具体操作详见附录 3：学生学习成果评测。

2. 学生总结

小组组内讨论 3 分钟，写下该环节你认为需要完善的内容及心得，并进行分享。

十二、拓展练习

在本实训模块之外需要学生了解相关知识内容或需要同学课外需要思考的问题。

① 资格审查办法分别为合格制和有限数量制时，资格预审申请文件编制时侧重点的区别；

② 资格后审方式的审查办法。

模块六 工程招标

项目一　工程招标相关理论知识

本部分理论知识只是本模块工作任务学习的引导，详细知识的学习自行查阅相关资料。

一、招标文件

（一）招标文件概念

所谓招标文件，是指招标人向投标人提供的为进行投标工作而告知和要求性的书面性材料。从合同订立的程序分析，招标文件的法律性质属于要约邀请，作用在于吸引投标人的注意，希望投标人按照招标人的要求向招标人发出要约。招标文件通常由业主委托招标代理机构或由中介服务机构的专业人士负责编制，由建设招投标管理机构负责审定。未经建设招投标管理机构审定的，建设工程招标人或招标代理机构不得将招标文件分送给投标人。

招标文件是整个工程招投标和施工过程中最重要的法律文件之一，它不仅规定了完整的招标程序，而且还提出了各项具体的技术标准和交易条件，规定了拟订立合同的主要内容，是投标人准备投标文件和参加投标的依据，是评审委员会评标的依据，也是拟订合同的基础，对参与招投标活动的各方均有法律效力。

（二）招标文件的组成和主要内容

《中华人民共和国标准施工招标文件》由国家发改委、住建部等部委联合编制，于 2007 年 11 月 1 日国家发改委令第 56 号发布，并于 2008 年 5 月 1 日起在全国试行。2010 年住建部又发布了配套的《房屋建筑和市政工程标准施工招标文件》(简称"行业标准施工招标文件")，广泛适用于一定规模以上的房屋建筑和市政工程的施工招标。

"行业标准施工招标文件"共分为四卷八章,主要内容包括:招标公告(投标邀请书)、投标人须知、评标办法(最低投标价法、综合评估法)、合同条款及格式、工程量清单、图纸、技术标准和要求、投标文件格式。本部分详细内容在此不再赘述,详见附录。

"行业标准施工招标文件"即是项目招标人编制施工招标文件的范本,也是有关行业主管部门编制行业标准施工招标文件的依据,其中的"投标须知、评标办法、通用合同条款"在行业标准施工招标文件和试点项目招标人编制的施工招标文件中必须不加修改地引用,其他内容仅供招标人参考。

(三)招标文件编制的注意事项

1. 总则

① 项目名称填写全称,如果划分标段,应写明标段。

② 项目审批、核准或备案机关名称和批文名称及编号的注明主要是为潜在投标人在决策过程中辨别工程项目的真伪提供信息,以防被骗取保证金或中介费、不具备发包条件虚假发包人欺骗。

③ 资金来源包括国家投资、自筹资金、银行贷款、利用有价证券市场筹措、外商投资等;多种来源方式的,应列明方式及所占的比例。完全由政府投资的项目,仅写明政府投资或国有投资,出资比例为100%;既有政府投资又有企业自筹资金的项目,应分别列明出资比例。资金落实情况一般填写资金已落实,也可以表述为"建设单位的资金通过前附表中第1.2.1项所描述的方式获得,并将部分资金用于本工程合同款项下的合理支付"。因为按照《中华人民共和国招标投标法》和《工程建设项目施工招标投标办法》(国家七部委30号令)的规定,有相应资金或资金来源已经落实是依法必须招标的工程建设项目,进行施工招标应当具备条件之一。

④ 项目概况主要是指建设规模、结构特征。以房屋建筑工程专业为例包括:建筑面积、层数、层高、结构类型、用途、占地面积等。工程招标主要工程的具体类别包括:土石方、土建、水电安装、防水、保温、弱电、园区道路及地下管网、绿化等所有施工内容。

⑤ 质量标准要按照国家、行业颁布的建设工程施工质量验收标准填写。《建筑工程施工质量验收统一标准》该验收标准取消了在此之前一直施行的建设工程质量"优良"、"合格"之类等级标准,而统一规定为"合格"与"不合格"质量。

⑥ 投标人资格要求。招标人应当载明是否接受联合体投标。招标人不得强制投标人组成联合体共同投标,不得限制投标人之间的竞争。投标人须知前附表规定接受联合体投标的,除应符合一般投标人具备的条件和投标人须知前附表的要求外,还应遵守以下规定:联合体各方均应当具备承担招标项目的相应能力;按照资质等级较低的单位确定资质等级。联合体各方应当签订共同投标协议,明确约定各方拟承担的工作和责任,并将共同投标协议连同投标文件一并提交招标人。联合体各方签订共同投标协议后,不得再以自己名义单独投标,也不得组成新的联合体或参加其他联合体在同一项目中投标。联合体各方在同一招标项目中以自己名义单独投标或者参加其他联合体投标的,相关投标均无效。

投标人不得存在下列情形之一:为招标人不具有独立法人资格的附属机构(单位);为招标项目前期工作提供咨询服务的;为本招标项目的监理人;为本招标项目的代建人;为本招标项目提供招标代理服务的;被责令停业的;被暂停或取消投标资格的;财产被接管或冻结的;在最近三年内有骗取中标或严重违约或重大工程质量问题的;与本招标项目的监理人或代建人或招标代理机构同为一个法定代表人的;与本招标项目的监理人或代建人或招标代理机构相互控股或参股的;与本招标项目的监理人或代建人或招标代理机构相互任职或工作

的。另外，单位负责人为同一人或者存在控股、管理关系的不同单位，不得同时参加同一招标项目投标。

2. 招标文件

（1）招标文件的澄清　投标人应仔细阅读和检查招标文件的全部内容。如发现缺页或附件不全，应及时向招标人提出，以便补齐。如有疑问，应在投标人须知内附表规定的时间内以书面形式（包括信函、电报、传真等，下同），要求招标人对招标文件予以澄清。

招标文件的澄清以书面形式发给所有购买招标文件的投标人，但不指明澄清问题的来源。澄清发出的时间距投标人须知前附表规定的投标截止时间不足 15 天的，并且澄清内容影响投标文件编制的，将相应延长投标截止时间。投标人在收到澄清后，应在投标人须知前附表规定的时间内以书面形式通知招标人，确认已收到该澄清。

（2）招标文件的修改　招标人可以书面形式修改招标文件，并通知所有已购买招标文件的投标人。修改招标文件的时间距投标人须知前附表规定的投标截止时间不足 15 天的，并且澄清内容影响投标文件编制的，将相应延长投标截止时间。

投标人收到修改内容后，应在投标人须知前附表规定的时间内以书面形式通知招标人，确认已收到该修改。

3. 投标文件

（1）投标报价　投标人应按模块七"投标文件格式"的要求填写价格清单。投标人应充分了解施工场地的位置、周边环境、道路、装卸、保管、安装限制以及影响投标报价的其他要素。投标人根据投标设计，结合市场情况进行投标报价。

投标人在投标截止时间前修改投标函中的投标报价总额，应同时修改投标文件"价格清单"中的相应报价，投标报价总额为各分项金额之和。招标人设有最高投标限价的，投标人的投标报价不得超过最高投标限价，最高投标限价或其计算方法在投标人须知前附表中载明。

（2）投标有效期　投标有效期的作用不仅是保证招标人有足够的时间在开标后完成评标、定标、合同签订等工作，而且要求投标人在此期间不得撤销或修改其投标文件。

出现特殊情况需要延长投标有效期的，招标人以书面形式通知所有投标人延长投标有效期。投标人同意延长的，应相应延长其投标保证金的有效期，但不得要求或被允许修改或撤销其投标文件；投标人拒绝延长的，其投标失效，但投标人有权收回其投标保证金。

（3）投标保证金　投标保证金是指在招标投标活动中，投标人随投标文件一同递交给招标人的一定形式、一定金额的投标责任担保。其主要保证投标人在递交投标文件后不得撤销投标文件，中标后不得无正当理由不与招标人订立合同，在签订合同时不得向招标人提出附加条件、或者不按照招标文件要求提交履约保证金，否则，招标人有权不予返还其递交的投标保证金。

投标人应当按照招标文件要求的方式和金额，将投标保证金随投标文件提交给招标人。投标人不按招标文件要求提交投标保证金的，该投标文件将被拒绝，作废标处理。

有下列情形之一的，投标保证金将不予退还。

① 投标人在规定的投标有效期内撤销或修改其投标文件；

② 中标人在收到中标通知书后，无正当理由拒签合同或未按招标文件规定提交履约担保。

根据《中华人民共和国招标投标法实施条例》、《工程建设项目施工招标投标办法》（经 2013 年第 23 号令修改）的规定：招标人在招标文件中要求投标人提交投标保证金的，投标保证金不得超过招标项目估算价的 2% 并最高不超出 80 万元。投标保证金有效期应当与投标有效期一致。

依法必须进行招标的项目的境内投标单位，以现金或者支票形式提交的投标保证金应当从其基本账户转出。招标人不得挪用投标保证金。

招标人最迟应当在书面合同签订后 5 日内向中标人和未中标的投标人退还投标保证金及银行同期存款利息。

(四) 评标组织

评标组织由招标人的代表和有关经济、技术等方面的专家组成。其具体形式为评标委员会，实践中也有评标小组的。

《中华人民共和国招标投标法》明确规定：评标委员会由招标人负责组建，评标委员会成员名单一般应于开标前确定。评标委员会成员名单在中标结果确定前应当保密。《评标委员会和评标方法暂行规定》规定：依法必须进行施工招标的工程，其评标委员会由招标人的代表和有关技术、经济等方面的专家组成，成员人数为 5 人以上的单数，其中招标人、招标代理机构以外的技术、经济等方面专家不得少于成员总数的 2/3。评标委员会的专家成员，应当由招标人从建设行政主管部门及其他有关政府部门确定的专家名册或者工程招标代理机构的专家库内相关专业的专家名单中确定。政府投资项目的评标专家必须从政府或者政府有关部门组建的评标专家库中随机抽取。技术复杂、专业性强或者国家有特殊要求的招标项目，采取随机抽取方式确定的专家难以保证胜任的，可以由招标人直接确定。与投标人有利害关系的人不得进入相关工程的评标委员会。

有关评标专家库与评标委员会评标方法的详细规定详见《评标专家和评标专家库管理暂行办法》(国家发展计划委员会令 第 29 号) 和《评标委员会和评标方法暂行规定》(2013 年 5 月 1 日起执行)，在此不再赘述。学生可以自行上网查询。

(五) 评标方法

房屋建筑及市政基础设施工程施工招标评标方法一般分为：综合评估法和经评审的最低投标价法两大类。《中华人民共和国招标投标法》第 41 条所规定的中标的投标文件应该具备下列条件之一。

① 能够最大限度地满足招标文件中规定的各项综合评价标准。

② 能够满足招标文件的实质性要求，并且经评审的投标价格最低。

两类评标办法都必须遵守"但是投标价格低于成本的除外"的规定。

1. 综合评估法

综合评估法是以投标文件能否最大限度地满足招标文件规定的各项综合评价标准为前提，在全面评审商务标、技术标、综合标等内容的基础上，评判投标人关于具体招标项目的技术、施工、管理难点把握的准确程度、技术措施采用的恰当和适用程度、管理资源投入的合理及充分程度等。一般采用量化评分的办法，通常采用商务部分不得低于 60%、技术部分不得高于 40%，综合投标价格、施工方案、进度安排、生产资源投入、企业实力和业绩、项目经理等各项因素的评分，按最终得分的高低确定中标候选人排序，原则上综合得分最高的投标人为中标人。

综合评估法强调的是最大限度地满足招标文件的各项要求，将技术和经济因素综合在一起决定投标文件质量优劣，不仅强调价格因素，也强调技术因素和综合实力因素。综合评估法一般适用于招标人对招标项目的技术、性能有特殊要求的招标项目。同时，也适用于建设规模较大，履约工期较长，技术复杂，质量、工期和成本受不同施工方案影响较大，工程管理要求较高的施工招标的评标。

2. 经评审的最低投标价法

经评审的最低投标价法评审的内容基本上与综合评估法一致，是以投标文件是否能完全满足招标文件的实质性要求和投标报价是否低于成本价为大前提，以经评审的、不低于成本的最低投标价为标准，由低向高排序而确定中标候选人。技术部分一般采用合格制评审的方法，在技术部分满足招标文件要求的基础上，最终以投标价格作为决定中标人的唯一因素。

经评审的最低投标价法强调的是优惠而合理的价格。适用于具有通用技术、性能标准或者招标人对其技术、性能没有特殊要求、工期较短、质量、工期、成本受不同施工方案影响较小，工程管理要求一般的施工招标的评标。

二、合同

（一）合同条款及格式

合同条款是工程施工招标文件中非常重要的内容。目前，我国在工程建设领域推行使用原建设部、国家工商行政管理局制定的《建设工程施工合同（示范文本）》（GF-2013-0201），以下简称"示范文本"。2013 年版"示范文本"在 1999 年版的基础上，参照国际惯例，听取了各方专家和技术人员的意见，经过多次反复讨论，对部分内容做了修改和调整，更加突出了国际性、系统性、科学性等特点，更好地体现了"示范文本"应具有的完备性、平等性与合法性，因此"示范文本"广泛适用于房屋建筑工程、土木工程、线路管道、设备安装和装修工程等领域。同时，"示范文本"具有非强制性的特点。在建筑工程领域的实际情况中，情况复杂多样，招标人编制的招标文件中的合同条款可根据工程项目的具体特点和实际情况、实际需要，对"示范文本"中的合同条款进行补充、细化和修改，但不得违反法律、行政法规的强制性规定和平等、自愿、公平和诚实信用原则。

合同条款由合同协议书、通用条款和专用条款三部分组成。

合同协议书中集中约定了与工程实施相关的主要内容，包括：工程概况、合同工期、质量标准、签约合同价和合同价格形式、项目经理、合同文件构成、承诺及合同生效条件等重要内容，集中约定了合同当事人基本的合同权利义务。协议书中列举合同主要内容，一目了然，便于合同当事人了解合同主要内容。合同当事人可以根据各项目的不同情况，在专用条款中进行补充细化。除合同当事人另有约定外，合同协议书在解释优先顺序上要优先于其他合同文件。因此，当事人应慎重填写，避免因填写不当而影响合同的理解和适用。合同条款共计 20 条，具体条款分别为：一般约定、发包人、承包人、监理人、工程质量、安全文明施工与环境保护、工期和进度、材料与设备、试验与检验、变更、价格调整、合同价格、计量与支付、验收和工程试车、竣工结算、缺陷责任与保修、违约、不可抗力、保险、索赔和争议解决。

合同通用条款是合同当事人根据《中华人民共和国建筑法》、《中华人民共和国合同法》等法律法规的规定，就工程建设的实施及相关事项，对合同当事人的权利义务做出的原则性约定。合同当事人原则上不应直接修改通用条款，而是在专用条款中进行相应补充。

专用合同条款是对通用合同条款原则性约定的细化、完善、补充、修改或另行约定的条款，根据工程具体情况做个性化约定。合同当事人可以根据不同建设工程的特点及具体情况，通过双方的谈判、协商对相应的专用合同条款进行修改补充。

合同具体内容及格式详见附录。

（二）合同重点解析

1. 合同文件的优先顺序

组成合同的各项文件应互相解释，互为说明。除专用合同条款另有约定外，解释合同文件的优先顺序如下。

① 合同协议书；

② 中标通知书（如果有）；

③ 投标函及其附录（如果有）；

④ 专用合同条款及其附件；

⑤ 通用合同条款；

⑥ 技术标准和要求；

⑦ 图纸；

⑧ 已标价工程量清单或预算书；

⑨ 其他合同文件。

上述各项合同文件包括合同当事人就该项合同文件所做出的补充和修改，属于同一类内容的文件，应以最新签署的为准。在合同订立及履行过程中形成的与合同有关的文件均构成合同文件组成部分，并根据其性质确定优先解释顺序。

本条款列举了合同文件的组成以及合同解释的优先顺序。当合同文件种类较多，出现合同文件内容不一致时，需要确定文件的优先顺序来解决实际问题，保障合同的顺利履行。除合同当事人在专用条款中另有约定的以外，应以本条款为依据来确定合同解释的优先顺序。对合同内容进行补充或修改的文件，最新签署的解释的效力优先，但是应以同一类型的为先，例如对于技术标准和要求的补充文件，解释顺序优于原技术标准和要求，但是相对于其他类型的文件，排序仍然是第⑥位。合同类型众多，为避免冲突或遗漏，建议把有关合同内容的所有文件装订成册。

2. 履约担保与支付担保

由于建筑工程领域经常发生拖欠工程款纠纷，承包方需要发包方证明投资项目资金来源充足合法，保证能够按照合同约定支付工程款。根据《工程建设项目施工招标投标办法》（国家七部委30号令）第六十二条的规定，招标文件要求中标人提交履约保证金或者其他形式履约担保的，中标人应当提交；拒绝提交的，视为放弃中标项目。招标人要求中标人提供履约保证金或其他形式履约担保的，招标人应当同时向中标人提供工程款支付担保。

支付担保与履约担保的约定是由发包方和承包方根据建设工程的实际情况进行自由约定，无强制性约束力。担保方式和提供担保的期限，发包方和承包方可以在合同专用条款中自行约定。发包方在签约阶段，往往会利用自己的优势地位，而无视承包方的要求，拒绝或拖延提供支付担保，在实践中缺乏可操作性。因此，承包方应决策前对发包方的资信情况进行调查了解，以便规避风险。

3. 分包的注意事项

承包人应按专用合同条款的约定进行分包，确定分包人。已标价工程量清单或预算书中给定暂估价的专业工程，按照暂估价确定分包人。按照合同约定进行分包的，承包人应确保分包人具有相应的资质和能力。工程分包不减轻或免除承包人的责任和义务，承包人和分包人就分包工程向发包人承担连带责任。承包人不得将其承包的全部工程转包给第三人，或将其承包的全部工程肢解后以分包的名义转包给第三人。承包人不得将工程主体结构、关键性工作及专用合同条款中禁止分包的专业工程分包给第三人，主体结构、关键性工作的范围由合同当事人按照法律规定在专用合同条款中予以明确。

（三）合同填写注意事项

① 发包人和承包人填写法人全称而非简称，应与营业执照一致。注意不要填写公司简称，不要填写作为公司法定代表人的自然人。

② 工程名称：填写××工程。

③ 工程地点：填写详细地点，例如××市××区（县）××路××号。

④ 项目审批、核准或备案机关名称和批文名称及编号的注明主要是为潜在投标人在决策过程中辨别工程项目的真伪提供信息，以防被骗取保证金或中介费、不具备发包条件虚假发包人欺骗。

⑤ 资金来源应说明类型包括：国家投资、自筹资金、银行贷款、利用有价证券市场筹措、外商投资等；多种来源方式的，应列明方式及所占的比例。

⑥ 工程内容与工程承包范围应一致。工程内容主要是指建设规模、结构特征。以房屋建筑工程专业为例包括：建筑面积、层数、层高、结构类型、用途、占地面积等。工程承包主要工程的具体类别包括土石方、土建、水电安装、防水、保温、弱电、园区道路及地下管网、绿化等所有施工内容。

⑦ 区别与实际开工日期、实际竣工日期，是对计划开工、竣工日期不一致的情况的规范化表述。

⑧ 日历天数包括周末和法定节假日，注意应准确计算总日历天数。

⑨ 质量标准要按照国家、行业颁布的建设工程施工质量验收标准填写。工程质量标准可以填写为"达到国家现行有关施工质量验收标准要求"或"达到国家现行验收规范'合格'标准"，也可以直接填写"合格"。

⑩ 签约合同价是指将整个承包范围内的所有价款相加求和；是否包含指定分包专业工程价款或暂估价项目价款应注明。

⑪ 合同价格形式包括：单价合同价格形式、总价同价格形式、可调价格合同价格形式；合同价格形式应与专用条款约定的一致。

⑫ 详细信息在专用条款中约定。

⑬ 中标通知书作为承诺的内容，在实践中，中标通知书送达中标人时生效；中标通知书的作用是告知中标人中标的消息，确定合同签的时间。

⑭ 投标文件为要约的内容。

⑮ 技术标准和要求、图纸、已标价工程量清单或预算书作为合同文件组成部分，是工程实施的重要依据。

⑯ 2013版新增，专用合同条款及其附件须经合同当事人签字或盖章生效，避免发生争议。明确至区县一级，以便确定争议管辖的法院，尤其是约定"向合同签订地人民法院起诉"。

⑰ 明确至区县一级，以便确定争议管辖的法院，尤其是约定"向合同签订地人民法院起诉"。

⑱ 补充协议应经变更备案，才能作为合同组成部分；补充协议合法有效的，在合同文件的优先顺序中排名最优先。

三、工程量清单

建筑工程施工招投标的计价方式分为定额计价与工程量清单计价两种。全部使用国有资金投资或国有直接投资为主的建筑工程施工发承包，必须采用工程量清单计价方式。采用工程量清单计价方式进行施工招投标时，招标人应当按要求提供工程量清单。

工程量清单是编制招标控制价及投标报价的依据，也是支付工程进度款和竣工结算时调整工程量的依据，为投标人提供一个公开、公正、公平的竞争环境，也是评标的基础。

工程量清单是对招投标双方都具有约束力的重要文件，是招投标活动的重要依据。由于专业性较强、内容复杂，所以需要具有业务技术水平较高的专业技术人员进行编制。因此，一般来说，工程量清单应由具有编制能力的造价工程师和具有工程造价咨询资质并按规定的业务范围承担工程造价咨询业务的中介机构编制。

最新的中华人民共和国《简明标准施工招标文件》2012版中，列明了工程量清单格式。

（1）工程量清单说明　工程量清单是根据招标文件中包括的、有合同约束力的图纸以及有关工程量清单的国家标准、行业标准、合同条款中约定的工程量计算规则编制。约定计量规则中没有的子目，其工程量按照有合同约束力的图纸所标示尺寸的理论净量计算。计量采用中华人民共和国法定计量单位。工程量清单应与招标文件中的投标人须知、通用合同条款、专用合同条款、技术标准和要求及图纸等一起阅读和理解。工程量清单仅是投标报价的共同基础，实际工程计量和工程价款的支付应遵循合同条款的约定和"技术标准和要求"的有关规定。补充子目工程量计算规则及子目工作内容说明。

（2）投标报价说明　工程量清单中的每一子目须填入单价或价格，且只允许有一个报价。工程量清单中标价的单价或金额，应包括所需的人工费、材料和施工机具使用费和企业管理费、利润以及一定范围内的风险费用等。工程量清单中投标人没有填入单价或价格的子目，其费用视为已分摊在工程量清单中其他相关子目的单价或价格之中。暂列金额的数量及拟用子目的说明。

（3）其他说明　列出其他需要说明的内容。

（4）工程量清单　内容详见附录。

另外，在合同范本的通用条款及《建设工程工程量清单计价规范》（GB 50500—2013）中，专门针对工程量清单错误的修正、缺项及偏差问题做出了相关规定，请同学们自行查阅相关内容，在此不再赘述。

四、招标控制价

（一）招标控制价简介

招标人根据国家或省级、行业建设主管部门颁发的有关计价依据和办法，以及拟定的招标文件和招标工程量清单，结合工程具体情况编制的招标工程的最高投标限价，也可称为拦标价或预算控制价。国有资金投资的工程建设项目应实行工程量清单招标，并应编制招标控制价。招标控制价是招标人在工程招标时能接受投标人报价的最高限价。

国有资金投资的工程进行招标，根据《中华人民共和国招标投标法》的规定，招标人可以设标底。当招标人不设标底时，为有利于客观、合理地评审投标报价和避免哄抬标价，造成国有资产流失，招标人应编制招标控制价。《中华人民共和国招标投标法实施条例》第二十七条规定：招标人可以自行决定是否编制标底。一个招标项目只能有一个标底。标底必须保密。接受委托编制标底的中介机构不得参加受托编制标底项目的投标，也不得为该项目的投标人编制投标文件或者提供咨询。招标人设有最高投标限价的，应当在招标文件中明确最高投标限价或者最高投标限价的计算方法。招标人不得规定最低投标限价。

（二）招标控制价编制

1. 招标控制价的编制依据

① 《建设工程工程量清单计价规范》；

② 国家或省级、行业建设主管部门颁发的计价定额和计价办法；

③ 建设工程设计文件及相关资料；

④ 招标文件中的工程量清单及有关要求；

⑤ 建设项目相关的标准、规范、技术资料；

⑥ 工程造价管理机构发布的工程造价信息；工程造价信息没有发布的参照市场价；

⑦ 其他相关资料。主要指施工现场情况、工程特点及常规施工方案等。

应该注意：使用的计价标准、计价政策应是国家或省级、行业建设主管部门颁布的计价定额和相关政策规定；采用的材料价格应是工程造价管理机构通过工程造价信息发布的材料单价，工程造价信息未发布材料单价的材料，其材料价格应通过市场调查确定；国家或省级、行业建设主管部门对工程造价计价中费用或费用标准有规定的，应按规定执行。

2. 招标控制价的编制方法

（1）分部分项工程费应根据招标文件中的分部分项工程量清单项目的特征描述及有关要求，按规定确定综合单价进行计算。综合单价中应包括招标文件中要求投标人承担的风险费用。招标文件提供了暂估单价的材料，按暂估的单价计入综合单价。

（2）措施项目费应按招标文件中提供的措施项目清单确定，措施项目采用分部分项工程综合单价形式进行计价的工程量，应按措施项目清单中的工程量，并按规定确定综合单价；以"项"为单位的方式计价的，按规定确定除规费、税金以外的全部费用。措施项目费中的安全文明施工费应当按照国家或省级、行业建设主管部门的规定标准计价。

（3）其他项目费应按下列规定计价。

1）暂列金额。暂列金额由招标人根据工程特点，按有关计价规定进行估算确定。为保证工程施工建设的顺利实施，在编制招标控制价时应对施工过程中可能出现的各种不确定因素对工程造价的影响进行估算，列出一笔暂列金额。暂列金额可根据工程的复杂程度、设计深度、工程环境条件（包括地质、水文、气候条件等）进行估算，一般可按分部分项工程费的 $10\% \sim 15\%$ 作为参考。

2）暂估价。暂估价包括材料暂估价和专业工程暂估价。暂估价中的材料单价应按照工程造价管理机构发布的工程造价信息或参考市场价格确定；暂估价中的专业工程暂估价应分不同专业，按有关计价规定估算。

3）计日工。计日工包括计日工人工、材料和施工机械。在编制招标控制价时，对计日工中的人工单价和施工机械台班单价应按省级、行业建设主管部门或其授权的工程造价管理机构公布的单价计算；材料应按工程造价管理机构发布的工程造价信息中的材料单价计算，工程造价信息未发布材料单价的材料，其价格应按市场调查确定的单价计算。

4）总承包服务费。招标人应根据招标文件中列出的内容和向总承包人提出的要求，参照下列标准计算。

① 招标人权要求对分包的专业工程进行总承包管理和协调时，按分包的专业工程估算造价的 1.5% 计算。

② 招标人要求对分包的专业工程进行总承包管理和协调，并同时要求提供配合服务时，根据招标文件中列出的配合服务内容和提出的要求，按分包的专业工程估算造价的 $3\% \sim 5\%$ 计算。

③招标人自行供应材料的，按招标人供应材料价值的1%计算。

（4）招标控制价的规费和税金必须按国家或省级、行业建设主管部门的规定标准计算。

3. 招标控制价编制的注意事项

① 招标控制价的作用决定了招标控制价不同于标底，无须保密。为体现招标的公平、公正，防止招标人有意抬高或压低工程造价，招标人应在招标文件中如实公布招标控制价，不得对所编制的招标控制价进行上浮或下调。招标人在招标文件中公布招标控制价时，应公布招标控制价各组成部分的详细内容，不得只公布招标控制价总价。同时，招标人应将招标控制价报工程所在地的工程造价管理机构备查。

② 投标人经复核认为招标人公布的招标控制价未按照《建设工程工程量清单计价规范》（GB 50500—2013）的规定进行编制的，应在开标前5天向招投标监督机构或（和）工程造价管理机构投诉。招投标监督机构应会同工程造价管理机构对投诉进行处理，发现确有错误的，应责成招标人修改。

五、招标文件备案与发售

招标文件编制完成后，封面应加盖招标代理公司项目负责人执业资格印章，并到当地建设工程招投标管理办公室进行招标文件备案，确定开标时间，预约标室等相关工作。同时在开标之前1日到标办抽取评审专家，并办理相关手续。包括评审专家抽取申请表加盖公章、招标人拟派开标评审代表资格条件登记表加盖公章、拟派评审代表劳动合同、社保证明、建筑业相关专业高级职称证书、身份证（出示原件并提供复印件加盖公章）等。

根据《工程建设项目施工招标投标办法》（国家七部委第30号令）及2013年23号令最新的相关规定招标人应当按招标公告或者投标邀请书规定的时间、地点出售招标文件。自招标文件出售之日起至停止出售之日止，最短不得少于5日。

招标人可以通过信息网络或者其他媒介发布招标文件，通过信息网络或者其他媒介发布的招标文件与书面招标文件具有同等法律效力，出现不一致时以书面招标文件为准，国家另有规定的除外。

对招标文件的收费应当限于补偿印刷、邮寄的成本支出，不得以营利为目的。对于所附的设计文件，招标人可以向投标人酌收押金；对于开标后投标人退还设计文件的，招标人应当向投标人退还押金。

招标文件售出后，不予退还。除不可抗力原因外，招标人在发布招标公告、发出投标邀请书后或者售出招标文件后不得终止招标。

项目二　学生实践任务

实训目的：

　　1. 通过拆分招标文件知识点，结合单据背面的提示功能，让学生掌握招标文件的编制方法

　　2. 通过将2013版标准合同重要知识点的决策模拟，让学生掌握施工合同的关键内容

　　3. 学习招标工具中招标文件的软件操作

实训任务：

任务一　编制招标文件（包括工程量清单与招标控制价）

　　任务二　进行招标文件的备案及发售
　　任务三　完成开标前的准备工作（预约开评标室、抽选评标专家）

【课前准备】

1. 硬件准备

（1）多媒体设备　投影仪、教师电脑、授课 PPT。

（2）实训电脑　学生用实训电脑配置要求如下。

① IE 浏览器 8 及以上；

② 安装 Office 办公软件 2007 版或 2010 版；

③ 电脑操作系统：Windows 7。

（3）网络环境　机房内网或校园网内网环境。

（4）实训物资　工程招投标实训教材、工程招投标沙盘实物道具、签字笔、广联达软件加密锁、CA 锁。

2. 软件准备

① 广联达工程招投标沙盘模拟执行评测系统（沙盘操作执行模块）；

② 广联达电子招标文件编制工具 V6.0；

③ 广联达工程交易管理服务平台；

④ 广联达工程招投标沙盘模拟执行评测系统（招投标评测模块）。

【招投标沙盘】

一、沙盘引入

　　如图 6-1 所示。

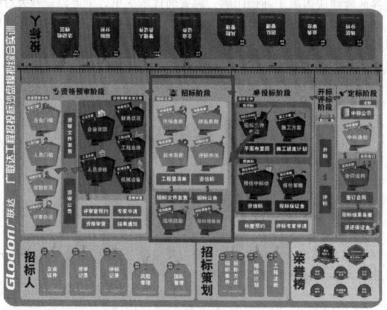

图 6-1

二、道具探究

单据如下：

（1）工作任务分配单（图6-2）

组别： **表0-5 工作任务分配单** 日期：

工程名称	
工作任务	
具体内容	
责任人	完成日期

项目经理： 任务接收人：

图 6-2

组别： **表5-1 合同文件组成及优先顺序分析表** 日期：

序号	合同文件组成	优先顺序	备注
1	技术标准和要求		
2	专用合同条款及其附件		
3	合同协议书		
4	图纸		
5	通用合同条款		
6	其他合同文件		
7	中标通知书		
8	已标价工程量清单或预算书		
9	投标函及其附录		

填表人： 会签人： 审批人：

图 6-3

（2）合同文件组成及优先顺序分析表（图6-3）

（3）工程量清单错误修正（图6-4）

组别： **表5-2 工程量清单错误修正** 日期：

序号	1	2
项目名称	出现工程量清单错误时，是否调整合同价格？	允许调整合同价格的工程量偏差范围： 调整原则：当工程量增加____%以上时，其增加部分的工程量的综合单价应予调低；当工程量减少___%以上时，减少后剩余部分的工程量的综合单价应予调高。
内容	□调整	□增加10%；减少10% □增加15%；减少15%
	□不调整	□增加20%；减少20% □其他：增加_____%；减少_____%

填表人： 会签人： 审批人：

图 6-4

组别： **表5-3 支付担保与履约担保** 日期：

担保类型	支付担保		履约担保	
担保形式	□提供	□银行保函 □担保公司担保 □其他	□提供	□银行保函 □担保公司担保 □履约担保金
	□不提供		□不提供	

填表人： 会签人： 审批人：

图 6-5

（4）支付担保与履约担保（图6-5）

（5）工程分包管理规定（图6-6）

（6）安全文明施工（图6-7）

组别： **表5-4 工程分包管理规定** 日期：

序号	1	2	3	4
项目名称	禁止分包的工程包括	主体结构、关键性工作的范围	允许分包的专业工程	关于分包合同价款支付的约定
具体内容	□地基与基础工程 □主体结构 □装饰装修工程 □屋面工程 □电气工程 □劳务施工 □	□防水工程 □钢结构 □混凝土结构 □砌体结构 □门窗工程 □木结构 □	□幕墙工程 □钢工程 □机电安装工程 □装饰装修工程 □消防工程 □劳务施工 □	□由承包人与分包人结算 □由发包人与分包人结算

填表人： 会签人： 审批人：

图 6-6

组别： **表5-5 安全文明施工** 日期：

序号	1	2	3
项目名称	合同当事人对安全文明施工的要求	安全文明施工费支付比例	安全文明施工费支付最晚期限
具体内容		□不低于预付安全文明施工费总额的10% □不低于预付安全文明施工费总额的30% □不低于预付安全文明施工费总额的50% □不低于当年施工进度计划的安全文明施工费总额的60% □其余部分与进度款同期支付 □其余部分竣工后一次性支付	□开工后28天内 □开工后45天内 □开工后60天内

填表人： 会签人： 审批人：

图 6-7

（7）工期与进度（图 6-8）

（8）价格调整（图 6-9）

组别：　　　　　　　　　　　　**表5-6　工期与进度**　　　　　　　　　日期：

序号	1	2	3
项目名称	施工组织设计包括的其他内容	承包人提交详细施工组织设计和施工进度计划的最晚期限	发包人和监理人对施工组织设计和施工进度计划确认或提出修改意见的最晚期限
具体内容	□施工场地治安保卫管理计划 □冬季和雨季施工方案 □项目组织管理机构 □施工预算书 □成品保护工作的管理措施 □工程保修工作的管理措施和承诺 □与工程建设各方的配合 □对总包管理的认识、对分包的管理措施 □紧急情况的处理措施、预案及抵抗风险 □ □	□开工日期前3天 □开工日期前5天 □开工日期前7天 □开工日期前14天 □开工日期前28天 □	□收到后5天内 □收到后7天内 □收到后10天内 □收到后14天内 □收到后28天内 □

填表人：　　　　　会签人：　　　　　　　　　　审批人：

图 6-8

组别：　　　　　　　**表5-7　价格调整**　　　　　　日期：

序号	内容	选项
1	市场价格波动是否调整合同价格？	□调整　　　□不调整
2	因市场价格波动调整合同价格，采用以下第___种方式对合同价格进行调整（与2013版合同对应）	□第1种：采用价格指数进行价格调整 □第2种：采用造价信息进行价格调整
3	涨幅超过_____%，其超过部分据实调整。	□5　　　□10
4	跌幅超过_____%，其超过部分据实调整。	□5　　　□10

填表人：　　　　　会签人：　　　　　　　　　　审批人：

图 6-9

（9）合同预付款与进度款支付（图 6-10）

（10）缺陷责任期（图 6-11）

组别：　　　　　　**表5-8　合同预付款与进度款支付**　　　　　日期：

序号	1	2	3	4
项目名称	预付款的比例或金额	预付款支付最晚期限	预付款扣回方式	工程进度款付款周期
具体内容	□合同价款的40% □合同价款的35% □合同价款的30% □合同价款的20% □没有预付款	□开工日期3天前 □开工日期5天前 □开工日期7天前 □开工日期14天前 □开工日期28天前	□按材料比重扣抵工程价款，竣工前金部扣清：T=P-M/N □随进度款支付等额扣回	□每月支付一次 □每两个月支付一次 □每半年支付一次 □不定期支付 □工程竣工后一次性支付至工程款的_____%

填表人：　　　　　会签人：　　　　　　　　　　审批人：

图 6-10

组别：　　　　　　**表5-9　缺陷责任期**　　　　　日期：

序号	1	2	3	4
项目名称	缺陷责任期最长期限	是否扣留质量保证金的约定	承包人提供质量保证金的方式	质量保证金的扣留方式
具体内容	□6个月 □12个月 □24个月 □36个月 □48个月	□扣留 □不扣留	□质量保证金保函，保函金额为50万 □质量保证金保函，保函金额为100万 □5%的工程款 □10%的工程款 □其他方式	□在支付工程进度款时逐次扣留，在此情形下，质量保证金的计算基数不包括预付款的支付、扣回以及价格调整的金额 □工程竣工结算时一次性扣留质量保证金 □其他方式

填表人：　　　　　会签人：　　　　　　　　　　审批人：

图 6-11

（11）工程保修（图 6-12）

（12）文件管理（图 6-13）

组别：　　　　　　**表5-10　工程保修**　　　　　日期：

项目名称	在正常使用条件下，建设工程的最低保修期限
具体内容	□基础设施工程、房屋建筑的地基基础工程和主体结构工程，为设计文件规定的该工程的合理使用年限 □基础设施工程、房屋建筑的地基基础工程和主体结构工程，为50年 □屋面防水工程、有防水要求的卫生间、房间和外墙面的防渗漏，为5年 □屋面防水工程、有防水要求的卫生间、房间和外墙面的防渗漏，为3年 □供热与供冷系统，为2个采暖期、供冷期 □供热与供冷系统，为1个采暖期、供冷期 □电气管线、给排水管道、设备安装和装修工程，为1年 □电气管线、给排水管道、设备安装和装修工程，为2年

填表人：　　　　　会签人：　　　　　　　　　　审批人：

图 6-12

组别：　　　　　　**表5-11　文件管理**　　　　　日期：

序号	1		2	3	
项目名称	图纸		承包人提供给招标人的文件	承包人提供的竣工资料	
	招标人提供施工图纸的最晚期限	数量（含竣工图）		套数	费用承担
具体内容	□开工日期前5天 □开工日期前7天 ☑开工日期前14天 □开工日期前20天 □开工日期前28天	□3套 □5套 □8套 □10套 □___套	□施工组织设计 □开工报告 □预算书 □专项施工方案 □开工许可证	□1套 □2套 □3套 □4套 □___套	□建设单位 □施工单位

填表人：　　　　　会签人：　　　　　　　　　　审批人：

图 6-13

（13）工程质量（图 6-14）

（14）评标办法（图 6-15）

组别：

表5-12　工程质量　日期：

序号	1	2		
项目名称	工程质量标准	隐蔽工程检查		
		承包人提前通知期限	监理人提交书面延期要求	延期最长时间
内容		☐ 共同检查前24小时	☐ 检查前12小时	☐ 24小时
		☐ 共同检查前48小时	☐ 检查前24小时	☐ 48小时
		☐ 共同检查前72小时	☐ 检查前36小时	☐ 72小时

填表人：　　会签人：　　审批人：

图 6-14

组别：　　表5-13　评标办法　日期：

序号	项目	具体内容				
1	投标书评分分值构成	施工组织设计：_____分			招标控制价	
		项目管理机构：_____分				
		投标报价：_____分			标底	
		其他评分因素：_____分				
2	评标委员会组成	总人数/人	招标人代表/人	评标专家/人		评标专家所占比例/%
				评标专家总数量	其中：技术专家　其中：经济专家	

填表人：　　会签人：　　审批人：

图 6-15

（15）技术标评审办法（图 6-16）

组别：　　表5-14　技术标评审办法　日期：

序号	1	2		
项目名称	技术标评审方式	施工组织设计评分标准		
		评分内容	☐合格制	☐评分制
具体内容	☐明标	施工总进度计划及保证措施	☐合格	☐ 分
		质量保证措施和创优计划	☐合格	☐ 分
		安全防护及文明施工措施	☐合格	☐ 分
	☐暗标	施工方案及技术措施	☐合格	☐ 分
		对总包管理的认识及对专业分包工程的配合管理方案	☐合格	☐ 分
		成品保护和工程保修的管理措施	☐合格	☐ 分
	☐不要求	紧急情况的处理措施、预案以及抵抗风险的措施	☐合格	☐ 分
		施工现场总平面布置	☐合格	☐ 分
			☐合格	☐ 分

填表人：　　会签人：　　审批人：

图 6-16

（16）经济标评审办法（图 6-17）

组别：　　表5-15　经济标评审办法　日期：

序号	项目名称	具体内容
1	经济标评标办法	☐经评审的最低投标价法　　☐综合评估法　　☐内插法　☐区间法
2	评标基准价计算方法	☐满足招标文件要求且投标价格最低的投标报价为评标基准价 ☐当参加评标的投标人多于____人（含____人）时，评标基准价=各投标人的有效报价中去掉____个最高报价和____个最低报价的各投标人的有效投标报价的算术平均值（B）；当参加评标的投标人少于____人时，评标基准价=各投标人的有效投标报价的算术平均值（B）。 ☐有效报价是投标人的报价低于招标人设定的最高限价（如果有最高限价——招标控制价A），且不低于投标人的企业成本价
3	投标报价偏差率	偏差率=100%×（投标人报价－评标基准价）/评标基准价
4	投标报价得分	☐满分报价值（C）：投标人的投标报价与评标基准价相等的得100分； ☐满分报价值（C）：$C=(aA+bB)\times(1-N\%)$ 其中：a、b为小于1的数，且$a+b=1$，本工程选取的$a=$____，$b=$____；N为从五个下浮系数中抽取的其中一个（通常0.5、0.75、1.0、1.25、1.5）；其确定方法：由招标人在监督部门的监督下，在开标会上当众当场随机抽取。 本工程评标办法选取的五个下浮系数为： 计算结果保留小数点后两位。 ☐各投标人的有效投标报价X_i与满分报价值C的差异值$\beta=(X_i-C)/C\times100\%$，$\beta$每上浮____%扣____分（扣分幅度为____~____分），β每下浮____%扣____分（扣分幅度为____~____分）。不足____%的，采用____（内插法/区间法）法，得分保留小数点后两位。
5	其他因素评分标准：	

填表人：　　会签人：　　审批人：

图 6-17

（17）项目管理机构评分标准（图 6-18）

（18）投标保证金及投标有效期（图 6-19）

组别：　　　**表5-16 项目管理机构评分标准**　　日期：

项目名称			
	评分内容	□合格制	□评分制
具体内容	项目经理资格与业绩	□合格	□分
	技术负责人资格与业绩	□合格	□分
	其他主要人员	□合格	□分
	施工设备	□合格	□分
	试验、检测仪器设备	□合格	□分
		□合格	□分

填表人：　　会签人：　　　　审批人：

图 6-18

组别：　　　**表5-17 投标保证金及投标有效期**　　日期：

序号		1			2
项目		投标保证金			投标有效期
具体内容	工程投资（万元）	投标保证金（万元）	投标保证金形式	投标保证金有效期	
			□现金	□30天	□30天
			□银行保函	□60天	□60天
			□保兑支票	□90天	□90天
			□银行汇票	□120天	□120天
			□转账支票或现金支票	□150天	□150天

填表人：　　　会签人：　　　　审批人：

图 6-19

（19）招标文件审查表（图 6-20）

三、角色扮演

（1）招标人

① 招标人即建设单位，由老师临时客串；

② 对招标代理提出的疑难问题进行解答。

（2）招标代理

① 每个学生团队都是一个招标代理公司；

② 完成招标文件的编制；

③ 完成招标文件在线发售；

④ 完成开评标标室预约工作；完成评审专家申请、抽选工作。

组别：　　　**表5-18 招标文件审查表**　　日期：

序号	审查内容	完成情况	需完善内容
1	招标公告（未进行资格预审）	□	
2	投标邀请书	□	
3	投标人须知	□	
4	评标办法（经评审的最低投标价法）	□	
5	评标办法（综合评估法）	□	
6	合同条款及格式	□	
7	工程量清单	□	
8	图纸、技术标准和要求	□	
9	投标文件格式	□	
10	其他要求	□	

填表人：　　会签人：　　　　审批人：

图 6-20

（3）行政监管人员

① 每个学生团队中由项目经理指定一名成员，担任本团队的行政监管人员；

② 负责工程交易管理服务平台的业务审批。

小贴士：如项目招标由招标人自行完成，则不设招标代理角色，其相关工作由招标人完成，并由学生团队担当。

四、时间控制

建议学时 4~6 学时。

五、任务一　编制招标文件

（一）任务说明

（1）确定招标文件中各类条款内容

① 确定招标文件中技术条款内容；

② 确定招标文件中商务条款内容；

③ 确定招标文件中市场条款内容；

④ 确定本招标工程的评标办法。

（2）完成一份电子版招标文件。

（二）任务分配

项目经理将工作任务进行分配，填写工作任务分配单（图6-21），下发给团队成员，由任务接收人进行签字确认。

任务分配原则如下。

市场经理——确定市场条款内容。

技术经理——确定技术条款内容。

商务经理——确定商务条款内容。

组别：第一组　　　**表0-5 工作任务分配单**　　　日期：XX年XX月XX日

工程名称	教学楼工程		
工作任务	确定招标文件商务条款内容		
具体内容	1．完成"安全文明施工"（图6-7） 2．完成"工程量清单错误修正"（图6-4） 3．完成"价格调整"（图6-9） 4．完成"合同预付款与进度款支付"（图6-10）； 5．完成工程量清单的编制		
责任人	周XX	完成日期	XX年XX月XX日

项目经理：　王XX　　　任务接收人：周XX

图 6-21

（三）操作过程

1. 确定招标文件中各类条款内容

（1）确定招标文件中技术条款内容

1）确定工程分包的相关规定，完成工程分包管理规定。

① 禁止分包的工程：根据招标工程的招标范围、《中华人民共和国建筑法》（第28条、第29条）、《中华人民共和国合同法》（第272条）和《中华人民共和国招标投标法》（第48条、第58条）的相关规定，确定本招标工程中禁止分包的工程范围。

② 主体结构、关键性工作的范围：根据招标工程的招标范围，结合工程施工相关规范规定，确定本招标工程中主体结构、关键性工作的范围。

③ 允许分包的专业工程：根据招标工程的招标范围、与招标人的沟通情况（委托招标时），结合工程招投标相关法律规定，确定本招标工程允许分包的工程范围。

④ 关于分包合同价款支付的约定：如果本招标工程允许分包，根据与招标人的沟通情况，确定分包合同价款的支付方式。

⑤ 完成单据工程分包管理规定（图6-22）。

组别：　第一组　　　**表5-4 工程分包管理规定**　　　日期：XX年XX月XX日

序号	1	2	3	4
项目名称	禁止分包的工程包括	主体结构、关键性工作的范围	允许分包的专业工程	关于分包合同价款支付的约定
具体内容	☑地基与基础工程	☑防水工程	□幕墙工程	☑由承包人与分包人结算
	☑主体结构	□钢结构	□钢工程	
	□装饰装修工程	☑混凝土结构	□机电安装工程	
	□屋面工程	☑砌体结构	☑装饰装修工程	
	□电气工程	□门窗结构	□消防工程	☑由发包人与分包人结算
	□劳务施工	□木结构	☑劳务施工	
	□	□	□	

填表人：周XX　　　会签人：张XX　　　审批人：王XX

图 6-22

2）确定工程工期、施工进度、施工组织设计等规定，完成工期与进度。

① 施工组织设计的内容：根据招标工程的招标范围、工程规模、结构类型等，结合《建设工程施工合同（示范文本）》(GF-2013-0201)、《中华人民共和国房屋建筑和市政工程标准施工招标文件》(2010 年版) 的规定，确定本招标工程的施工组织设计包含的模块内容。

② 根据《建设工程施工合同（示范文本）》(GF-2013-0201) 中通用合同条款的规定，结合本招标工程的工程规模、工期要求、结构类型等，确定详细施工组织设计和施工进度计划的提交和审批最晚期限。

③ 完成单据工期与进度（图 6-23）。

组别：第一组　　　　　　　表5-6 **工期与进度**　　　　　　　日期：XX年XX月XX日

序号	1	2	3
项目名称	施工组织设计包括的其他内容	承包人提交详细施工组织设计和施工进度计划的最晚期限	发包人和监理人对施工组织设计和施工进度计划确认或提出修改意见的最晚期限
具体内容	☑施工场地治安保卫管理计划 ☑冬季和雨季施工方案	□开工日期前3天	□收到后5天内
	☑项目组织管理机构 □施工预算书	□开工日期前5天	☑收到后7天内
	☑成品保护工作的管理措施 ☑工程保修工作的管理措施和承诺	☑开工日期前7天	□收到后10天内
	☑与工程建设各方的配合 ☑对总包管理的认识、对分包的管理措施	□开工日期前14天	□收到后14天内
	☑紧急情况的处理措施、预案及抵抗风险	□开工日期前28天	□收到后28天内
	□	□	□
	□	□	□

填表人：赵XX　　　　会签人：张XX　　　　　　　　　　审批人：王XX
　　　　　　　　　　　　　周XX

图 6-23

3）确定工程保修的相关规定，完成工程保修。

① 根据招标工程的招标范围，结合《建设工程质量管理条例》(第六章建设工程质量保修) 的相关规定，确定本招标工程的工程保修条款规定。

② 完成单据工程保修（图 6-24）。

组别：第一组　　　　　　　表5-10 **工程保修**　　　　　　　日期：XX年XX月XX日

项目名称	在正常使用条件下，建设工程的最低保修期限
具体内容	☑基础设施工程、房屋建筑的地基基础工程和主体结构工程，为设计文件规定的该工程的合理使用年限
	□基础设施工程、房屋建筑的地基基础工程和主体结构工程，为50年
	☑屋面防水工程、有防水要求的卫生间、房间和外墙面的防渗漏，为5年
	□屋面防水工程、有防水要求的卫生间、房间和外墙面的防渗漏，为3年
	☑供热与供冷系统，为2个采暖期、供冷期
	□供热与供冷系统，为1个采暖期、供冷期
	□电气管线、给排水管道、设备安装和装修工程，为1年
	☑电气管线、给排水管道、设备安装和装修工程，为2年

填表人：周XX　　　　会签人：张XX 王XX　　　　　　　审批人：赵XX

图 6-24

4）确定提供的施工图纸及施工文件的相关约定，完成文件管理。

① 根据招标工程案例背景资料介绍，结合《建设工程施工合同（示范文本）》(GF-2013-0201) 第二部分通用合同条款相关规定，确定招标人需要提交施工图纸的数量和最晚期限、

承包人开工前需要提交的文件内容和竣工资料内容及数量。

② 完成单据文件管理（图 6-25）。

组别：第一组　　　　　　　　**表5-11 文件管理**　　　　　　　　日期：XX年XX月XX日

序号	1		2	3	
项目名称	图纸		承包人提供给招标人的文件	承包人提供的竣工资料	
	招标人提供施工图纸的最晚期限	数量（含竣工图）		套数	费用承担
具体内容	☐ 开工日期前5天	☐ 3套	☑ 施工组织设计	☐ 1套	☐ 建设单位
	☐ 开工日期前7天	☑ 5套	☐ 开工报告	☐ 2套	
	☑ 开工日期前14天	☐ 8套	☐ 预算书	☐ 3套	☑ 施工单位
	☐ 开工日期前20天	☐ 10套	☐ 专项施工方案	☑ 4套	
	☐ 开工日期前28天	☐ 　套	☐ 开工许可证	☐ 　套	

填表人：周XX　　　　　　会签人：张XX　　　　　　审批人：赵XX
　　　　　　　　　　　　　　　　王XX

图 6-25

5) 确定工程质量标准、工程验收的相关规定，完成工程质量。

① 根据招标工程案例背景资料介绍，结合《建设工程施工合同（示范文本）》(GF-2013-0201）第二部分通用合同条款相关规定，确定招标人需要提交施工图纸的数量和最晚期限、承包人开工前需要提交的文件内容和竣工资料内容及数量。

② 完成单据工程质量（图 6-26）

组别：第一组　　　　　　　　**表5-12 工程质量**　　　　　　　　日期：XX年XX月XX日

序号	1	2		
项目名称	工程质量标准	隐蔽工程检查		
		承包人提前通知期限	监理人提交书面延期要求	延期最长时间
内容	按照北京市安全文明工地的标准进行管理	☑ 共同检查前24小时	☐ 检查前12小时	☐ 24小时
		☑ 共同检查前48小时	☑ 检查前24小时	☑ 48小时
		☐ 共同检查前72小时	☐ 检查前36小时	☐ 72小时

填表人：周XX　　　　　　会签人：张XX、王XX　　　　　　审批人：赵XX

图 6-26

6) 签字确认。

技术经理负责将确定的招标文件中技术条款资料，连同项目经理下发的工作任务分配单，一同提交项目经理进行审查，经团队其他成员和项目经理签字确认后，置于招投标沙盘盘面招标阶段区域的"技术条款"位置，其中工作任务分配单放置招标人区域"团队管理"处。如图 6-27、图 6-28 所示。

（2）确定招标文件中商务条款内容

1) 确定施工现场安全文明施工的相关规定，完成安全文明施工。

① 根据招标工程案例背景资料介绍，结合与招标人的沟通情况，确定本招标工程对于安全文明施工的要求。

② 根据招标工程案例背景资料介绍，结合《建设工程施工合同（示范文本）》(第二部分通用合同条款)、《建设工程工程量清单计价规范》(GB 50500—2013) (6. 安全文明施工与环境保护)相关规定，确定安全文明施工费的支付比例、支付最晚期限。

图 6-27

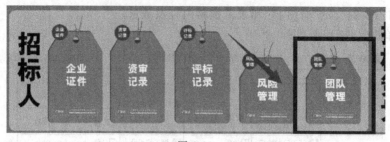

图 6-28

③ 完成单据安全文明施工（图 6-29）。

组别：第一组　　**表5-5 安全文明施工**　　日期：XX年XX月XX日

序号	1	2	3
项目名称	合同当事人对安全文明施工的要求	安全文明施工费支付比例	安全文明施工费支付最晚期限
具体内容	无	□不低于预付安全文明施工费总额的10%	☑开工后28天内
		□不低于预付安全文明施工费总额的30%	
		☑不低于预付安全文明施工费总额的50%	□开工后45天内
		□不低于当年施工进度计划的安全文明施工费总额的60%	
		☑其余部分与进度款同期支付	□开工后60天内
		□其余部分竣工后一次性支付	

填表人：周XX　　　　　会签人：张XX、王XX　　　　　审批人：赵XX

图 6-29

2）确定工程量清单的修正规则，完成工程量清单错误修正。

① 根据招标工程案例背景资料介绍，结合《建设工程工程量清单计价规范》（GB 50500—2013）（4. 招标工程量清单；9. 合同价款调整）相关规定，确定当工程量清单发生错误时，是否调整工程量清单及选取的调整方式。

② 完成单据工程量清单错误修正（图 6-30）。

组别：第一组　　**表5-2 工程量清单错误修正**　　日期：XX年XX月XX日

序号	1	2
项目名称	出现工程量清单错误时，是否调整合同价格？	允许调整合同价格的工程量偏差范围： 调整原则：当工程量增加____%以上时，其增加部分的工程量的综合单价应予调低；当工程量减少____%以上时，减少后剩余部分的工程量的综合单价应予调高。
内容	☑调整	□增加10%；减少10%
		☑增加15%；减少15%
	□不调整	□增加20%；减少20%
		□其他：增加_____%；减少_____%

填表人：周XX　　　　　会签人：张XX、王XX　　　　　审批人：赵XX

图 6-30

3）确定市场价格调整的相关规定，完成价格调整。

①根据招标工程案例背景资料介绍，结合《建设工程施工合同（示范文本）》《第二部分通用合同条款》、《建设工程工程量清单计价规范》（GB 50500—2013）（9. 合同价款调整）、《工程建设项目施工招标投标办法》（第二章招标）、《关于废止和修改部分招标投标规章和规

范性文件的决定》（2013 年第 23 号令）的相关规定，确定当市场价格发生波动时时，是否调整合同价格及选取的调整方式。

②完成单据价格调整（图 6-31）。

组别：第一组　　**表5-7 价格调整**　　日期：XX年XX月XX日

序号	内　　容	选项	
1	市场价格波动是否调整合同价格？	☑调整	☐不调整
2	因市场价格波动调整合同价格，采用以下第＿＿种方式对合同价格进行调整（与2013版合同对应）	☐第1种：采用价格指数进行价格调整 ☐第2种：采用造价信息进行价格调整	
3	涨幅超过＿＿%，其超过部分据实调整	☑5	☐10
4	跌幅超过＿＿%，其超过部分据实调整	☑5	☐10

填表人：张XX　　　会签人：周XX、王XX　　　审批人：赵XX

图 6-31

4）确定工程预付款及工程进度款的支付约定，完成合同预付款与进度款支付。

① 根据招标工程案例背景资料介绍，结合《建设工程施工合同（示范文本）》（GF-2013-0201）（第二部分通用合同条款 12. 合同价格、计量与支付）、《建设工程工程量清单计价规范》（GB 50500—2013）（10. 合同价款中期支付）的相关规定，确定合同预付款的比例或金额、扣回方式，以及预付款支付的最晚期限。

 小贴士：工程预付款的扣回，扣款的方法有两种。

① 可以从末施工工程尚需的主要材料及构件的价值相当于工程预付款数额时起扣，从每次结算工程价款中，按材料比重扣抵工程价款，竣工前全部扣清。基本公式：

$$T = P - M/N$$

式中　T——起扣点，工程预付款开始扣回时的累计完成工作量金额；

　　　M——工程预付款限额；

　　　N——主要材料的占比重；

　　　P——工程的价款总额。

② 在承包完成金额累计达到合同总价的 10% 后，由承包人开始向发包人还款；发包人从每次应付给承包人的金额中扣回工程预付款，发包人至少在合同规定的完工期前三个月将工程预付款的总计金额按逐次分摊的办法扣回。

② 根据招标工程案例背景资料介绍、与招标人的沟通情况，结合《建设工程施工合同（示范文本）》（第二部分通用合同条款 12、合同价格、计量与支付）、《建设工程工程量清单计价规范》（GB 50500—2013）（10. 合同价款中期支付）的相关规定，确定工程进度款的支付周期。

③ 完成单据合同预付款与进度款支付（图 6-32）。

组别：　第一组　**表5-8 合同预付款与进度款支付**　　日期：XX年XX月XX日

序号	1	2	3	4
项目名称	预付款的比例或金额	预付款支付最晚期限	预付款扣回方式	工程进度款付款周期
具体内容	☐合同价款的40% ☐合同价款的35% ☑合同价款的30% ☐合同价款的20% ☐没有预付款	☐开工日期3天前 ☐开工日期5天前 ☑开工日期7天前 ☐开工日期14天前 ☐开工日期28天前	☑按材料比重扣抵工程价款，竣工前全部扣清：$T=P-M/N$ ☐随进度款支付等额扣回	☐每月支付一次 ☑每两个月支付一次 ☐每半年支付一次 ☐不定期支付 ☐工程竣工后一次性支付至工程款的＿＿%

填表人：周XX　　　会签人：张XX、王XX　　　审批人：赵XX

图 6-32

5）根据施工图纸，计算工程量，完成工程量清单的编制（可选做）。

① 老师可以根据学生的专业和实训目的，进行选做；

② 工程量计算：手工算量或者借助算量软件均可；

③ 生成电子版工程量清单文件。

计价软件 GBQ4.0 生成电子版工程量清单文件操作如下。

a. 在 GBQ4.0 中据案例工程编制完相应工程量清单后（GBQ4.0 基础操作详见《工程量清单计价实训教程》），点击"返回项目管理"回到项目管理界面。如图 6-33 所示。

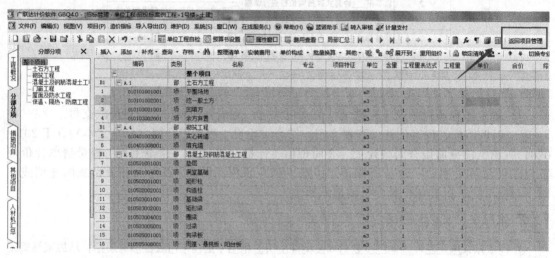

图 6-33

b. 在"发布招标书"页签，"生成/预览招标书"选项，先点击"招标书自检"，如图 6-34 所示，再点击"生成招标书"，生成一份案例工程对应的招标书。如图 6-35 所示。

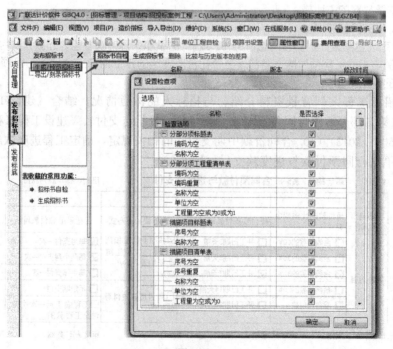

图 6-34

图 6-35

c. 然后切换至"导出/刻录招标书"页签，点击"导出招标书"，选择标书保存位置，最后生成一个"××招标书"的文件夹，文件中"电子招标书"文件夹的 xml 文件即是我们需要的电子版工程量清单文件。如图 6-36、图 6-37 所示。

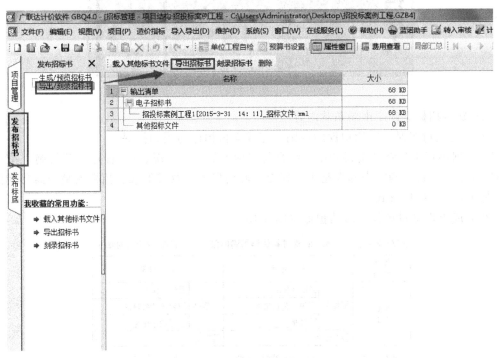

图 6-36

6）签字确认。

商务经理负责将确定的招标文件中商务条款资料，连同项目经理下发的工作任务分配单，一同提交项目经理进行审查，经团队其他成员和项目经理签字确认后，置于招投标沙盘盘面招标阶段区域的"商务条款"位置处，其中工作任务分配单放置招标人区域"团队管理"处。如图 6-38、图 6-39 所示。

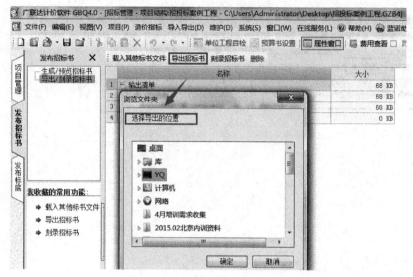

图 6-37　　　　　　　　　　　　　　　　　　　图 6-38

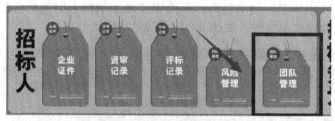

图 6-39

（3）确定招标文件中市场条款内容

1）确定支付担保、履约担保的规则，完成支付担保与履约担保。

① 根据招标工程背景资料介绍，结合与招标人的沟通情况、《工程建设项目施工招标投标办法》（第 62 条），确定中标人是否需要提交履约保证金及其形式、招标人是否需要提供工程款支付担保及担保形式。

② 完成单据支付担保与履约担保（图 6-40）。

组别：第一组　　　**表6-3　支付担保与履约担保**　　　日期：XX年XX月XX日

担保类型	支付担保		履约担保	
担保形式	☑提供	☑银行保函 □担保公司担保 □其他_____。	☑提供	☑银行保函 □担保公司担保 □履约担保金
	□不提供		□不提供	

填表人：周XX　　　　会签人：张XX、王XX　　　　审批人：赵XX

图 6-40

2）确定工程缺陷责任期的相关规定，完成缺陷责任期。

①根据招标工程背景资料介绍，结合与招标人的沟通情况、《建设工程施工合同（示范文本）》（GF-2013-0201）（第二部分通用合同条款 15. 缺陷责任与保修）的相关规定，确定本招标工程缺陷责任期的期限、是否扣留质量保证金。

② 根据招标工程背景资料介绍，《建设工程施工合同（示范文本）》（GF-2013-0201）（第二

部分，通用合同条款 15. 缺陷责任与保修）、《建设工程工程量清单计价规范》(GB 50500—2013)（11. 竣工结算与支付）的相关规定，确定承包人提交质量保证金的方式及扣留方式。

③ 完成单据缺陷责任期（图 6-41）。

图 6-41

3）确定投标保证金、投标有效期的相关规定，完成投标保证金及投标有效期。

① 根据招标工程背景资料介绍，结合与招标人的沟通情况，确定本招标工程计划投资金额。

② 根据招标工程背景资料介绍，结合《中华人民共和国招标投标法实施条例》(第二章招标)、《工程建设项目施工招标投标办法》(第二章招标、第三章投标)、《关于废止和修改部分招标投标规章和规范性文件的决定》(2013 年第 23 号令)的相关规定，确定投标人是否提交投标保证金及投标保证金的金额和形式、投标保证金有效期、投标有效期。

③ 完成单据投标保证金及投标有效期（图 6-42）。

组别：第一组	表5-17 投标保证金及投标有效期				日期：XX年XX月XX日
序号	1				2
项目	投标保证金				投标有效期
具体内容	工程投资/万元	投标保证金/万元	投标保证金形式	投标保证金有效期	投标有效期
	6500	60	□现金	□30天	□30天
			□银行保函	☑60天	☑60天
			□保兑支票	□90天	□90天
			☑银行汇票	□120天	□120天
			☑转账支票或现金支票	□150天	□150天

填表人：周XX   会签人：张XX、王XX   审批人：赵XX

图 6-42

4）确定合同文件的组成及优先顺序，完成合同文件组成及优先顺序分析表。

① 根据招标工程背景资料介绍，结合《建设工程施工合同（示范文本）》(GF-2013-0201)（第二部分通用合同条款 1. 一般约定）的相关规定，确定本招标工程的合同文件的组成及优先顺序。

② 完成单据合同文件组成及优先顺序分析表（图 6-43）。

5）签字确认。

市场经理负责将确定的招标文件中市场条款资料，连同项目经理下发的工作任务分配单，一同提交项目经理进行审查，经团队其他成员和项目经理签字确认后，置于招投标沙盘盘面招标阶段区域的"市场条款"位置，其中工作任务分配单放置招标人区域"团队管理"处。如图 6-44、图 6-45 所示。

组别：第一组 表6-14 **合同文件组成及优先顺序分析表** 日期：XX年XX月XX日

序号	合同文件组成	优先顺序	备注
1	技术标准和要求	6	
2	专用合同条款及其附件	4	
3	合同协议书	1	
4	图纸	7	
5	通用合同条款	5	
6	其他合同文件	9	
7	中标通知书	2	
8	已标价工程量清单或预算书	8	
9	投标函及其附录	3	

填表人：周XX   会签人：张XX、王XX   审批人：赵XX

图 6-43

图 6-44

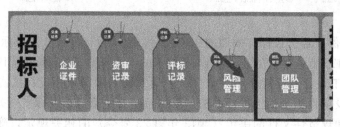

图 6-45

（4）确定本招标工程的评标办法

1）确定评标委员会的组成、标书评审的分值构成。

① 项目经理带领团队成员讨论，参照评标办法，确定本招标工程的评标委员会的组成、标书评审的分值构成。

② 可参考《中华人民共和国招标投标法》(第四章开标、评标和中标)、《评标委员会和评标方法暂行规定》(第二章评标委员会、第四章详细评审)。

③ 完成单据评标办法（图6-46）。

组别 第一组   表5-13 **评标办法**   日期：2015.03.30

序号	项目	具体内容					
1	投标书评分分值构成	施工组织设计： 25 分		招标控制价		4000万	
		项目管理机构： 10 分					
		投 标 报 价： 60 分		标底			
		其他评分因素： 5 分					
2	评标委员会组成	总人数/人	招标人代表/人	评标专家/人			评标专家所占比例/%
				评标专家总数量	其中：技术专家	其中：经济专家	
		7	1	6		4	86%

填表人：刘XX   会签人：张XX、王XX   审批人：李XX

图 6-46

✏️ **小贴士**：投标书评分分值满分一般为100分。

2）确定技术标的评审办法。

① 技术经理根据讨论确定的评标办法，完成技术标详细的评分细则。

② 完成单据技术标评审办法（图6-47）。

组别 第一组　　表5-14 **技术标评审办法**　　日期：2015.03

序号	1	2		
项目名称	技术标评审方式	施工组织设计评分标准		
		评分内容	□合格制	☑评分制
具体内容	☑明标	施工总进度计划及保证措施	□合格	☑ 10 分
		质量保证措施和创优计划	□合格	☑ 10 分
		安全防护及文明施工措施	□合格	☑ 5 分
	□暗标	施工方案及技术措施	□合格	□ 分
		对总包管理的认识及对专业分包工程的配合管理方案	□合格	□ 分
		成品保护和工程保修的管理措施	□合格	□ 分
	□不要求	紧急情况的处理措施、预案以及抵抗风险的措施	□合格	□ 分
		施工现场总平面布置	□合格	□ 分
			□合格	□ 分

填表人：周XX　　会签人：李XX、王XX　　　　　　审批人：刘XX

图 6-47

 小贴士：技术标的评分标准，务必跟评标办法中"施工组织设计"分值保持一致。

3）确定经济标的评审办法。

① 商务经理根据讨论确定的评标办法，完成经济标详细的评分细则。

② 完成单据经济标评审办法（图 6-48）。

组别：第一组　　表5-15 **经济标评审办法**　　日期：2015.03

序号	项目名称	具体内容		
1	经济标评标办法	□经评审的最低投标价法	□综合评估法	
			☑内插法	□区间法
2	评标基准价计算方法	□满足招标文件要求且投标价格最低的投标报价为评标基准价 ☑当参加评标的投标人多于 _5_ 人（含 _5_ 人）时，评标基准价=各投标人的有效报价中去掉 _1_ 个最高报价和 _1_ 个最低报价的各投标人的有效投标报价的算术平均值（B）； 当参加评标的投标人少于 _5_ 人时，评标基准价=各投标人的有效投标报价的算术平均值（B） □有效报价是投标人的报价低于招标人设定的最高限价（如果有最高限价—招标控制价A），且不低于投标人的企业成本价		
3	投标报价偏差率	偏差率=100%×（投标人报价－评标基准价）/评标基准价		
4	投标报价得分	☑满分报价值（C）：投标人的投标报价与评标基准价相等的得100分 □满分报价值（C）：C=（aA+bB）×（1-N%） 其中：a、b为小于1的数，且a+b=1；本工程选取的a=_____，b=_____；N为从五个下浮系数中抽取的其中一个（通常取0.5、0.75、1.0、1.25、1.5）；其确定方法：由招标人在监督部门的监督下，在开标会上当众现场随机抽取。本工程评标办法选取的五个下浮系数为：计算结果保留小数点后两位 □各投标人的有效投标报价X_i与满分报价值C的差异值β=（X_i-C）/C×100%，β每上浮____%扣___分（扣分幅度为___~___分），β每下浮___%扣___分（扣分幅度为___~___分）。不足____%的，采用____（内插法/区间法）法，得分保留小数点后两位		
5	其他因素评分标准：无			

填表人：李XX　　会签人：周XX、王XX　　　　　　审批人：刘XX

图 6-48

 小贴士：

（1）内插法计算方法　采用直线内插法，计算公式如下。

$$F = F_2 - \frac{F_2 - F_1}{D_2 - D_1} \times (D - D_1)$$

式中　F——价格得分；

F_1——设定的最低价格得分；

F_2——设定的最高价格得分；

D_1——设定的最低评标价格；

D_2——设定的最高评标价格；

D——投标价格。

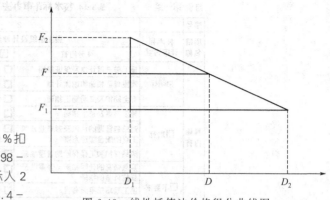

图 6-49　线性插值法价格得分曲线图

如图 6-49 所示。

例如：β 每上浮 1% 扣 2 分，每下浮 1% 扣 1 分；则投标人 1 上浮 1.3%，其得分 = 98 − (98 − 96) × (1.3 − 1) = 97.4（分）；投标人 2 下浮 1.4%，其得分 = 99 − (99 − 98) × (1.4 − 1) = 98.6（分）。

（2）区间法计算方法　区间法是将评标价格与确定的评标基准价的偏差率及其设定的得分按照一定的对应关系制作成对照表，在一定区间范围的偏差率对应一个确定的得分。

例如：β 值在 1%～2% 之间时，得分为 96 分，则投标人 1 上浮 1.3%，其得分为 96 分。

4）确定资信标的评分标准。

① 市场经理根据讨论确定的评标办法，完成项目管理机构详细的评分细则。

② 完成单据项目管理机构评分标准（图 6-50）。

组别：第一组　　表5-16　**项目管理机构评分标准**　　日期：2015.03

具体内容	项目名称		
	评分内容	□合格制	☑评分制
	项目经理资格与业绩	□合格	☑　2分
	技术负责人资格与业绩	□合格	☑　2分
	其他主要人员	□合格	☑　2分
	施工设备	□合格	☑　2分
	试验、检测仪器设备	□合格	☑　2分
		□合格	□　分

填表人：周XX　　会签人：李XX、王XX　　　　审批人：刘XX

图 6-50

　小贴士：项目管理机构的评分标准，务必跟《评标办法》中"项目管理机构"分值保持一致。

5）签字确认。

图 6-51

项目经理组织团队成员对评标办法的工作成果进行讨论、审批，经团队成员和项目经理签字确认后，置于招投标沙盘的招标阶段区域的"评标办法"位置。如图 6-51 所示。

2. 完成一份电子版招标文件

（1）项目经理组织团队成员，共同完成一份招标文件电子版。

（2）操作说明

① 打开"广联达电子招标文件编制工具 V6.0"。如图 6-52 所示。

② 点击"新建项目"，选择"房屋建筑和市政工程标准施工招标文件 2013 年版"。如图 6-53 所示。

③ 选择招标文件的保存位置，保存后即可进入招标文件的编制界面。如图 6-54 所示。

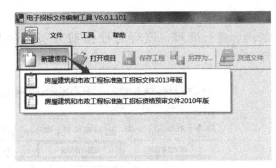

图 6-53

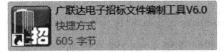

图 6-52

图 6-54

④ 首先进入"填写基本信息"页签,据案例工程背景资料及小组信息填写,其中"检查"列打叉的为必填项,其他可选择性填写。如图 6-55 所示。

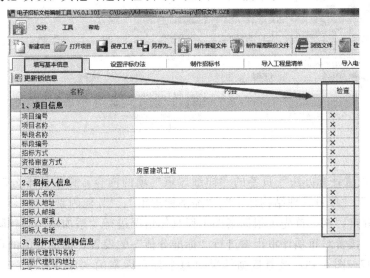

图 6-55

⑤ 完成"填写基本信息"页签后，进入"设置评标办法"页签，首先对"参数设置"的内容进行填写，填写时根据前方项目经理填写的图6-46内容进行填写。如图6-56所示。

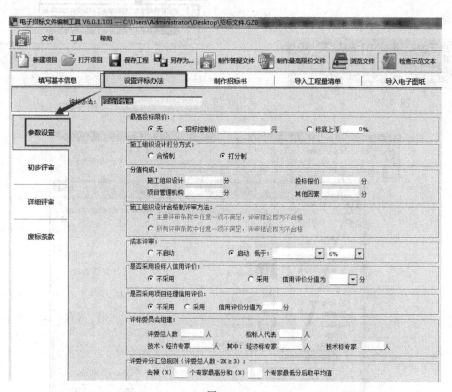

图 6-56

⑥ 填写"设置评标办法"页签的"初步评审"项的内容，软件已内置基本的初步评审因素，可根据案例工程具体情况进行"添加项"与"删除项"操作。如图6-57所示。

图 6-57

⑦ 填写"设置评标办法"页签的"详细评审"项的内容，详细评审分四大项，分别是"施工组织设计"、"项目管理结构评审"、"经济标评审"、"其他因素评审"，软件对每项已内置基本的详细评审因素，首先可根据案例工程具体情况进行"添加项"、"删除项"及"添加子项"等操作，接着对每项评审因素进行"标准分值"的设置，标准分值的设置参见前面填写的单据图6-47～图6-49，接着依据情况对每个评审因素的"评分标准"进行设置。如图6-58所示。

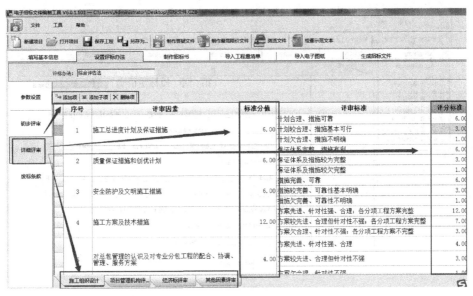

图 6-58

⑧ 填写"设置评标办法"页签的"废标条款"项的内容，软件已内置基本的废标条款内容，可根据案例工程情况对条款内容进行"添加项"与"删除项"操作。如图 6-59 所示。

图 6-59

⑨ 接着进入"制作招标书"页签，对招标文件的文本内容进行编辑填写，主要依据在招投标沙盘操作中决策的各项条款内容进行填写。如图 6-60 所示。

⑩ 然后进入"导入工程量清单"页签，分别对"总说明"及"工程量清单"进行导入操作，其中工程量清单是由前期 GBQ4.0 生成的电子版招标工程量清单文件。如图 6-61、图 6-62 所示。

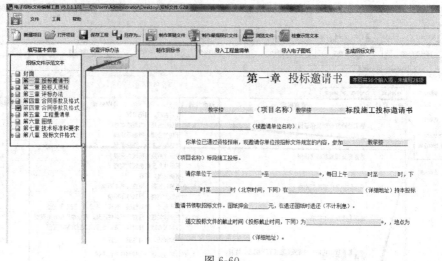

图 6-60

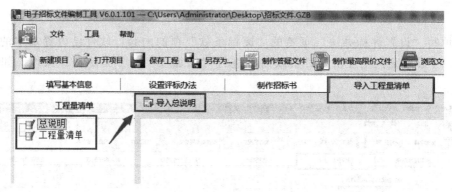

图 6-61

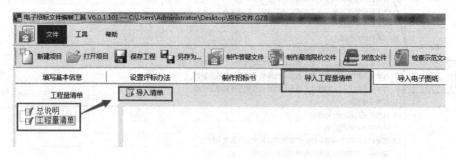

图 6-62

⑪ 接着进入"导入电子图纸"页签,通过"添加"功能将本工程的电子图纸进行导入,同时对导入的图纸可进行"编辑"、"删除""浏览图纸"等系列操作。如图 6-63 所示。

⑫ 先通过"检查示范文本"功能,检查标书有无错误,有错则据提示修改,直至无误则可"生成招标文件",生成招标文件时先进行"转换"操作,转换成功后,插入 CA 锁,读取锁信息并输入 CA 锁密码,CA 锁读取成功后则可进行"签章"功能,签章成功后,最

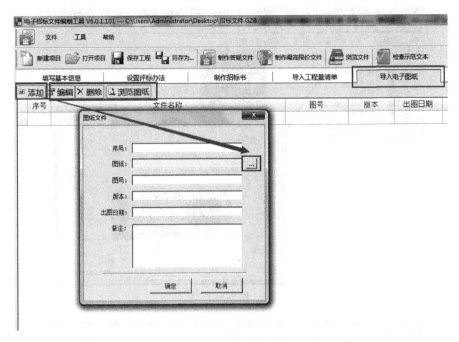

图 6-63

后通过"生成招标文件"功能生成一份后缀名为".BJZ"的电子版招标文件。如图 6-64~
图 6-68 所示。

图 6-64

图 6-65

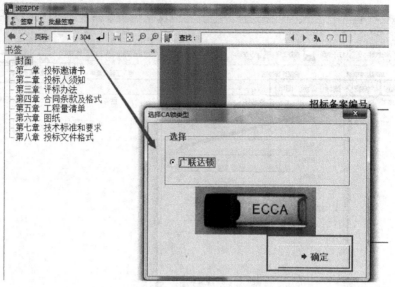

图 6-66

图 6-67

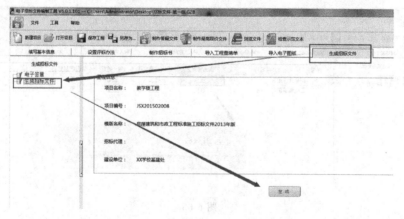

图 6-68

⑬ 在"广联达电子招标文件编制工具 V6.0"中，除制作招标文件外，也可据案例工程情况进行最高限价文件及答疑文件的制作，软件操作同上。如图 6-69 所示。

图 6-69

（3）团队自检　招标文件电子版完成后，项目经理组织团队成员，利用招标文件审查表（图 6-70）进行自检。

表5-18　**招标文件审查表**

组别			日期：
序号	审查内容	完成情况	需完善内容
1	招标公告（未进行资格预审）	☐	
2	投标邀请书	☐	
3	投标人须知	☐	
4	评标办法（经评审的最低投标价法）	☐	
5	评标办法（综合评估法）	☐	
6	合同条款及格式	☐	
7	工程量清单	☐	
8	图纸、技术标准和要求	☐	
9	投标文件格式	☐	
10	其他要求	☐	

填表人：　　　会签人：　　　　　　　审批人：

图 6-70

（4）签字确认　市场经理负责将结论记录到招标文件审查表（图 6-70），经团队其他成员和项目经理签字确认后，置于招投标沙盘的招标人区域的"团队管理"位置处。如图 6-71 所示。

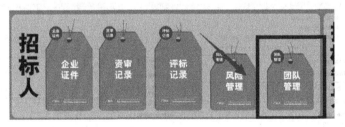

图 6-71

六、任务二　完成招标文件的备案及发售

（一）任务说明

完成招标文件的备案与发售工作。

（二）操作过程

完成招标文件的备案、发售工作：

（1）招标文件备案　招标人（或招标代理）登陆工程交易管理服务平台，用招标人（或招标代理）账号进入电子招投标项目交易管理平台，完成招标工程的招标文件备案并提交审批。

① 登陆工程交易管理服务平台，用招标人（或招标代理）账号进入电子招投标项目交易管理平台。如图 6-72 所示。

图 6-72

② 切换至"招标文件管理"页签，点击"新增招标文件"。如图 6-73 所示。

图 6-73

③ 选择标段，点击"确定"，如图 6-74 所示，弹出"招标文件管理"界面，完成带"＊"的内容的填写，并上传由广联达电子招标文件编制工具 V6.0 编制的后缀名为".BJZ"的电子招标文件，无误后点击"提交"按钮即可。如图 6-75 所示。

图 6-74

图 6-75

④ 若有设置最高投标限价，需在"最高投标限价"页签进行最高投标限价的备案。如图 6-76 所示。

图 6-76

（2）行政监管人员在线审批　行政监管人员登陆工程交易管理服务平台，用初审监管员账号进入电子招投标项目交易管理平台，完成招标工程的招标文件审批工作。

① 登陆工程交易管理服务平台，用初审监管员账号进入电子招投标项目交易管理平台。如图 6-77 所示。

② 切换至"招标文件审核"页签，可通过"检索"功能，找到待审核的招标文件，点击"审核"。如图 6-78 所示。

图 6-77

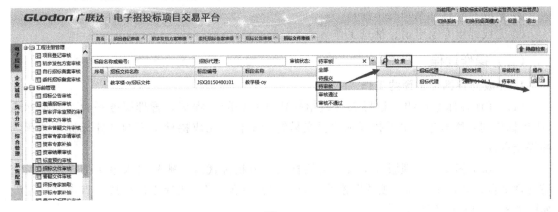

图 6-78

③ 核对项目相应信息，核对后点击"审核"。如图 6-79 所示。

④ 根据核对结果，给出审核意见。如图 6-80 所示。

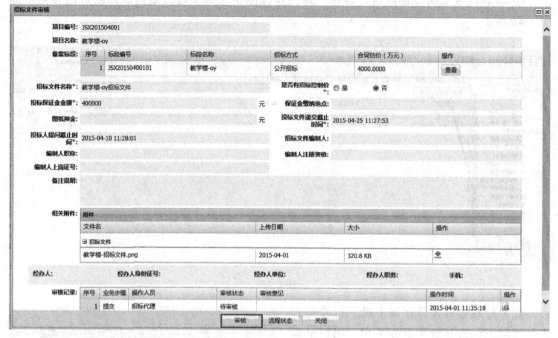

图 6-79

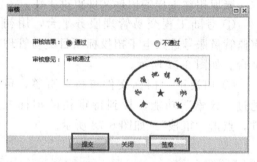

图 6-80

✎ **小贴士**：本教材给出的是在线完成招标文件的备案审批操作指导，如果学校不具备在线备案审批的条件，可参考学校所在地区住建委现场备案审批的工作流程。

七、任务三　完成开标前的准备工作

（一）任务说明

① 完成开评标标室预约工作；
② 完成评审专家申请、抽选工作。

（二）操作过程

1. 完成开评标标室预约工作

（1）开评标标室预约　招标人（或招标代理）登陆工程交易管理服务平台，用招标人（或招标代理）账号进入电子招投标项目交易管理平台，完成招标工程的开评标标室的预约并提交审批。

① 登陆工程交易管理服务平台，用招标人（或招标代理）账号进入电子招投标项目交易管理平台，切换至"标室预约"模块，点击"标室预约"，选择正确标段，点击"确定"。如图 6-81、图 6-82 所示。

② 弹出"新增标室预约"界面，确定开标、评标时间及标室，点击"保存"、"提交"即可。如图 6-83 所示。

（2）行政监管人员在线审批　行政监管人员登陆工程交易管理服务平台，用初审监管员账号进入电子招投标项目交易管理平台，完成招标工程的开评标标室预约的审批工作。

图 6-81

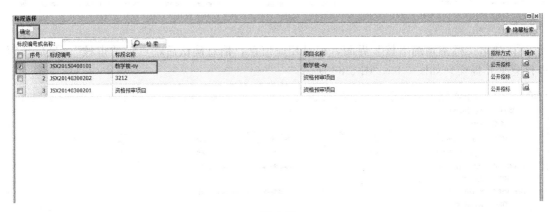

图 6-82

图 6-83

软件操作指导如下。

① 登陆工程交易管理服务平台，用招初审监管员账号账号进入电子招投标项目交易管理平台，切换至"标室预约审核"模块，找到正确的待审核的标段，点击"审核"。如图 6-84 所示。

图 6-84

② 弹出"标室预约审核"界面，核对相应信息，信息确认后，点击"审核"，最后填写审核意见并提交。如图 6-85、图 6-86 所示。

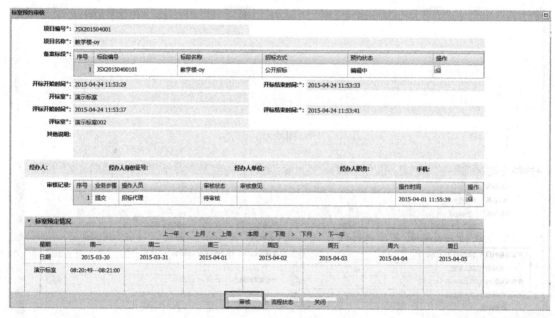

图 6-85

2. 完成评标专家申请、抽取工作

（1）评标专家申请 招标人（或招标代理）登陆工程交易管理服务平台，用招标人（或招标代理）账号进入电子招投标项目交易管理平台，完成招标工程的评标专家的预约并提交审批。

① 登陆工程交易管理服务平台，用招标人（或招标代理）账号进入电子招投标项目交易管理平台，切换至"评标专家申请"模

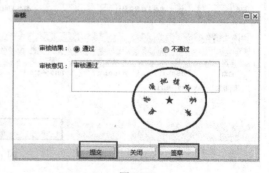

图 6-86

块，点击"新增评委备案"，如图 6-87 所示，选择标段，点击"确定"按钮，进入"专家抽选"界面。如图 6-88 所示。

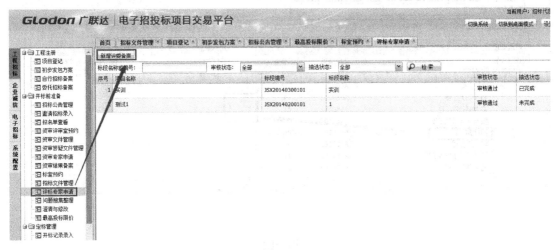

图 6-87

图 6-88

② 在"专家抽选"界面，按照前方单据图 6-46 填写的内容，通过"新增规则"抽取相应数量的经济专家与技术专家，通过"新增评委"抽取招标人代表。如图 6-89～图 6-92 所示。

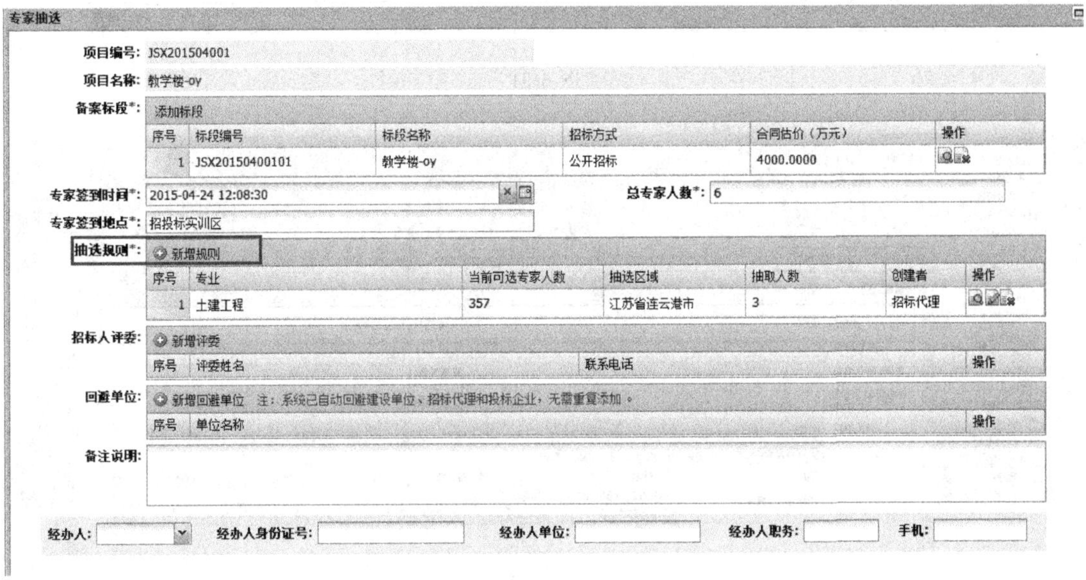

图 6-89

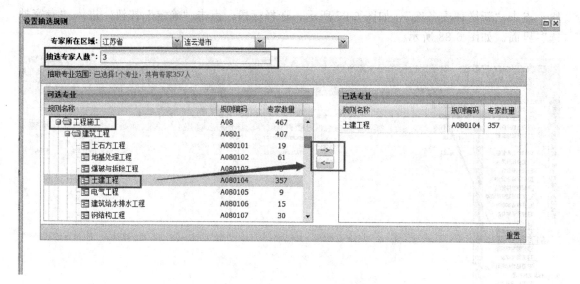

图 6-90

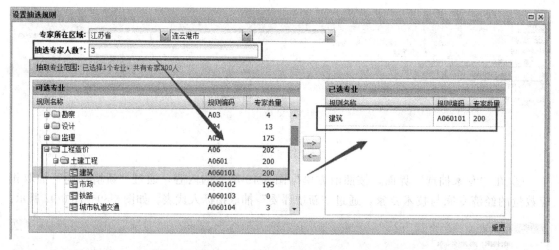

图 6-91

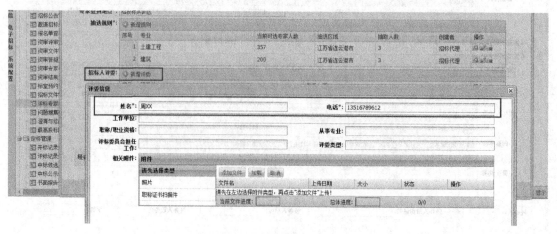

图 6-92

③ 抽选完成后，点击"保存"、"提交"即可。如图 6-93 所示。

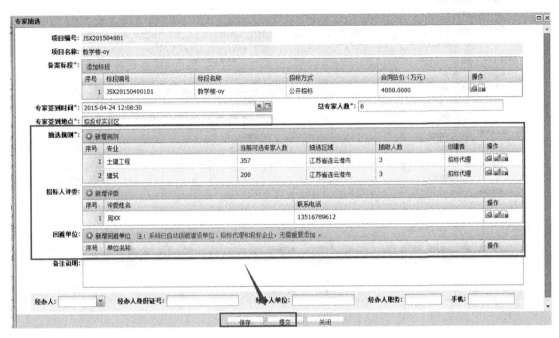

图 6-93

（2）行政监管人员在线审批 行政监管人员登陆工程交易管理服务平台，用初审监管员账号进入电子招投标项目交易管理平台，完成招标工程的评标专家申请的审批工作。

① 登陆工程交易管理服务平台，用招初审监管员账号账号进入电子招投标项目交易管理平台，切换至"评标专家抽取"模块，找到正确的待审核的标段，点击"审核"。如图 6-94 所示。

图 6-94

② 弹出"专家抽选审核"界面，核对信息，点击"审核"，并给出审核意见，最后点击提交即可。如图 6-95、图 6-96 所示。

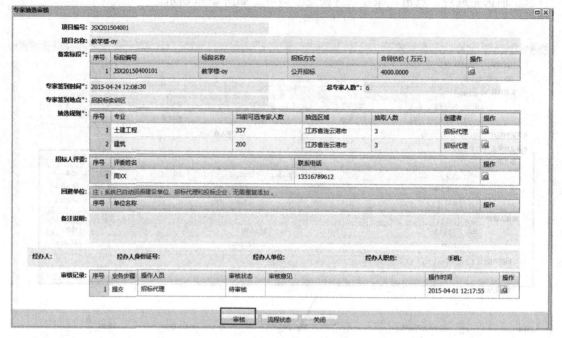

图 6-95

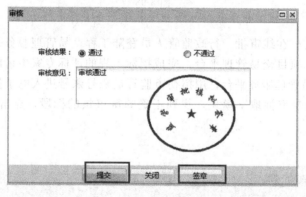

图 6-96

（3）行政监管人员在线抽取资审专家　行政监管人员审批招标工程的评标专家申请结束后，完成评标专家的抽取工作。

① 登陆工程交易管理服务平台，用招初审监管员账号账号进入电子招投标项目交易管理平台，完成以上的专家审核抽选评审后，再次回到"评审专家审核"界面，点击"抽选"。如图 6-97 所示。

② 进入"专家抽选"界面，查看应抽选人数，通过选择"参加"，完成专家抽选工作。如图 6-98 所示。

小贴士：本教材给出的是在线完成开评标标室预约、评标专家申请的备案审批操作指导，如果学校不具备在线备案审批的条件，可参考学校所在地区住建委和专家库现场备案审批的工作流程。

图 6-97

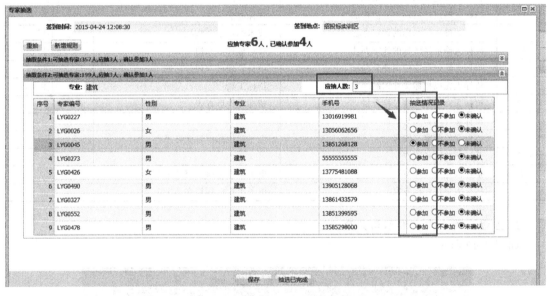

图 6-98

八、沙盘展示

1. 团队自检

项目经理带领团队成员，对照沙盘操作表，检查自己团队的各项工作任务是否完成，见下表。

沙盘操作表

序号	任务清单	使用单据/表/工具	完成情况（完成请打"√"）
（一）	招标文件编制		☐
1	招标人确定合同文件的组成及优先顺序	合同文件组成及优先顺序分析表	☐
2	招标人确定工程量清单的修正规则	工程量清单错误修正	☐

续表

序号	任务清单	使用单据/表/工具	完成情况 （完成请打"√"）
3	招标人确定支付担保与履约担保的规则	支付担保与履约担保	☐
4	招标人确定有关工程分包的相关规定	工程分包管理规定	☐
5	招标人确定安全文明施工的相关规定	安全文明施工	☐
6	招标人确定工期/进度的相关规定	工期与进度	☐
7	招标人确定有关价格调整的相关规定	价格调整	☐
8	招标人确定工程款项支付的相关规定	合同预付款与进度款支付	☐
9	招标人确定工程缺陷责任期的相关规定	缺陷责任期	☐
10	招标人确定工程保修的相关规定	工程保修	☐
11	招标人确定图纸及施工文件的相关规定	文件管理	☐
12	招标人确定工程质量标准/工程验收的相关规定	工程质量	☐
13	招标人确定投标保证金的相关规定	投标保证金及投标有效期	☐
14	招标人确定评标委员会组成	评标办法	☐
15	招标人确定标书评审分值构成	评标办法	☐
16	招标人确定技术标的评审办法	技术标评审办法	☐
17	招标人确定经济标的评审办法	经济标评审办法	☐
18	招标人确定资信标的评分标准	项目管理机构评分标准	☐
19	招标人完成招标文件编制	招标工具	☐
20	招标人对招标文件自检合格	招标文件审查表	☐
（二）	招标文件的备案与发售		
	招标文件备案与发售	电子招投标项目交易平台	☐
（三）	开标前的准备工作		
1	招标人预约开标室	电子招投标项目交易平台	☐
2	招标人预约评标专家	电子招投标项目交易平台	☐

2. 沙盘盘面上内容展示与分享

如图 6-99 所示。

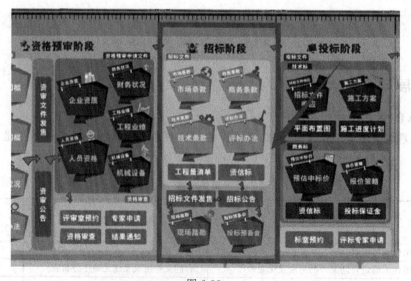

图 6-99

3. 作业提交

（1）作业内容

① 招标人招标文件电子版一份；

② 招标人项目交易平台评分文件一份。

（2）操作指导 具体操作详见附录 2：生成评分文件。

（3）提交作业 将招标文件、项目交易平台评分文件拷贝到 U 盘中提交给老师，或者使用在线文件递交（文件在线提交系统或电子邮箱等方式）提交给老师。

九、实训总结

1. 教师评测

（1）评测软件操作 具体操作详见附录 3：学生学习成果评测。

（2）学生成果展示 具体操作详见附录 3：学生学习成果评测。

2. 学生总结

小组组内讨论 3 分钟，写下该环节你认为需要完善的内容及心得，并进行分享。

十、拓展练习

在本实训模块之外需要学生了解相关知识内容或需要同学课外需要思考的问题。

① 招标控制价与标底的应用区别；

② 技术明标、技术暗标的应用区别；

③ 合格制和评分制的应用区别。

模块七 工程投标

项目一　工程投标相关理论知识

　　本部分理论知识只是本模块工作任务学习的引导，详细知识的学习自行查阅相关资料。

一、现场踏勘与投标预备会

（一）现场踏勘

　　现场踏勘是投标中极其重要的准备工作，主要指的是去工地现场进行考察，招标单位一般在招标文件中要注明现场考察的时间和地点，在文件发出后就应安排投标者进行现场考察的准备工作。现场踏勘既是投标者的权利又是他的职责。因此，投标者在报价以前必须认真地进行施工现场考察，全面、仔细地调查了解工地及其周围的政治、经济、地理等情况。

　　现场踏勘是投标者必须经过的投标程序。按照国际惯例，投标者提出的报价单一般被认为是在现场考察的基础上编制的。一旦报价单提出之后，投标者就无权因为现场勘察不周，情况了解不细或因素考虑不全面而提出修改投标、调整报价或提出补偿等要求。踏勘现场之前，通过仔细研究招标文件，对招标文件中的工作范围、专用条款及设计图纸和说明，拟定调研提纲，确定重点要解决的问题。

　　进行现场踏勘主要从下述几个方面调查了解。

　　① 施工现场是否达到招标文件规定的条件，如"三通一平"等；

　　② 施工的地理位置和地形、地貌、施工现场的地址、土质、地下水位、水文等情况；

　　③ 施工现场的气候条件，如气温、湿度、风力等；

　　④ 现场的环境，如交通、供水、供电、污水排放等；

　　⑤ 临时用地、临时设施搭建等，即工程施工过程中临时使用的工棚、堆放材料的库房，施工现场附近有无住宿条件、料场开采条件、其他加工条件、设备维修条件等；

⑥ 项目建设现场及周边的人文建筑和人文环境情况等；

⑦ 工地附近治安情况。

（二）投标预备会

招标文件规定召开投标预备会的，投标人应按照招标文件规定的时间和地点参加会议，并将研究招标文件后存在的问题，以及在现场踏勘后仍有疑问之处，在招标文件规定的时间前以书面形式将提出的问题送达招标人，由招标人在会议中澄清，并形成书面意见。

招标文件规定不召开投标预备会的，投标人应在招标文件规定的时间前，以书面形式将提出的问题送达招标人，由招标人以书面答疑的方式澄清。书面答复与招标文件同样具有法律效力。

二、招标文件分析

（一）研读招标文件

招标文件是投标和报价的重要依据，对其理解的深度将直接影响到投标结果，因此投标人应组织有力的各专业技术人员对招标文件进行仔细分析与研究。研究招标文件，重点应放在投标须知、合同条件、设计图纸、工程范围及工程量表上。应有专业小组研究技术规范和设计图纸，弄清其特殊要求。

认真研读完招标文件后，全体人员相互讨论解答招标文件存在的问题，做好备忘录，等待现场踏勘了解，或在答疑会上以书面形式提出质询，要求招标人澄清。

研究招标文件的要求，掌握招标范围，熟悉图纸、技术规范、工程量清单，熟悉投标书的格式、签署方式、密封方法和标志，掌握投标截止日期，以免错失投标机会。

研究评标方法和评标标准，同时研究合同协议书、通用条款和专用条款。合同形式是总价合同还是单价合同，价格是否可以调整。分析拖延工期的罚款，保修期的长短和保证金的额度。研究付款方式、违约责任等。根据权利义务关系分析风险，将风险考虑到报价中。

（二）校核工程量

对于招标文件中的工程量清单，投标者一定要进行校核，因为它直接影响投标报价及中标机会。

对于工程量清单招标方式，招标文件里包含有工程量清单，一般不允许就招标文件做实质性变动，招标文件中已给定的工程量不允许做增减改动，否则有可能因为未实质性响应招标文件而成为废标。但是对于投标人来说仍然要按照图纸复核工程量，做到心中有数。同时因为工程量清单中的各分部（分项）工程工程量并不十分准确，若设计深度不够则可能有较大误差，而工程量的多少是选择施工方法、安排人力和机械、准备材料必须考虑的因素，自然也影响分项工程的单价。对于单价合同，若发现所列工程量与调查及核实结果不同，可在编制标价时采取调整单价的策略，即提高工程量可能增加的项目单价，降低工程量可能减少的项目单价。对于总价合同，特别是固定总价合同，若发现工程量有重大出入的，特别是漏项的，必要时可以找招标单位核对，要求招标单位认可，并给予书面证明。如果业主在投标前不给予更正，而且是对投标人不利的情况，投标人应在投标时附上说明。

（三）编制施工规划

施工项目投标的竞争主要是价格的竞争，而价格的高低与所采用的施工方案及施工组织计划密切相关，所以在确定标价前必须编制好施工规划。

在投标过程中编制的施工规划，其深度和广度都比不上施工组织设计。如果中标再编制施工组织设计。施工规划一般由投标人的技术负责人支持制定，内容一般包括各分部分项工程施工方法、施工进度计划、施工机械计划、材料设备计划和劳动力安排计划，以及临时生产、生活设施计划。施工规划的制定应在技术和工期两方面吸引招标人，对投标人来说又能降低成本，增加利润。制定的主要依据是设计图纸、执行的规范、经复核的工程量、招标文件要求的开竣工日期以及对市场材料、设备、劳动力价格的调查等。

三、投标文件编制

投标文件的组成必须与招标文件的规定一致，不能带有任何附加条件，否则可能导致被否定或废标。具体内容及编写要求如下。

（一）投标文件的组成

投标文件的组成，也就是投标文件的内容。根据招标项目的不同、地域的不同，投标文件的组成上也会存在一定的区别，但重要的一点是投标文件的组成一定要符合招标文件的要求。一般来说投标文件由投标函、商务标、技术标构成。常用的投标文件的格式文本包括以下几部分。

1. 投标文件投标函

投标函，是指投标人按照招标文件的条件和要求，向招标人提交的有关报价、质量目标等承诺和说明的函件。是投标人为响应招标文件相关要求所做的概括性说明和承诺的函件，一般位于投标文件的首要部分，其内容必须符合招标文件的规定。

投标函部分主要包括下列内容。

① 投标函；

② 法定代表人身份证明书；

③ 投标文件签署授权委托书；

④ 投标保证金缴纳成功回执单；

⑤ 项目管理机构配备情况表；

⑥ 项目负责人简历表；

⑦ 项目技术负责人简历表；

⑧ 项目管理机构配备情况辅助说明资料；

⑨ 招标文件要求投标人提交的其他投标资料。

2. 投标文件商务标

按照《建设工程工程量清单计价规范》（GB 50500—2013）的要求，商务标主要包括下列内容。

① 投标总价；

② 总说明；

③ 工程项目投标报价汇总表；

④ 单项工程投标报价汇总表；

⑤ 单位工程投标报价汇总表；

⑥ 分部分项工程量清单与计价表；

⑦ 工程量清单综合单价分析；

⑧ 措施项目清单与计价表（一）；

⑨ 措施项目清单与计价表（二）；

⑩ 其他项目清单与计价汇总表；

⑪ 暂列金额明细表；

⑫ 专业工程暂估价表；

⑬ 计日工表；

⑭ 总承包服务费计价表；

⑮ 规费、税金项目清单与计价表。

中标人提交的投标辅助资料经发包人确认后将列入合同文件。

3. 投标文件技术标

对于大中型工程和结构复杂、技术要求较高的工程来说，投标文件技术部分往往是能否中标的关键性因素。投标文件技术部分通常就是一个全面的施工组织设计。具体内容如下。

① 确保基础工程的技术、质量、安全及工期的技术组织措施；

② 各分部分项工程的主要施工方法及施工工艺；

③ 拟投入本工程的主要施工机械设备情况及进场计划；

④ 劳动力安排计划；

⑤ 主要材料投入计划安排；

⑥ 确保工程工期、质量及安全施工的技术组织措施；

⑦ 确保文明施工及环境保护的技术组织措施；

⑧ 质量通病的防治措施；

⑨ 季节性施工措施；

⑩ 计划开、竣工日期和施工平面图、施工进度计划横道图及网络图。

（二）投标文件的格式

2010 年由国家发改委、住建部等部委联合编制的《房屋建筑和市政工程标准施工招标文件》明确规定了投标文件的组成和格式。本部分内容不再赘述，同学可自行查阅相关资料或见附录。

四、投标报价策略及报价技巧

（一）投标报价策略

当投标人确定要对某一具体工程投标后，就需采取一定的投标报价策略，以达到提高中标机会，中标后又能更多赢利的目的。常见的投标报价策略有以下几种。

（1）靠提高经营管理水平取胜　这主要靠做好施工组织设计，采用合理的施工技术和施工机械，精心采购材料、设备，选择可靠的分包单位，安排紧凑的施工进度，力求节省管理费用等，从而有效地降低工程成本而获得较大的利润。

（2）靠改进设计和缩短工期取胜　这主要靠仔细研究原设计图纸，发现有不够合理之处，提出能降低造价的修改设计建议，以提高对发包人的吸引力。另外，靠缩短工期取胜，即比规定的工期有所缩短，帮助发包人达到早投产、早收益，有时甚至标价稍高，对发包人也是很有吸引力的。

（3）低利政策　这主要适用于承包任务不足时，与其坐吃山空，不如以低利承包到一些工程，还能维持企业运转。此外，承包人初到一个新的地区，为了打入这个地区的承包市场、建立信誉，也往往采用这种策略。

（4）加强索赔管理　有时虽然报价低，却着眼于施工索赔，还能赚到高额利润。

（5）着眼于发展　为争取将来的优势，而宁愿目前少盈利。例如，承包人为了掌握某种有发展前途的工程施工技术（如建造核电站的反应堆或海洋工程等），就可能采用这种策略。这是一种较有远见的策略。

以上这些策略不是互相排斥的，可根据具体情况，综合灵活运用。

（二）报价技巧

在具体的投标报价策略的指导下，还要研究在投标的最后阶段即实际报价阶段通过哪些技巧提高中标概率，即报价技巧。通常投标方熟悉并经常使用的具体报价技巧有如下几个方面（但不限于此）。

① 根据不同的项目特点采用不同的报价；

② 不平衡报价法；

③ 扩大标价法；

④ 逐步升级法；

⑤ 突然袭击法；

⑥ 先亏后盈法；

⑦ 多方案报价法；

⑧ 增加建议方案法。

五、投标文件递交

投标文件编制完成，投标人应在招标文件规定的投标截止日前将投标文件送到招标人指定地点，招标人收到投标文件后，应当向投标人出具标明签收人和签收时间的凭证，在开标前任何单位和个人不得开启投标文件。未通过资格预审的申请人提交的投标文件，以及逾期送达或者不按照招标文件要求密封的投标文件，招标人应当拒收。招标人应当如实记载投标文件的送达时间和密封情况，并存档备查。

投标在递送投标文件之后，在规定的投标截止日期之前，可以采用书面形式向招标人递交补充、修改或撤回其投标文件的通知。在投标截止日期以后不能再更改投标文件。投标人的补充、修改内容将作为其投标文件的组成部分。在投标截止时间与招标文件规定的投标有效期终止日之间的这段时间内，投标人不能撤回投标文件，否则其投标保证金不予退还。

 小贴士：投标文件编制的注意事项如下。

① 投标人编制投标文件必须使用招标文件提供的表格格式，不能随意更改。重要的项目或数字（如工期、质量等级、价格等）未填写的，将被作为废标。

② 编制的投标文件正本只有一份，副本则按招标文件中要求的份数提供，同时要标明"投标文件正本"和"投标文件副本"字样，当正本与副本不一致时，以正本为准。

③ 全套投标文件书写应清晰、应无随意的修改和行间插字，修改处应由投标文件签字人签字证明并加盖印鉴。

④ 所有投标文件的签名及印鉴要齐全，并加盖法人单位公章。

⑤ 填报的投标文件应反复校核，保证分项和汇总计算均无错误。同时按招标文件要求整理、装订、密封，做好保密工作。

⑥ 如招标文件规定投标保证金为合同总价的某百分比时，开具投标保函不要太早，以防泄露报价。但有的投标人提前开出并故意加大保函金额，以麻痹竞争对手的情况也是存在的。注意依法必须进行施工招标的项目的境内投标单位，以现金或者支票形式提交的投标保证金应当从其基本账户转出。

⑦ 采用电子评标方式的，报送的电子书必须能够导入评标系统，否则将被视为废标。

⑧ 认真对待招标文件中关于废标的条件，以免被判为无效标而前功尽弃。

项目二　学生实践任务

实训目的：

　　1. 通过模拟现场踏勘、召开投标预备会，熟悉现场踏勘和预备会的目的和作用

　　2. 通过模拟网络和现场投标报名、获取招标文件及施工图纸，熟悉投标业务

　　3. 通过案例，拆分投标文件中的施工组织设计、投标报价策略及技巧等知识点，结合单据背面的提示功能，让学生掌握投标文件的编制方法

　　4. 熟悉开标前的各项准备工作内容

　　5. 学习投标工具中投标文件的软件操作

　　6. 学习利用计价软件、结合投标策略及报价技巧编制投标报价文件

实训任务：

　　任务一　获取招标文件，参加现场踏勘、投标预备会

　　任务二　投标文件编制

　　任务三　投标文件封装、递交

　　任务四　完成开标前的准备工作

【课前准备】

一、硬件准备

　　(1) 多媒体设备　投影仪、教师电脑、授课 PPT。

　　(2) 实训电脑　学生用实训电脑配置要求如下。

　　① IE 浏览器 8 及以上；

　　② 安装 Office 办公软件 2007 版或 2010 版；

　　③ 电脑操作系统：Windows7。

　　(3) 网络环境　机房内网或校园网内网环境。

　　(4) 实训物资　工程招投标实训教材、工程招投标沙盘实物道具、签字笔、广联达软件加密锁、CA 锁。

二、软件准备

　　① 广联达工程招投标沙盘模拟执行评测系统（沙盘操作执行模块）；

　　② 广联达电子投标文件编制工具 V6.0；

　　③ 全国校园大赛计价软件 GBQ4.0；

　　④ 广联达工程交易管理服务平台；

　　⑤ 广联达工程招投标沙盘模拟执行评测系统（招投标评测模块）。

【招投标沙盘】

一、沙盘引入

　　如图 7-1 所示。

图 7-1

二、道具探究

1. 单据

(1) 工作任务分配单 (图 7-2)

(2) 授权委托书 (图 7-3)

表0-5 **工作任务分配单**

组别: 　　　　　　　　　　　　日期:

工程名称	
工作任务	
具体内容	
责任人	完成日期

项目经理: 　　　　　　任务接收人:

图 7-2

表0-8 **授权委托书**

本人_____(姓名)系_____(投标人名称)的法定代表人,现委托_____(姓名)为我方代理人。代理人根据授权,以我方名义进行_____(项目名称)_____标段_____等事宜,其法律后果由我方承担。

委托期限:自____年___月___日至____年___月___日止。
　　　　　　　　　　　　　　　　　　　　　　　　。

代理人无转委托权。

投标人:_____(盖单位章)

法定代表人:_____(签字或盖章)

身份证号码:_____。

委托代理人:_____(签字)

身份证号码:_____。

　　　　　　　　　　　　　　　年　月　日

图 7-3

（3）登记表（图 7-4）

表0-3 ＿＿＿＿ 工程 ＿＿＿＿ 登记(签到)表

序号	单　位	递交（退还、签到）时间	联系人	联系方式	传真
		年　月　日　时　分			
		年　月　日　时　分			
		年　月　日　时　分			
		年　月　日　时　分			
		年　月　日　时　分			
		年　月　日　时　分			
		年　月　日　时　分			
		年　月　日　时　分			
		年　月　日　时　分			

招标人或招标代理经办人：（签字）　　　　　　第　　页共　　页

图 7-4

（4）资金、用章审批表（图 7-5）
（5）携带资料清单表（图 7-6）

组别：　　表0-6　**资金、用章审批表**　　日期：

项目名称	资金审批		用章审批	
	金额	用途	公章类型	用途
具体内容				

填表人：　　　　　　　审批人：

图 7-5

组别：　　表0-7　**携带资料清单表**　　日期：
活动名称：

序号	需携带资料内容	完成情况	需要补充
		☐	
		☐	
		☐	
		☐	
		☐	
		☐	

填表人：　　　　会签人：　　　　　审批人：

图 7-6

（6）工程量清单复核表（图 7-7）
（7）施工场区环境分析表（图 7-8）

组别：　　表7-1　**工程量清单复核表**　　日期：

项目名称	工程量		清单项	
	招标文件提供的清单项	复核的清单项	招标文件提供的工程量	复核的工程量
具体内容				

填表人：　　　　会签人：　　　　　审批人：

图 7-7

组别：　　表7-2　**施工场区环境分析表**　　日期：

项目	周围环境	现场条件
具体内容	☐高压线	☐场区内道路交通情况
	☐加油站	☐现场水源及排污情况
	☐特殊机构（医院、学校、消防等）	☐现场电源情况
	☐重点文物保护	☐场区平整情况
	☐周边道路交通情况	☐现场通信情况
	☐地下障碍物及特殊保护	☐建筑物结构及现状（改造工程）
	☐周边建筑物情况	☐
	☐	☐

填表人：　　　　会签人：　　　　　审批人：

图 7-8

（8）招标文件分析表（图 7-9）
（9）招标文件响应（图 7-10）
（10）投标文件审查表（图 7-11）
（11）中标价预估表（图 7-12）

组别　表7-3　招标文件分析表　日期：

序号	项目内容	具体要求
1	资信要求	
2	技术标要求	
3	招标控制价	
4	投标保证金	
5	投标文件递交方式及份数	
6	签字盖章要求	
7	质疑截止日期	
8	投标文件递交截止日期	
9	评标办法	
10	其他要求	

填表人：　　会签人：　　审批人：

图 7-9

组别：　表7-4　招标文件响应表　日期：

序号	招标文件内容	是否响应	
1	投标内容	□响应	□不响应
2	工期	□响应	□不响应
3	工程质量	□响应	□不响应
4	技术标准及要求	□响应	□不响应
5	权利义务	□响应	□不响应
6	投标有效期	□响应	□不响应
7	投标价格	□响应	□不响应
8	分包计划	□响应	□不响应
9	已标价工程量清单	□响应	□不响应
10		□响应	□不响应
11		□响应	□不响应

填表人：　　会签人：　　审批人：

图 7-10

组别：　表7-5　投标文件审查表　日期：

序号	审查内容	完成情况	需调整内容	责任人
1	形式审查	□		
2	资格审查	□		
3	响应性审查	□		
4	资信标审查	□		
5	技术标审查	□		
6	经济标审查	□		
7	详细评审	□		
8		□		

填表人：　　会签人：　　审批人：

图 7-11

组别：　表0-2　中标价预估表　日期：

序号	组别/投标人	预估/实际报价	预估/实际得分	预估/实际排名
评标基准价				
预估/实际中标价				

填表人：　　会签人：　　审批人：

图 7-12

2. 卡片

（1）施工方案类卡片

① 人工挖土（图 7-13）。

② 机械挖土（图 7-14）。

③ 人工回填土（图 7-15）。

图 7-13

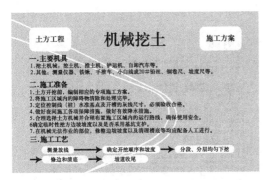

图 7-14

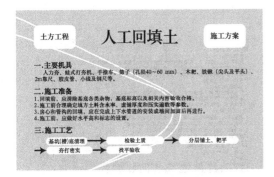

图 7-15

④ 机械回填土（图 7-16）。

图 7-16

⑤ 灰土地基（图 7-17）。

图 7-17

⑥ 砂和砂石地基（图 7-18）。

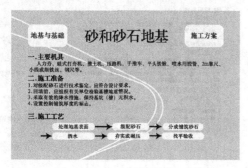

图 7-18

⑦ 防水混凝土（图 7-19）。

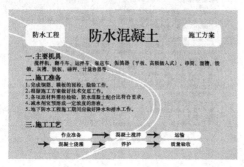

图 7-19

⑧ 高聚物改性沥青卷材防水层（图 7-20）。

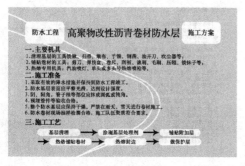

图 7-20

⑨ 钢筋绑扎（图 7-21）。

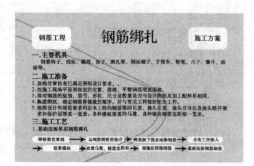

图 7-21

⑩ 钢筋锥螺纹连接（图 7-22）。

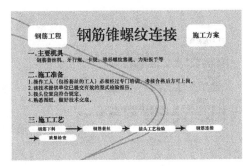

图 7-22

⑪ 钢筋电渣压力焊（图 7-23）。

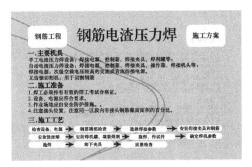

图 7-23

⑫ 钢筋滚扎直螺纹连接（图 7-24）。

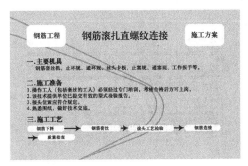

图 7-24

⑬ 定型组合小钢模（图 7-25）。

图 7-25

⑭ 竹胶板（木质多层板）模板（图7-26）。

图7-26

⑮ 组合大钢模板（图7-27）。

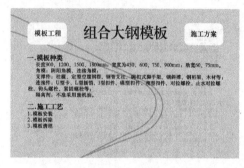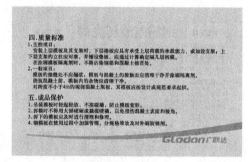

图7-27

⑯ 现浇剪力墙结构大模板（图7-28）。

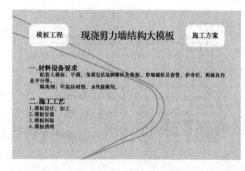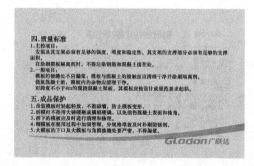

图7-28

⑰ 框架剪力墙混凝土施工（图7-29）。

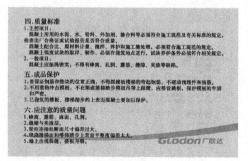

图7-29

⑱ 预拌混凝土施工（图 7-30）。

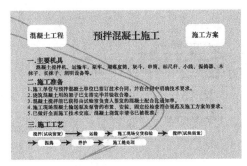

图 7-30

⑲ 混凝土泵送施工（图 7-31）。

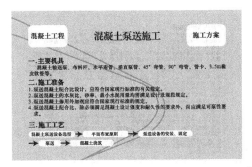

图 7-31

⑳ 钢筋混凝土工程冬期施工（图 7-32）。

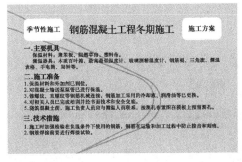

图 7-32

㉑ 钢筋混凝土工程雨期施工（图 7-33）。

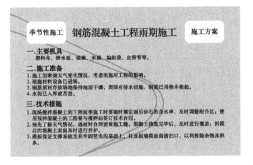

图 7-33

㉒ 安全文明施工方案（图 7-34）。

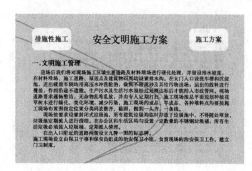

图 7-34

㉓ 施工防护措施（图 7-35）。

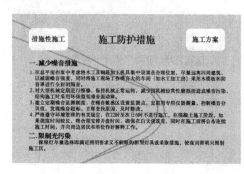

图 7-35

（2）工程投标策略类卡片

① 靠优化设计取胜（图 7-36）。

② 靠缩短工期取胜（图 7-37）。

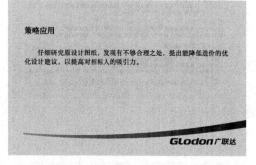

图 7-36

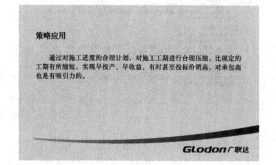

图 7-37

③ 低利润策略（图 7-38）。

④ 低标价、高索赔策略（图 7-39）。

⑤ 着眼于未来发展策略（图 7-40）。

（3）工程投标报价技巧类卡片

① 不平衡报价法（图 7-41）。

② 先亏后赢法（图 7-42）。

③ 多方案报价法（图 7-43）。

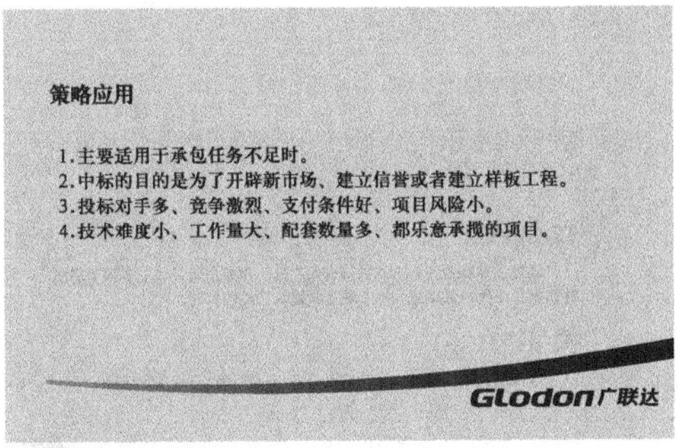

策略应用

1.主要适用于承包任务不足时。
2.中标的目的是为了开辟新市场、建立信誉或者建立样板工程。
3.投标对手多、竞争激烈、支付条件好、项目风险小。
4.技术难度小、工作量大、配套数量多、都乐意承揽的项目。

图 7-38

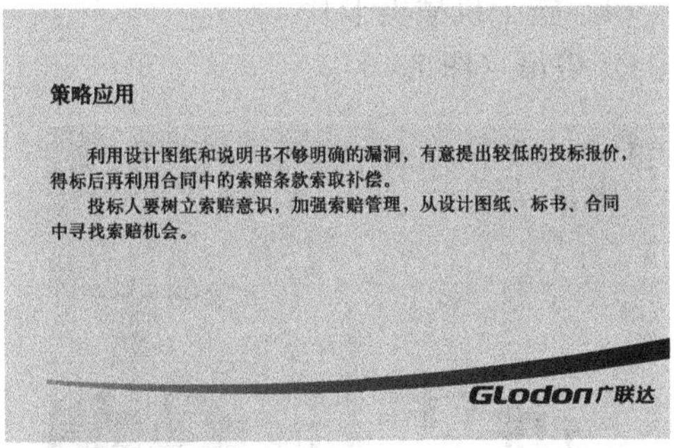

策略应用

利用设计图纸和说明书不够明确的漏洞，有意提出较低的投标报价，将标后再利用合同中的索赔条款索取补偿。
投标人要树立索赔意识，加强索赔管理，从设计图纸、标书、合同中寻找索赔机会。

图 7-39

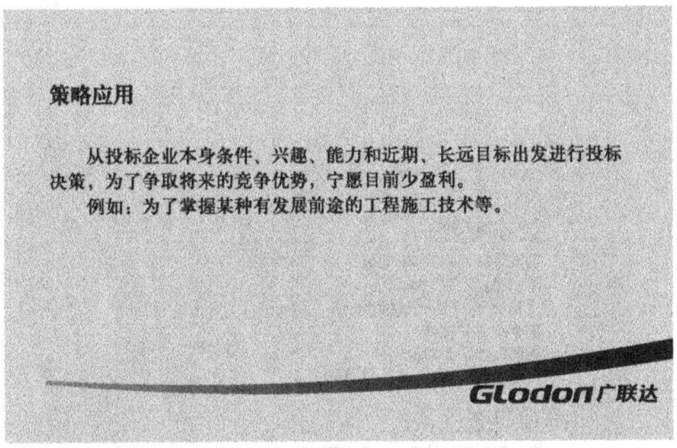

策略应用

从投标企业本身条件、兴趣、能力和近期、长远目标出发进行投标决策，为了争取将来的竞争优势，宁愿目前少盈利。
例如：为了掌握某种有发展前途的工程施工技术等。

图 7-40

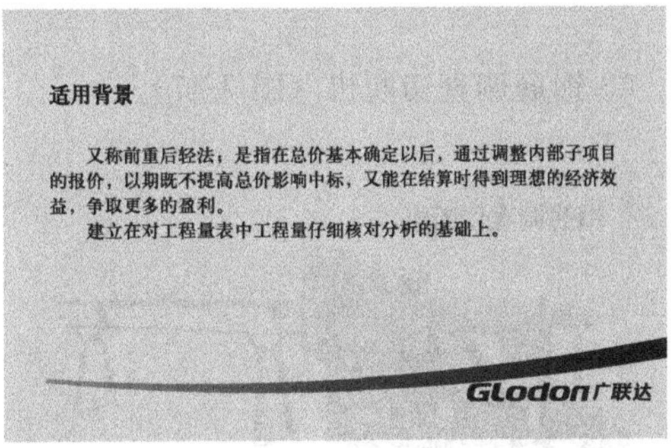

适用背景

又称前重后轻法；是指在总价基本确定以后，通过调整内部子项目的报价，以期既不提高总价影响中标，又能在结算时得到理想的经济效益，争取更多的盈利。
建立在对工程量表中工程量仔细核对分析的基础上。

图 7-41

适用背景

为了占领某一市场或打进某一地区，依靠雄厚的资本实力，采取不惜代价，只求中标的低价报价方案。

图 7-42

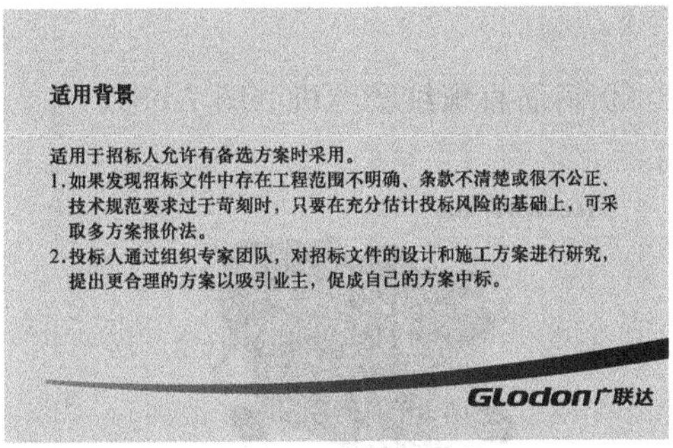

适用背景

适用于招标人允许有备选方案时采用。
1.如果发现招标文件中存在工程范围不明确、条款不清楚或很不公正、技术规范要求过于苛刻时，只要在充分估计投标风险的基础上，可采取多方案报价法。
2.投标人通过组织专家团队，对招标文件的设计和施工方案进行研究，提出更合理的方案以吸引业主，促成自己的方案中标。

图 7-43

④ 突然降价法（图 7-44）。

⑤ 高利润报价法（图 7-45）。

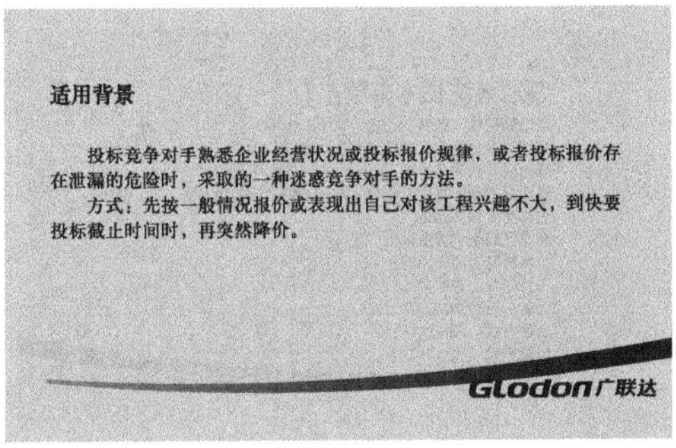

适用背景

投标竞争对手熟悉企业经营状况或投标报价规律，或者投标报价存在泄漏的危险时，采取一种迷惑竞争对手的方法。
方式：先按一般情况报价或表现出自己对该工程兴趣不大，到快要投标截止时间时，再突然降价。

图 7-44

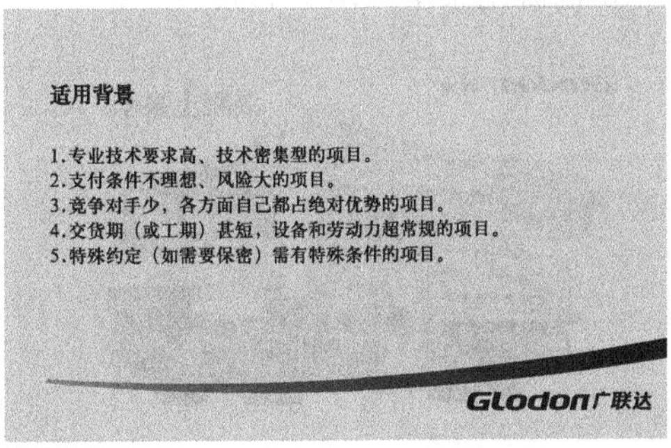

适用背景

1.专业技术要求高、技术密集型的项目。
2.支付条件不理想、风险大的项目。
3.竞争对手少，各方面自己都占绝对优势的项目。
4.交货期（或工期）甚短，设备和劳动力超常规的项目。
5.特殊约定（如需要保密）留有特殊条件的项目。

图 7-45

（4）施工机械类卡片

① 塔吊（图7-46）。

技术参数：

动臂装在高耸塔身上部的旋转起重机，作业空间大，主要用于房屋建筑施工中物料的垂直和水平输送及建筑构件的安装。

型号：

QTZ6516、TC6020、TC5613(QTZ5616/TC5610P/QTZ80)等

图 7-46

② 钢筋调直切断机（图7-47）。

技术参数：

调直直径：φ5~φ12mm
牵引速度：30~60m/min
定尺长度：600~9000mm
配套动力：11kW
切断误差：±5mm
占地面积：3.2m×0.6×1.3m

使用条件：

主要用于钢筋调直、切断等钢筋加工。

图 7-47

③ 钢筋直螺纹套丝机（图7-48）。

钢筋直螺纹套丝机

技术参数：

1. 加工钢筋直径范围：φ16~φ40mm
2. 主电机功率：3~4kW
3. 配用电源：三相380V 50Hz
4. 主轴转速：40~62r/min
5. 最大加工长度：80mm

采用滚丝轮冷轧工艺。

图 7-48

④ 混凝土泵车（图7-49）。

混凝土泵车

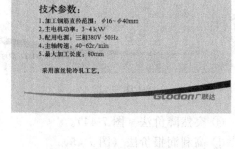

泵送系统技术参数：

理论输送量（高压/低压） 90/138m³/h
泵送混凝土压力（高压/低压） 13/8.7MPa
理论泵送次数（高压/低压） 18/27次/min
泵送混凝土骨料最大直径（高压/低压）40 mm
上料高度1450 mm
泵送混凝土坍落度范围 37cm
布料杆可达高度25 m
布料杆可达深度32.6m
布料杆回转半径 370m
润滑方式 自动润滑
控制方式 手动/遥控

图 7-49

⑤ 数控钢筋调直弯箍机（图7-50）。

图 7-50

⑥ 钢筋弯箍机（图7-51）。

图 7-51

⑦ 施工电梯（图7-52）。

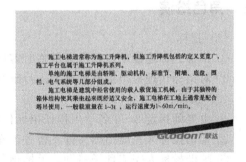

图 7-52

⑧ 挖掘机（图7-53）。

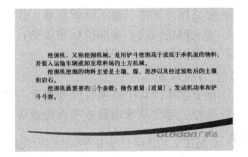

图 7-53

⑨ 自卸汽车（图 7-54）。

自卸汽车

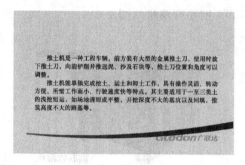

图 7-54

⑩ 推土机（图 7-55）。

推土机

图 7-55

3. 人员资格证书资料

详见模块五资格申请。

三、角色扮演

（1）招标人

① 招标人即建设单位，由老师临时客串；

② 对招标代理提出的疑难问题进行解答。

（2）招标代理

① 由老师指定 2～4 名学生担任招标代理公司；

② 辅助投标人完成招标文件发售等工作；

③ 辅助投标人完成现场踏勘、投标预备会工作。

（3）投标人

① 每个学生团队都是一个投标人公司；

② 完成投标文件、施工图纸获取工作；

③ 完成现场踏勘、参加投标预备会；

④ 完成招标文件的编制。

（4）行政监管人员

① 每个学生团队中由项目经理指定一名成员，担任本团队的行政监管人员；

② 负责工程交易管理服务平台的业务审批。

小贴士：如项目招标由招标人自行完成，则不设招标代理角色，其相关工作由招标人完成，并由学生团队担当。

四、时间控制

建议学时 4～6 学时。

五、任务一 获取招标文件，参加现场踏勘、投标预备会

（一）任务说明

① 投标报名；

② 获取招标文件；

③ 参加现场踏勘；

④ 参加投标预备会。

（二）操作过程

1. 投标报名

可参考模块五资格申请任务一的相关内容。

2. 获取招标文件

（1）方案一：在线获取

① 投标人登录工程交易管理服务平台，进入"已报名标段"界面，找到报名标段，进入标段此时购买招标文件，点击"购买"，此时弹出选择银行付款界面，请选择虚拟的"广联达银行"，点击"登陆网上银行支付"，继续点击"支付成功"完成付款。如图 7-56～图 7-58 所示。

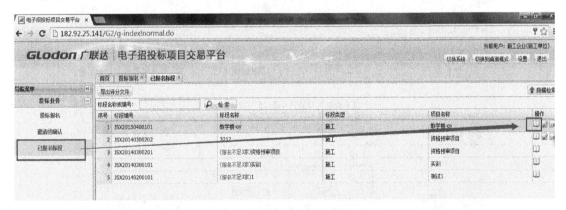

图 7-56

② 完成付款后，此时界面显示为未下载状态，点击"下载"即可下载并查看招标文件。图 7-59、图 7-60 所示。

（2）方案二：现场获取

1）本方案适用于没有电子招投标项目管理平台的情况。

2）投标人按照资审结果通知或招标公告的要求，准备相关证件资料。

① 企业、人员证件资料（如果招标公告或资审结果通知有要求）。

② 填写授权委托书（图 7-61）。

市场经理填写授权委托书（图 7-61），注意：填写完成后，必须盖章才能生效。

市场经理根据授权委托书所需的印章类型，填写资金、用章审批表（图 7-62），提交项目经理进行审批；项目经理审批通过后，将市场经理申请的印章交给市场经理；市场经理拿

图 7-57

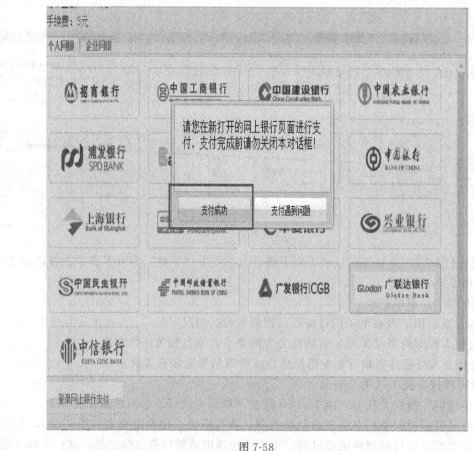

图 7-58

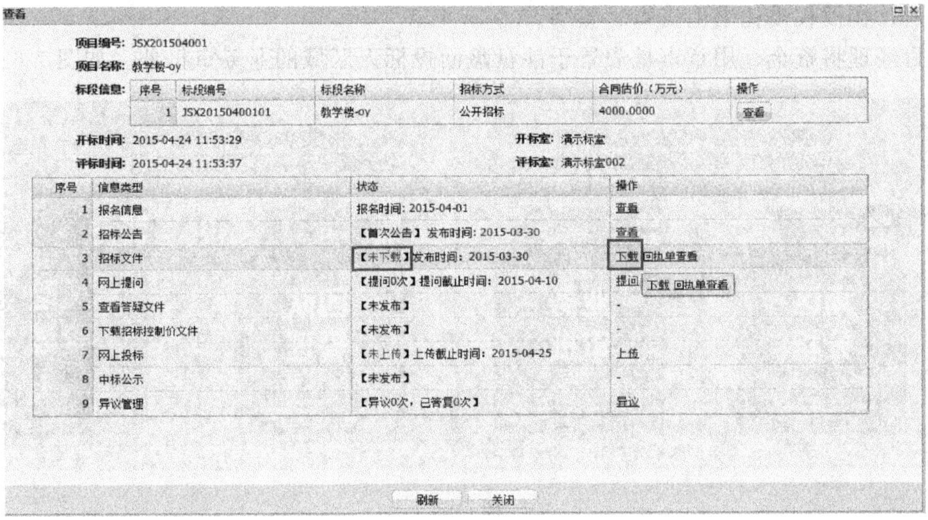

图 7-59

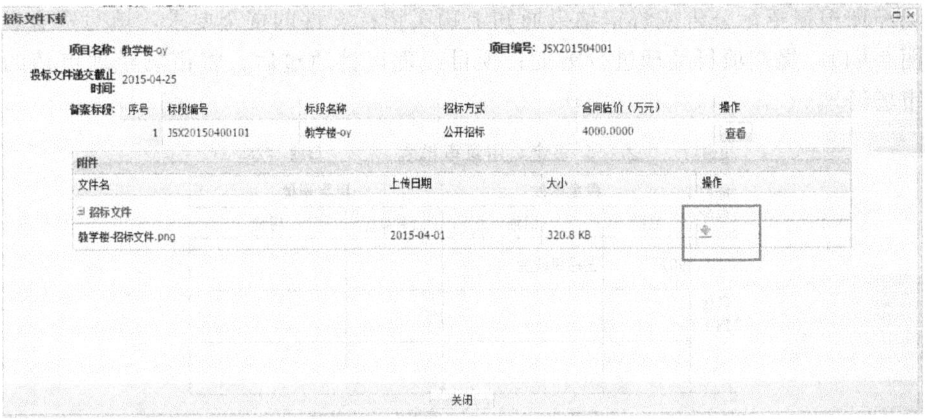

图 7-60

表0-8 授权委托书

本人　朱XX　（姓名）系　广联达第一建筑有限公司　（投标人名称）的法定代表人，现委托　李XX　（姓名）为我方代理人。代理人根据授权，以我方名义进行　xx学校教学楼工程　（项目名称）　x　标段　招投标　等事宜，其法律后果由我方承担。

委托期限：自　XX　年　XX　月　XX　日 至　XX　年　XX　月　XX　日止。
　　　　　　　广联达第一建筑有限公司　　　　　。

代理人无转委授权。

投标人：　广联达第一建筑有限公司　（盖单位章）

法定代表人：　朱XX　（签字或盖章）

身份证号码：　XXXXXXXXXXXXXXXXXXX　。

委托代理人：　李XX　（签字）

身份证号码：　XXXXXXXXXXXXXXXXXXX　。

　　　　XX　年　XX　月　XX　日

图 7-61

组别：	表0-6 资金、用章审批表		日期：XXXX-XX	
项目名称	资金审批		用章审批	
	金额	用途	公章类型	用途
具体内容			公章	授权委托书盖章

填表人：　　李XX　　　　　　审批人：　　张XX

图 7-62

到印章后，在授权委托书上盖章、签字。

项目经理将资金、用章审批表置于沙盘盘面投标人区域的业务审批处。如图 7-63 所示。

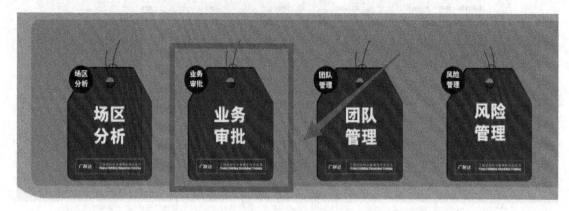

图 7-63

③ 准备资金

市场经理根据招标公告或资审结果通知上购买招标文件的资金要求，填写资金、用章审批表（图 7-64），提交项目经理进行审批；项目经理审批通过后，将市场经理申请的资金数量交给市场经理。

组别：　　　　　**表0-6　资金、用章审批表**　　　　日期：XXXX-XX

项目名称	资金审批		用章审批	
	金额	用途	公章类型	用途
具体内容	50万	投标保证金		

填表人：　　　　李XX　　　　　　审批人：　　　张XX

图 7-64

4 种规格代金币如图 7-65 所示。

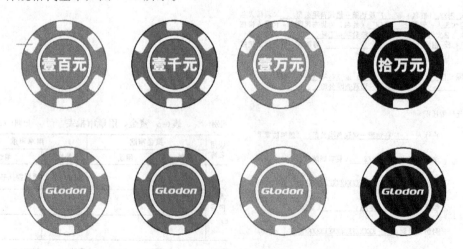

图 7-65

项目经理将资金、用章审批表置于沙盘盘面投标人区域的业务审批处。

④ 投标人自检。

市场经理将招标公告中有关携带资料的要求，填写到携带资料清单表（图7-66），并将所准备的相关资料内容（如授权委托书、资金等），一同提交项目经理进行审批；项目经理审批通过后，将市场经理准备的相关资料归还给他，留下携带资料清单表并置于沙盘盘面投标人区域的活动检视区。如图7-67所示。

组别：	表0-7 **携带资料清单表**		日期：
活动名称：			
序号	需携带资料内容	完成情况	需要补充
1	授权委托书	☐	
2	现金	☐	
3	被授权人身份证	☐	
4	授权人身份证（身份证复印件）	☐	
5		☐	
		☐	

填表人：李XX　　会签人：王XX　　审批人：张XX

图 7-66

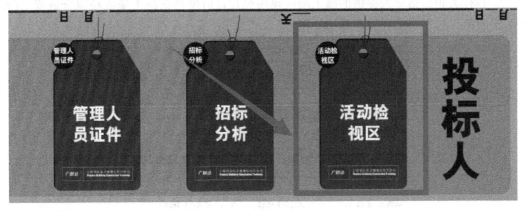

图 7-67

✎ **小贴士**：投标人在进行投标报名、购买招标文件时，需要仔细阅读招标公告或资审结果通知的要求，严格按照招标公告或资审结果通知的内容准备相关证件资料；实际投标人企业在投标报名和购买文件时，因为没有仔细阅读招标公告（或资审结果通知）和检查携带资料是否齐全，经常会丢三落四，导致往返企业和购买场所多次。

工程招投标实训教材在此增加投标人自检环节，意在培养学生养成一种良好的工作习惯：在参加招标人组织的各类活动时，提前检查一下自己需要携带的资料是否齐全。

3）获取招标文件。

① 招标人（或招标代理）现场发售招标文件；此过程招标人（或招标代理）由老师指定学生担任。

② 投标人（被授权人）携带相关资料，在招标公告或资审结果通知规定的时间和地点，购买招标文件。

③ 招标人审核投标人提交的各类资料内容，审核通过后，收取资金，将招标文件发放给投标人；投标人在现场的登记表（图 7-68）中填写单位信息。

表0-3   XX学校教学楼 工程   招标文件领取   登记(签到)表

序号	单 位	递交（退还、签到）时间	联系人	联系方式	传真
1	广联达第一建设有限公司	xxxx年xx月 xx 日 xx 时xx 分	李XX		
2	广联达第二建设有限公司	xxxx年xx月 xx 日 xx 时xx 分	张XX		
3	广联达第三建设有限公司	xxxx年xx月 xx 日 xx 时xx 分	王XX		
4	广联达第四建设有限公司	xxxx年xx月 xx 日 xx 时xx 分	李XX		
5	广联达第五建设有限公司	xxxx年xx月 xx 日 xx 时xx 分	王XX		
6	广联达第六建设有限公司	xxxx年xx月 xx 日 xx 时xx 分	张XX		
7	广联达第七建设有限公司	xxxx年xx月 xx 日 xx 时xx 分	李XX		
8	广联达第八建设有限公司	xxxx年xx月 xx 日 xx 时xx 分	李XX		
9	广联达第九建设有限公司	xxxx年xx月 xx 日 xx 时xx 分	李XX		

招标人或招标代理经办人：（签字）李XX   第 XX 页共 XX 页

图 7-68

3. 参加现场踏勘

（1）投标人项目经理派人参加招标人组织的现场踏勘。

（2）活动安排

1）招标人采用现场向投标人代表提供施工场区现场照片的形式，模拟现场踏勘活动（招标人由老师指定的学生担任）。

2）投标人根据招标人提供的施工场区现场照片，借助单据施工场区环境分析表（图 7-69），分析施工场区周边环境和现场环境。

组别：   表 7-2   施工场区环境分析表   日期：

项目	周围环境	现场条件
具体内容	☑高压线	☑场区内道路交通情况
	☐加油站	☐现场水源及排污情况
	☐特殊机构（医院、学校、消防等）	☐现场电源情况
	☑重点文物保护	☑场区平整情况
	☑周边道路交通情况	☑现场通信情况
	☐地下障碍物及特殊保护	☑建筑物结构及现状（改造工程）
	☐周边建筑物情况	☐
	☐	☐

填表人 李XX   会签人：张XX   审批人：杨XX

图 7-69

3）签字确认：市场经理将分析的结论填写至施工场区环境分析表，经过项目团队签字确认后，由市场经理将单据置于沙盘盘面投标人区域的场区分析处。如图 7-70 所示。

 小贴士：

① 现场踏勘是对投标工程项目现场客观条件的客观认识和把握。通过踏勘现场，实地了解工程所处的地理位置、周边环境、施工临时设施的布置以及水文、气象、地质、交通、施工用水、用电条件等，可以进一步对工程施工中可能存在的潜在问题做到心中有数。现场踏勘是对工程的感性认识，对合理确定施工交通、水流控制、风水电系统等临时工程量有着极为重要意义。

② 一般投标人会安排技术经理和商务经理参加现场踏勘，了解现场环境，以便做出有针对性的施工方案和投标报价。

4. 招标文件分析

（1）阅读招标文件

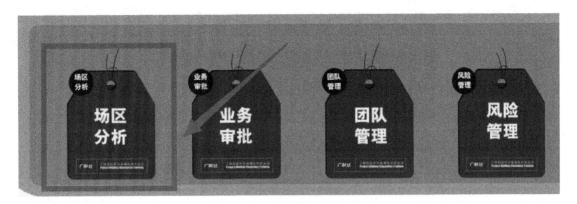

图 7-70

1）将招标文件导入到投标工具中，阅读招标文件。

① 启动"广联达电子投标文件编制工具 V6.0"，进入软件点击"新建项目"，此时弹出"导入文件"对话框，接着点击"导入文件"找到招标文件的保存路径，此时弹出请读取CA锁来获得单位信息，插入 CA 锁，点击"确定"，接着点击"读取锁信息"，接着点击"新建"，建立投标文件。如图 7-71～图 7-73 所示。

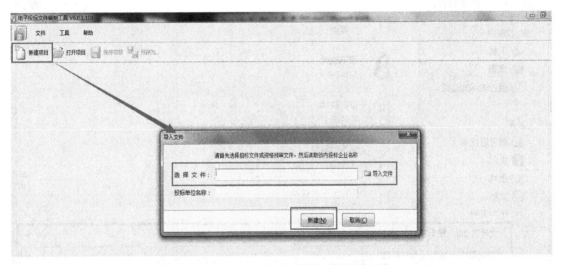

图 7-71

图 7-72

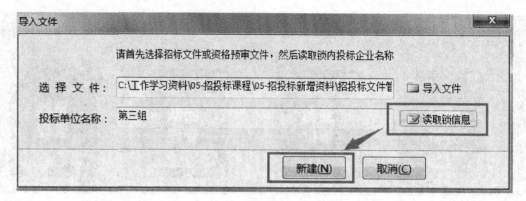

图 7-73

② 投标文件新建好之后，此时弹出保存路径对话框，选择投标文件的保存路径，点击"打开"进入下一步，点击"保存"，确定投标文件的保存路径。如图 7-74、图 7-75 所示。

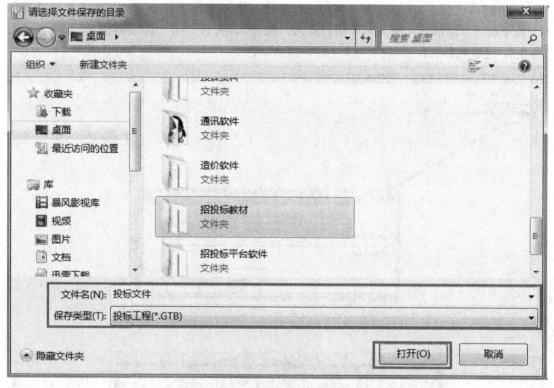

图 7-74

③ 进入软件主界面，此时软件默认进入"浏览招标文件界面"，浏览招标文件。如图 7-76 所示。

2）对招标文件重点内容进行分析、记录。

项目经理带领团队成员，借助单据招标文件分析表（图 7-77），对领取的招标文件内容进行详细阅读，并对需要重点关注的内容分析、记录。

3）完成单据招标文件分析表（图 7-77）。

4）市场经理将分析的结论填写至招标文件分析表，经过项目团队签字确认后，由市场

图 7-75

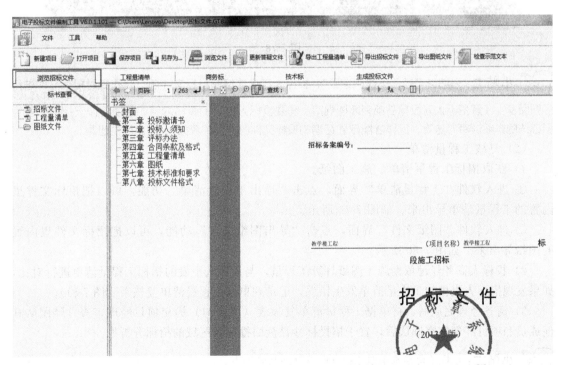

图 7-76

组别	表7-3　招标文件分析表	日期：
序号	项目内容	具体要求
1	资信要求	AAA
2	技术标要求	详见招标文件
3	招标控制价	XXXX万
4	投标保证金	XX万
5	投标文件递交方式及份数	电子一份，正本文件一份，副本三份
6	签字盖章要求	必须加盖公章
7	质疑截止日期	XXXX年XX月XX日
8	投标文件递交截止日期	XXXX年XX月XX日
9	评标办法	综合评估法
10	其他要求	

填表人：李XX　　会签人：张XX　　　　审批人：杨XX

图 7-77

经理将单据置于沙盘盘面投标人区域的招标分析处。如图 7-78 所示。

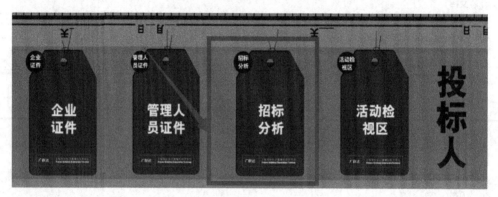

图 7-78

 小贴士：俗话讲"磨刀不误砍柴工"，投标人在正式编制投标文件前，必须要对招标文件进行仔细阅读，了解招标人对投标书都有哪些规定、需要投标人提交的资料内容、各项工作安排计划及评标办法的详细评审方法等，这样才能做到在编制投标文件时"有的放矢"，避免产生遗漏。

（2）复核工程量清单

1）获取招标工程量清单、施工图纸。

① 进入软件"工程量清单"界面，点击"导出工程量清单"功能，可以把招标文件里内置的工程量清单导出来。如图 7-79 所示。

② 进入软件"图纸文件"界面，点击"导出图纸文件"功能，可以把招标文件里内置的图纸导出来。如图 7-80 所示。

2）投标人商务经理依据施工图纸计算工程量，与招标人下发的招标工程量清单进行对比，如果发现招标人提供的工程量清单发生错误，记录到单据工程量清单复核表（图 7-81）。

3）商务经理完成后，将单据工程量清单复核表（图 7-81）提交项目经理审查，经团队其他成员和项目经理签字确认后，置于招投标沙盘盘面投标人区域的招标分析处。

 小贴士：招标工程量清单发生错误时的处理方式如下。

一是工程量计算错误或有漏项。可以在招标文件规定的期限内向招标单位提出异议，若业主不同

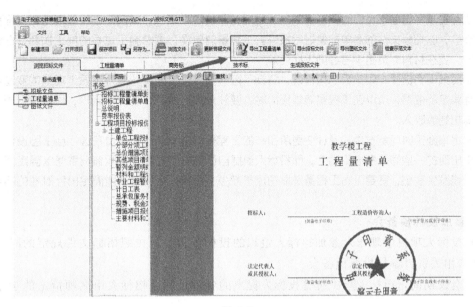

图 7-79

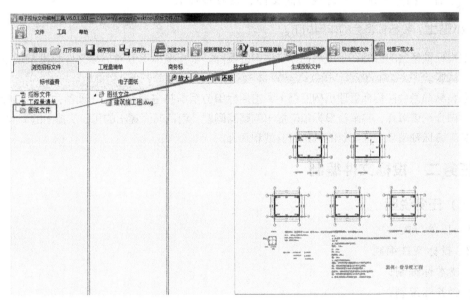

图 7-80

组别：　　　　　　　表7-1　**工程量清单复核表**　　　　日期：

项目名称	工程量		清单项	
	招标文件提供的清单项	复核的清单项	招标文件提供的工程量	复核的工程量
具体内容	10101001001	平整场地	300㎡	350㎡

填表人：李XX　　　　会签人：张XX　　　　审批人：杨XX

图 7-81

意修改工程量或对量差不负责时，施工单位应用综合单价进行修改，以实际工程量（施工工程量）计算工程造价，以招标文件的清单数量进行报价。工程量清单没有考虑施工过程的施工损耗，在编制综合单价时，要在材料消费量中考虑施工损耗。

二是图纸中有错误，如梁板结构错误；图纸不符合强制性标准，导致开工后工程量的变动等，这些是工程索赔的依据，所以在工程量清单报价时，要注意报价技巧，可先报低价，再通过变更、索赔等方式增加结算收入。

三是将来施工时可能发生的设计变更所引起的工程量的增减。设计人员在进行施工图设计时对施工中可能出现的一些问题考虑不周全，而投标人根据自己的施工经验及实际情况就可以确定哪些内容在将来可能发生变更，变更以后工程量是增加还是减少，在投标报价时就能确定出针对性的不平衡报价策略。

5. 参加投标预备会

1）投标人项目经理派人参加招标人组织的投标预备会，按照招标文件规定的时间和地点，携带相关资料参加投标预备会。

2）会议期间，招标人集中解答投标人提出的各种疑问（招标人由老师指定的学生代表担任）。

3）会后，招标人统一整理成书面文件、发放答疑书。

 小贴士：投标预备会的作用如下。

一是投标预备会的目的在于澄清招标文件中的疑问，解答投标单位对招标文件和勘察现场中所提出的疑问问题。

二是投标预备会在招标管理机构监督下，由招标单位组织并主持召开，在预备会上对招标文件和现场情况做介绍或解释，并解答投标单位提出的疑问问题，包括书面提出的和口头提出的询问。

三是在投标预备会上还应对图纸进行交底和解释。

六、任务二　投标文件编制

（一）任务说明

（1）任务分配。

（2）投标文件编制

① 技术标编制；

② 商务标编制；

③ 投标保证金准备；

④ 对招标文件做出响应。

（3）完成电子版投标文件编制。

（二）任务分配

项目经理将工作任务进行分配，填写任务分配单（图 7-82），下发给团队成员，由任务接收人进行签字确认。

任务分配原则如下：

技术经理——技术标编制；

商务经理——商务标编制；

市场经理——准备投标保证金、对招标文件做出响应。

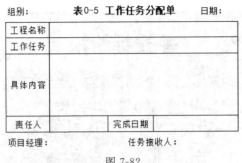

图 7-82

（三）操作过程

1. 技术标编制

编制技术标，老师可以根据学生的专业和实训目的，即可以直接使用施工组织设计实训课程的实训成果，也可以借助工程招投标实训教材提供的辅助道具，完成技术标的编制。

（1）确定施工方案

① 施工方案类卡片共分为 8 类施工方案：土方工程、地基与基础、防水工程、钢筋工程、模板工程、混凝土工程、季节性施工、措施性施工。

② 技术经理从施工方案类卡片中，结合投标工程的工程概况、招标范围等，选取适用本投标工程的施工方案。施工方案类卡片详见图 7-13～图 7-35。

（2）编制施工进度计划　施工进度计划的编制，可以直接使用广联达梦龙软件进行编制，编制完成后将施工进度计划文件转成图片或者 PDF 格式，导入到广联达电子投标文件编制工具 V6.0。

此过程老师可以根据教学安排及实训目的，选做。

本教材不对施工进度计划编制做详细讲解。

（3）挑选施工机械，并完成施工现场平面布置　施工现场平面布置图的绘制，可以直接使用广联达三维平面布置图软件继续绘制，绘制完成后将平面布置图转成图片或者 PDF 格式，导入到广联达电子投标文件编制工具 V6.0；如果不具备该条件，也可以借助工程招投标实训教材提供的道具模拟绘制施工平面布置图。

1）确定拟投入的施工机械设备。

技术经理根据投标工程的工程概况、招标范围等，借助提供的机械设备资料卡片，确定本投标项目拟投入的施工机械。施工机械类卡片详见图 7-46～图 7-55。

2）使用 CAD 绘图软件，将选出的施工机械卡片绘制到本投标工程的施工图纸上。

此过程老师可以根据教学安排及实训目的，选做。

（4）签字确认　技术经理负责将确定的施工方案、施工机械设备资料卡，连同项目经理下发的任务分配单，一同提交项目经理进行审查，经团队其他成员和项目经理签字确认后，置于招投标沙盘盘面投标阶段区域的对应位置处，如图 7-83 所示。

2. 商务标编制

（1）套定额、组价

① 打开"广联达全国职业院校技能大赛　计价软件 GBQ4.0"，进入软件后，弹出新建对话框，选择清单计价，接着点击"新建项目"，进入新建标段工程界面，此时选择"投标"阶段，导入"电子招标书"，点击"确定"，进入投标项目管理界面，双击"土建工程"，进

图 7-83

入单位工程界面。如图 7-84～图 7-86 所示。

电子招标书是使用广联达电子投标工具 V6.0 导出的工程量清单文件。

② 进入单位工程界面之后，此时所有清单项为锁定状态，首先"解除清单锁定"，此时开始进行定额套取，选择一个清单项点击"添加子目"，添加定额项，即可得到"综合单价"，依次操作，完成所有清单项的组价工作。如图 7-87～图 7-89 所示。

③ 组价完成后，点击"返回项目管理"回到项目管理界面，点击"发布投标书"，接着点击"生成/预览投标书"，首先进行"投标书自检"，检查通过了之后"生成投标书"，生产投标书后点击"确定"，接下来切换到"导出/刻录投标书"界面，点击"导出投标书"软件自动跳转到"浏览文件夹"界面，点击"确定"，确定电子投标书的保存路径。如图 7-90～图 7-95 所示。

小贴士：电子商务投标书编制完成后，回到文件的保存路径，可以查看到软件生成两个文件，其中第一个文件为"教学楼工程.GTB4"，此文件为可编辑文件（可进行再次编辑），第二个文件为电子版的商务标书文件，可以将此文件直接导入"广联达电子投标文件编制工具 V6.0"软件中。如图 7-96、图 7-97 所示。

（2）确定投标报价

1）项目经理带领团队成员，结合本投标工程的工程概况、竞争情况及商务标的评标办法，借助提供的工程投标策略类卡片和工程投标报价技巧类卡片，结合单据中标价预估表

图 7-84

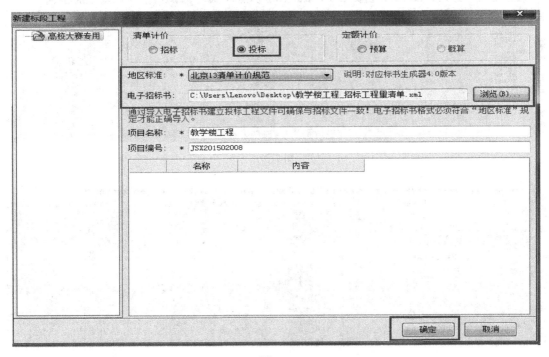

图 7-85

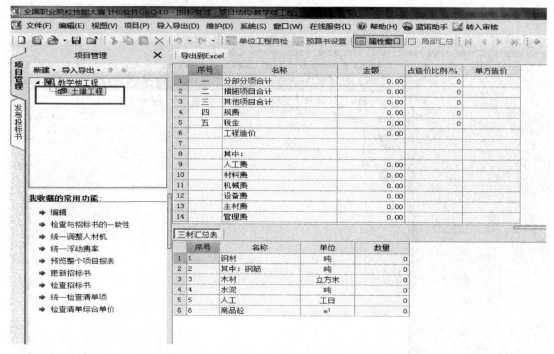

图 7-86

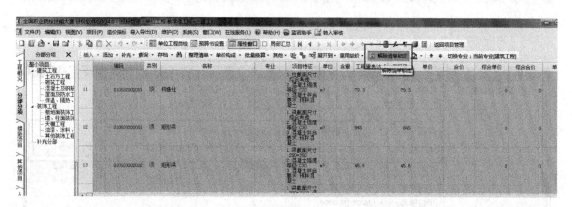

图 7-87

图 7-88

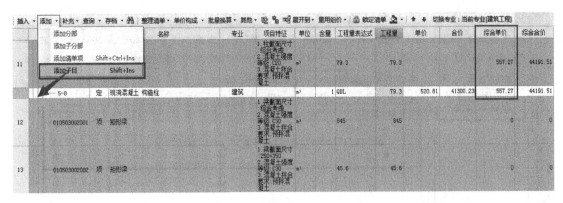

图 7-89

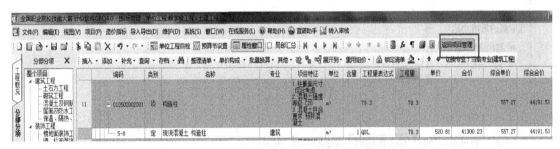

图 7-90

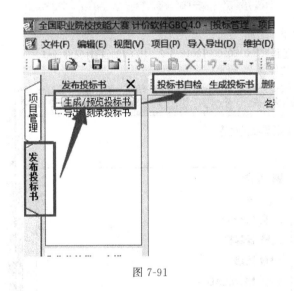

图 7-91

图 7-92

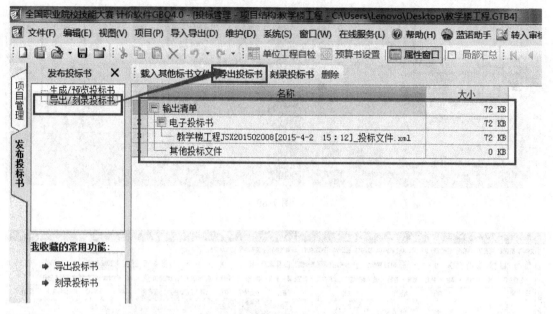

图 7-93

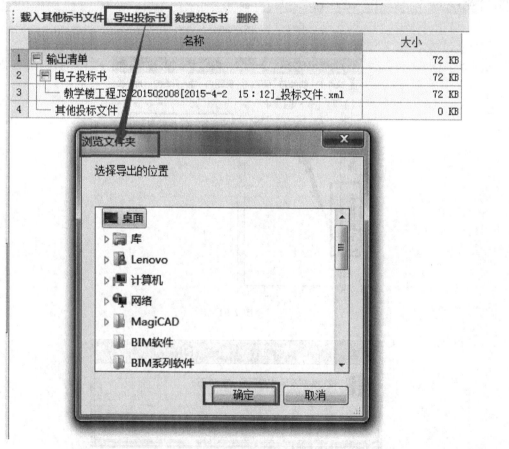

图 7-94

图 7-95   图 7-96

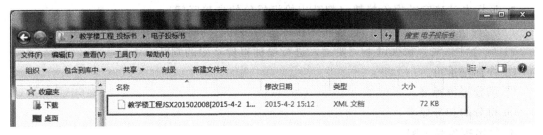

图 7-97

（表 7-10），确定本投标工程的投标报价。

2）完成单据中标价预估表（图 7-98）。

表0-2 **中标价预估表**

组别：   日期：

序号	组别/投标人	预估/实际报价	预估/实际得分	预估/实际排名
1	第一组	4200万	95分	二
2	第二组	4150万	98分	一
3	第三组	4000万	90分	三
4	第四组	4400万	87分	四
评标基准价		4130万		
预估/实际中标价		4150万		

填表人：李XX   会签人：张XX   审批人：杨XX

图 7-98

具体操作过程参考"确定投标报价五步曲"。具体如下。

第一步：确定投标报价趋势

1. 确定投标报价趋势的上下限（确定出最大区间）

（1）确定投标报价上限

① 招标控制价。

② 政府预算限额。

（2）确定投标报价下限

① 企业成本价。

② 招标文件的规定。

《中华人民共和国房屋建筑和市政工程标准施工招标文件》（2010 年版），在"附录：投标人成本评审办法"中，规定如下。

启动成本评审工作的前提条件：在满足下列两项条件的前提下，评标委员会应当启动并进行本办法所规定的评审，以判别投标人的投标报价是否低于其成本：

D1.1.1　投标人的投标文件已经通过本章"评标办法"规定的"初步评审"，不存在应当废标的情形；

D1.1.2　投标人的投标报价低于（不含）以下限度的：＿＿＿＿＿＿＿＿。

［说明：①设有标底或者招标控制价时以标底或者招标控制价为基准设立下浮限度。②既不设招标控制价又不设标底的，可以有效投标报价的算术平均值为基准设立下浮限度。具体限度视工程所在地和招标项目具体情况，在本附件中规定。但此处的下限仅作为启动成本评审工作的警戒线，不得直接认定废标。］

2. 评标办法确定的报价趋势（判断出投标报价的走势区间）

1) 经评审的低价中标法：直接趋于投标报价下限。

2) 综合评估法：根据以下三要素，进行投标报价下限的判断。

① 评标基准价。

② 满分报价标准。

③ 得分的扣分标准。

3. 得出报价趋势图

根据评标办法确定的报价趋势、结合投标报价上限和下限，确定出本投标工程投标报价趋势的最小区间，得出报价趋势图。

第二步：分析竞争对手

1. 竞争对手的历史报价数据分析

① 基于同种评标办法的竞争对手历史报价数据：根据历史数据预估该竞争对手本次投标报价趋势图（由于学生进行工程招投标实训，缺少竞争对手的历史数据，该过程可以省略）。

② 竞争对手报价决策人的性格特征：分析竞争对手决策人的性格特征，预估该竞争对手本次投标报价趋势图。

2. 确定竞争对手的报价区间

根据本投标工程的评标办法、竞争对手的报价趋势、竞争对手决策人的报价趋势，预估每个竞争对手的报价区间范围。

第三步：预估本投标工程的评标基准价

① 确定本投标工程的评标基准价：查阅招标文件，熟悉评标办法中的评标基准价计算规则。

② 根据分析的竞争对手报价区间，结合评标基准价的计算规则，预估本投标工程评标基准价的投标报价区间。

第四步：结合浮动系数，预估投标报价

判断此次投标的下浮系数。

（1）随机系数

① 根据以往本地区开标时随机抽取各个系数出现的概率（由于学生进行工程招投标实训，缺少当地的历史数据，该过程可以省略）。

② 根据随机系数出现的概率，结合评标基准价的计算规则，预估满分报价值的区间范围。

（2）固定系数　根据招标文件给出的系数，结合评标基准价的计算规则，预估满分报价值的区间范围。

第五步：确定投标报价

根据预估的满分报价值的区间范围，结合小组确定的本次投标报价的策略和技巧，确定本小组的投标报价。

商务经理负责将完成的中标价预估表（图7-98），连同项目经理下发的工作任务分配单，一同提交项目经理进行审查，经团队其他成员和项目经理签字确认后，置于招投标沙盘盘面投标阶段区域的"预估中标价"。如图7-99所示。

图 7-99

3. 准备投标保证金

（1）市场经理根据招标文件规定的投标保证金的递交方式、时间和地点，填写资金、用章审批表（图7-100），并将单据一同提交项目经理审批。

（2）项目经理审批通过后，将市场经理申请的资金数量交给市场经理。4 种规格代金币如图7-65所示。

（3）市场经理按照招标文件的要求，将投标保证金准备好（可使用密封袋将投标保证金进行密封）。

组别：	表0-6 资金、用章审批表			日期：
项目名称	资金审批		用章审批	
	金额	用途	公章类型	用途
具体内容	50万	投标保证金		

填表人：李XX   审批人：张XX

图 7-100

（4）项目经理将资金、用章审批表置于沙盘盘面投标人区域的业务审批处。如图 7-101 所示。

图 7-101

4. 对招标文件做出响应

（1）项目经理组织团队成员共同讨论，根据招标文件的规定，借助单据招标文件响应表（图 7-102），确定是否对招标文件做出响应。

组别：	表7-4 招标文件响应表	日期：	
序号	招标文件内容	是否响应	
1	投标内容	☑响应	☐不响应
2	工期	☑响应	☐不响应
3	工程质量	☑响应	☐不响应
4	技术标准及要求	☑响应	☐不响应
5	权利义务	☑响应	☐不响应
6	投标有效期	☑响应	☐不响应
7	投标价格	☑响应	☐不响应
8	分包计划	☑响应	☐不响应
9	已标价工程量清单	☑响应	☐不响应
10		☐响应	☐不响应
11		☐响应	☐不响应

填表人：李XX   会签人：张XX   审批人：杨XX

图 7-102

（2）市场经理将分析的结论填写至招标文件响应表，经过项目团队签字确认后，由市场经理将单据置于沙盘盘面投标阶段区域的相应位置处。如图 7-103 所示。

图 7-103

5. 资信标编制

参考模块五资格申请的相关内容进行资信标的编制。

6. 完成电子版投标文件的编制

（1）项目经理组织团队成员，共同完成一份电子版投标文件。

（2）操作说明

1）标书制作。

① 工程量清单导入。

利用投标工具将技术标、商务标、资信标进行整合，完成一份电子投标文件。

打开"广联达电子投标文件编制工具 V6.0"招标文件浏览完之后，此时开始编辑投标文件，首先进入"工程量清单"界面，点击"导入清单"，将之前在"全国职业院校技能大赛 计价软件 GBQ4.0"中生成的电子投标文件导入进来。如图 7-104 所示。

② 商务标制作。

工程量导入进来之后，切换到"商务标"界面，根据软件左侧标书目录的提示，依次录入商务标的必填项信息，遇到空格处填写信息，如果遇到"编辑"字样，点击"编辑"即可切换到编辑界面，全部信息编辑完成后，软件自带检查功能，点击"检查示范文本"，即可

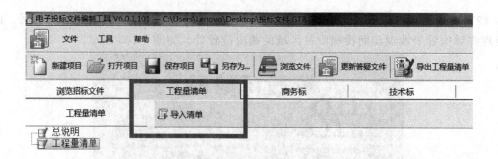

图 7-104

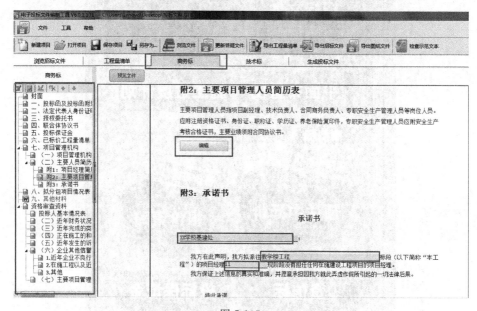

图 7-105

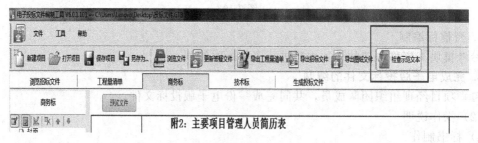

图 7-106

检查漏填项。如图7-105、图7-106所示。

　　资格审查资料部分根据招标文件的规定进行填写，如果需要上传附件图片，在需要上传的目录处，点击鼠标右键，选择添加附件或者子附件。如图7-107所示。

　　小贴士：此处编辑信息可查看相关的素材，素材内置在"广联达工程招投标沙盘模拟执行评测系统"软件里面的"资料库"。如图7-108所示。

　　③技术标制作。

　　商务标制作完成之后，切换到"技术标"界面，点击软件左侧"添加附件"图标，可以

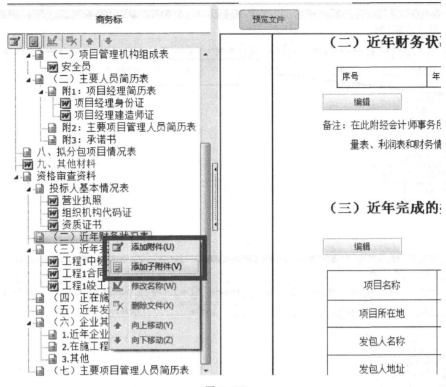

图 7-107

图 7-108

添加施工方案文档；在某个模块（如施工总进度计划及保证措施）点击鼠标右键，通过"添加子附件"功能，可以对该模块添加多个方案文件；添加好了之后，点击导入文件，可以把在广联达施工组织设计软件，广联达梦龙网络进度计划编制系统等软件里制作好的技术标添加到投标文件里。如图 7-109、图 7-110 所示。

④ 标书检查。

当商务标、技术标都做完之后，检查标书的错漏信息，此时，点击"检查示范文本"，检查标书的制作情况，如有错误信息，软件会自动跳转到错误信息提示界面，了解错误信息之后，可以继续返回相应的界面进行再次编辑和完善，直到检查示范文本显示"示范文本检查通过"，此时点击"确定"。如图 7-111～图 7-113 所示。

2）生成投标文件。

① 转化成签章文件。

投标书检查通过后，此时切换至"生成投标文件界面"，在此界面要完成"电子签章"

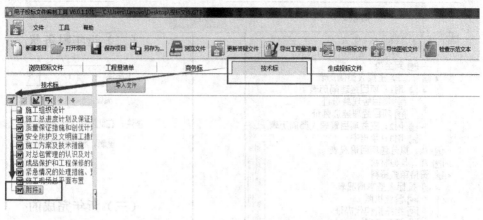

图 7-109

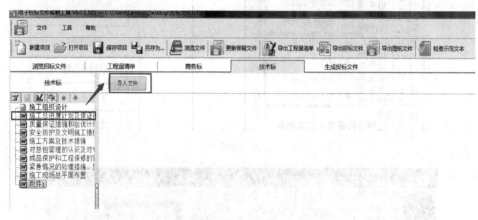

图 7-110

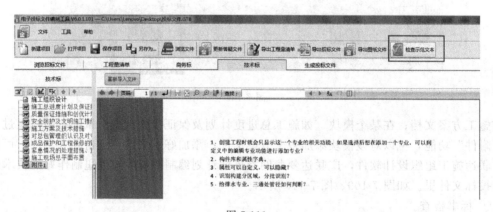

图 7-111

才能"生成投标书",首先来看电子签章,点击鼠标进入"电子签章"界面,将电子文件转化为签章文件,点击"转化",可以点击"批量转化"将所有的标书转化完成。如图 7-114、图 7-115 所示。

② 电子签章。

转化完成后进行电子签章,点击"签章",此时弹出"浏览 PDF"界面,点击"批量签章"(注:技术标签章、资格审查、工程量清单等的签章方法参考商务标签章操作)。接着弹出"选

导出检查结果

一、投标函及投标函附录

错误信息	错误类型
投标报价总额小写 内容为空	严重
投标报价专业工程暂估价合计金额 内容为空	严重
投标报价材料暂估价 内容为空	严重
投标报价暂列金额 内容为空	严重
质量标准 内容为空	严重
投标报价安全文明施工费 内容为空	严重

技术标

错误信息	错误类型
施工总进度计划及保证措施 文件不存在!	严重
质量保证措施和创优计划 文件不存在!	严重
安全防护及文明施工措施 文件不存在!	严重
施工方案及技术措施 文件不存在!	严重
对总包管理的认识及对专业分包工程的配合、协调、管理、服务方案 文件不存在!	严重
成品保护和工程保修的管理措施 文件不存在!	严重
紧急情况的处理措施、预案以及抵抗风险的措施 文件不存在!	严重
施工现场总平面布置 文件不存在!	严重

图 7-112

提示

(i) 示范文本检查通过!

确定

图 7-113

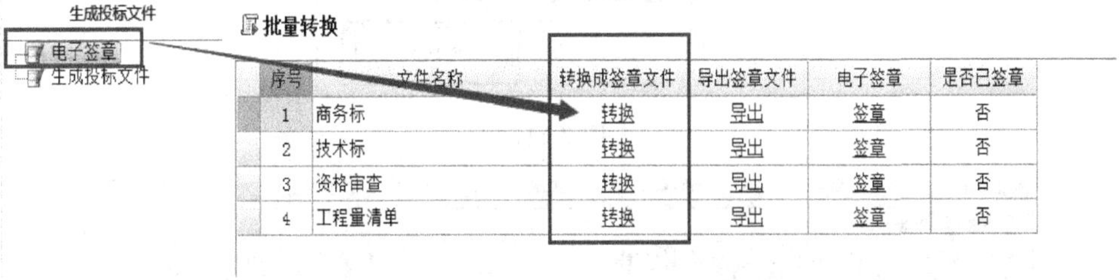

生成投标文件
☑ 电子签章
☑ 生成投标文件

批量转换

序号	文件名称	转换成签章文件	导出签章文件	电子签章	是否已签章
1	商务标	转换	导出	签章	否
2	技术标	转换	导出	签章	否
3	资格审查	转换	导出	签章	否
4	工程量清单	转换	导出	签章	否

图 7-114

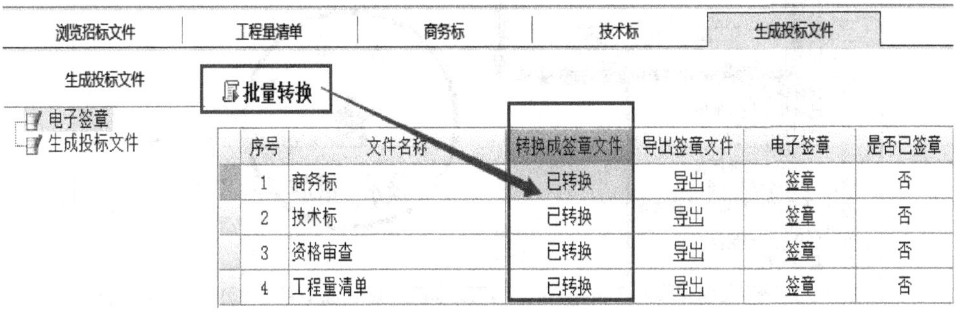

浏览招标文件	工程量清单	商务标	技术标	生成投标文件

生成投标文件
☑ 电子签章
☑ 生成投标文件

批量转换

序号	文件名称	转换成签章文件	导出签章文件	电子签章	是否已签章
1	商务标	已转换	导出	签章	否
2	技术标	已转换	导出	签章	否
3	资格审查	已转换	导出	签章	否
4	工程量清单	已转换	导出	签章	否

图 7-115

择 CA 锁类型"对话框，点击"确定"进入下一步，此时进入签章界面，点击鼠标左键签章，同时弹出"请输入 KEY 的 PIN 码"，这里请注意，锁的 PIN 码为"88888888"，输入完成后，点击"确认"，此时签章完成，在已签章界面全部显示已签章。如图 7-116～图 7-119 所示。

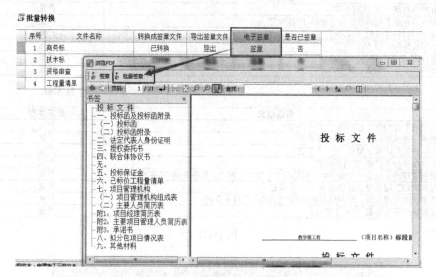

图 7-116

图 7-117

图 7-118

工程量清单	商务标	技术标	生成投标文件

批量转换

序号	文件名称	转换成签章文件	导出签章文件	电子签章	是否已签章
1	商务标	已转换	导出	签章	是
2	技术标	已转换	导出	签章	是
3	资格审查	已转换	导出	签章	是
4	工程量清单	已转换	导出	签章	是

图 7-119

③ 导出签章文件。

签章完成后，此时可以把标书导出，点击"导出"此时弹出"另存为"对话框，保存格式为 pdf，点击"保存"，可以把商务标导出，便于之后浏览，打印，制作纸质版的投标书（注：技术标、资格审查、工程量清单的导出方法参考商务标导出的操作）。如图 7-120 所示。

批量转换

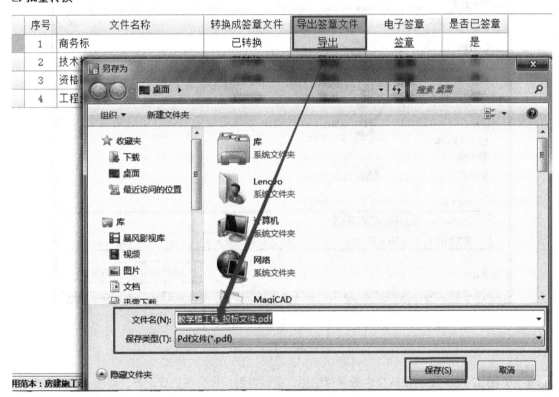

图 7-120

④ 生成投标文件。

签章完成后，切换到"生成投标文件"的界面，此时点击"生成"，软件弹出"另存为"对话框，点击"保存"，接下来弹出"输入密码"对话框（注：密码是 88888888），此时显示标书生成成功，点击"确定"，完成标书的生成。如图 7-121～图 7～124 所示。

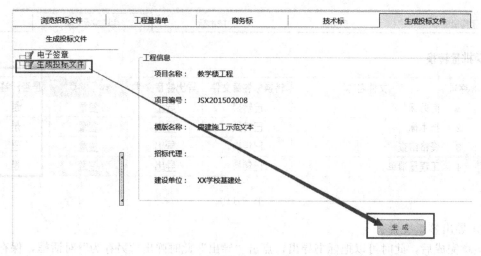

图 7-121

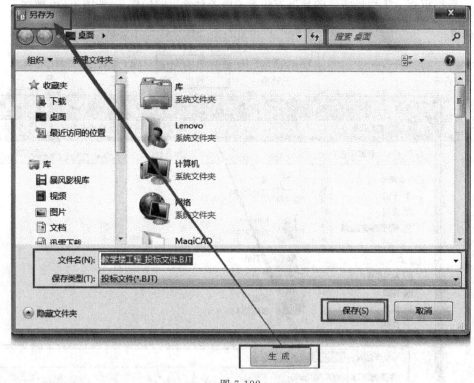

图 7-122

✎ **小贴士**: 我们回到投标文件的保存路径, 可以看到投标文件生成之后, 同时生成三个文件。

其中第一个文件"投标文件 .GTB", 此文件为可编辑, 可修改文件, 可以再次打开打开进行编辑。第二个文件"教学楼工程 _ 投标文件 .BJT2", 此文件为非加密文件, 用于教学过程中可以导入开评标系统, 进行开评标工作。第三个文件"教学楼工程 _ 投标文件 .BJT", 此文件为加密文件, 用于企业的开评标活动, 在开评标活动中需要解密, 实训教学活动中, 不使用此文件。如图 7-125 所示。

(3) 团队自检 投标文件电子版完成后, 项目经理组织团队成员, 利用投标文件审查表进行自检。

图 7-123

图 7-124

图 7-125

（4）签字确认　市场经理负责将结论记录到投标文件审查表（图 7-126），经团队其他成员和项目经理签字确认后，置于招投标沙盘的投标阶段团队管理的对应位置处。如图 7-127 所示。

组别：　　　　　　　表7-5　**投标文件审查表**　　　日期：

序号	审查内容	完成情况	需调整内容	责任人
1	形式审查	☑		
2	资格审查	☑		
3	响应性审查	☑		
4	资信标审查	☑		
5	技术标审查	☑		
6	经济标审查	☑		
7	详细评审	☑		
8		☐		

填表人：　　　　会签人：　　　　　　审批人：

图 7-126

图 7-127

七、任务三　投标文件封装、递交

（一）任务说明

① 完成投标文件的封装工作；

② 完成投标文件的递交工作。

（二）操作过程

1. 完成投标文件的封装工作

（1）方案一：网络递交（网络递交不需要密封装袋）　使用 CA 锁，在投标工具中进行电子签章，生成电子投标文件，图标如图 7-128 所示。

（2）方案二：现场递交

① 投标人准备两个信封（或密封袋）、封皮、多个密封条、胶水（或双面胶）、印章（企业公章、法定代表人印章）、印泥。如图 7-129、图 7-130 所示。

② 投标人将电子标书保存至 U 盘中，并将 U 盘放入信封中。

③ 投标人填写资金、用章审批表，完成标书密封、盖章。

④ 投标人市场经理填写授权委托书、携带资料清单表，并将单据和密封的标书一同提交项目经理审批。

图 7-128

信封：

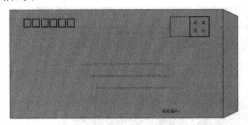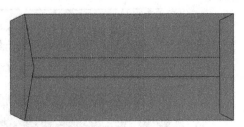

档案袋：

封皮：

工程项目名称

招标文件编号：

投标文件

投标文件：　商务标部分

投标人：＿＿＿＿＿＿＿＿＿＿＿（盖章）

法定代表人：＿＿＿＿＿＿＿＿（签字或盖章）

编制日期：＿＿＿年＿＿＿月＿＿＿日

＿＿＿＿项目投标文件在＿＿年＿＿月＿＿日＿＿时＿＿分前不得开启。

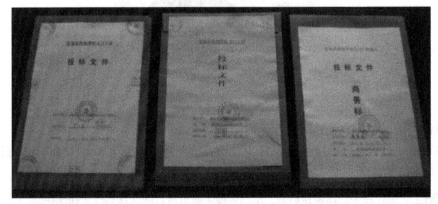

图 7-129

密封条

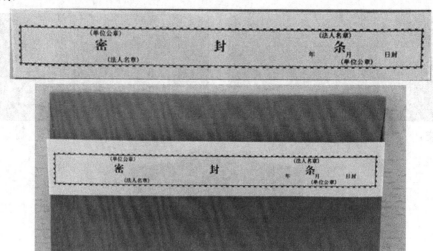

企业公章：

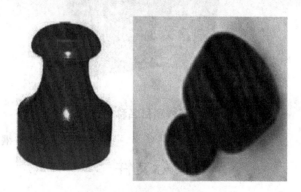

法定代表人印章：

印泥：

图 7-130

⑤ 投标人市场经理准备好的投标保证金。

⑥ 结束后，将资金、用章审批表置于沙盘盘面投标人区域的业务审批处；将携带资料清单表置于沙盘盘面投标人区域的活动检视区。如图 7-131 所示。

 小贴士：该过程由项目经理组织，市场经理主要负责，团队其他成员辅助完成。

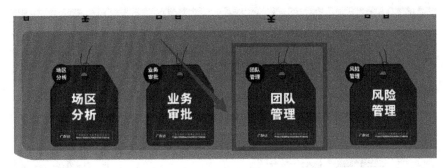

图 7-131

2. 完成投标文件的递交工作

（1）网络递交　登陆电子招投标项目交易平台，完成投标文件在线递交工作。

投标文件准备好之后，投标人登陆"广联达电子招投标项目交易平台"，进入"已报名标段"进入报名的标段，进行网上投标点击"上传"此时软件进入上传投标文件的界面，点击"添加文件"添加完成后，点击"加载"。如图 7-132～图 7-134 所示。

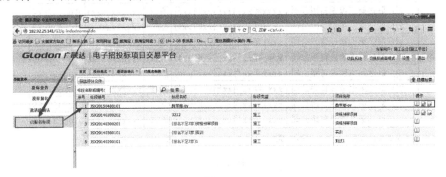

图 7-132

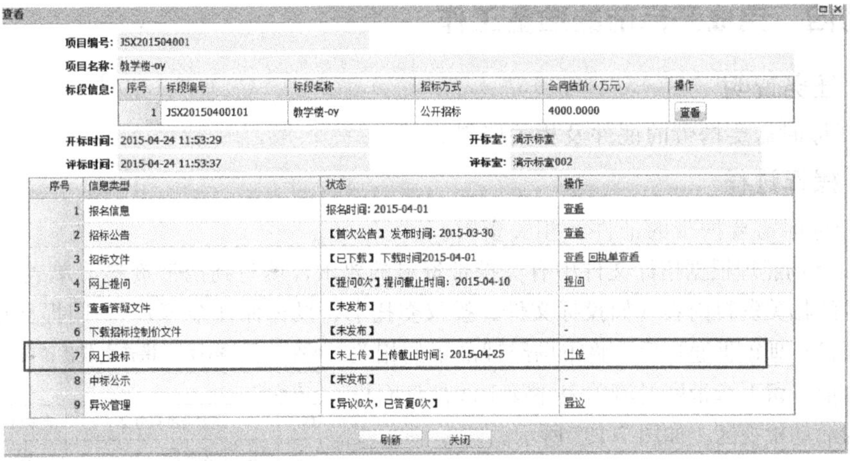

图 7-133

（2）现场递交

① 投标人（被授权人）携带密封完成的投标文件、投标保证金、授权委托书等，根据招标文件规定的时间和地点，现场递交。

② 投标人递交投标文件后，在现场的登记（签到）表（图 7-135）中填写单位信息。

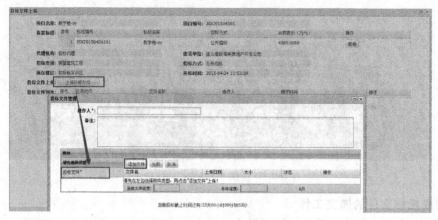

图 7-134

表0-3　　XX教学楼 工程 递交投标文件 登记(签到)表

序号	单　　位	递交（退还、签到）时间	联系人	联系方式	传真
1	广联达第一建设有限公司	xxxx年xx月xx日xx时xx分	李XX	xxxxxxxxxxx	0105637876
2	广联达第二建设有限公司	xxxx年xx月xx日xx时xx分	杨XX	xxxxxxxxxxx	0105637877
3	广联达第三建设有限公司	xxxx年xx月xx日xx时xx分	孙X	xxxxxxxxxxx	0105637878
4	广联达第四建设有限公司	xxxx年xx月xx日xx时xx分	张XX	xxxxxxxxxxx	0105637879
5	广联达第五建设有限公司	xxxx年xx月xx日xx时xx分	李XX	xxxxxxxxxxx	0105637880
6	广联达第六建设有限公司	xxxx年xx月xx日xx时xx分	郝XX	xxxxxxxxxxx	0105637881
7	广联达第七建设有限公司	xxxx年xx月xx日xx时xx分	陈XX	xxxxxxxxxxx	0105637882
8	广联达第八建设有限公司	xxxx年xx月xx日xx时xx分	张XX	xxxxxxxxxxx	0105637883
9	广联达第九建设有限公司	xxxx年xx月xx日xx时xx分	杨XX	xxxxxxxxxxx	0105637884

招标人或招标代理经办人：（签字）李XX　　　　　　　　　第 1 页共 1 页

图 7-135

③ 招标人由老师指定的学生担任。

八、任务四　完成开标前的准备工作

（一）任务说明

完成开标时需要携带的证件及相关资料。

（二）操作过程

准备开标时需要携带的证件及相关资料。

投标人市场经理根据招标文件中有关携带资料的要求，填写到携带资料清单表（图 7-136），并将所准备的相关资料内容（如投标文件、授权委托书、投标保证金等），一同提交项目经理进行审批；项目经理审批通过后，将市场经理准备的相关资料归还给他，留下携带资料清单表并置于沙盘盘面投标人区域的活动检视区。如图 7-137 所示。

组别：　　　表0-7　携带资料清单表　　　日期：

活动名称：

序号	需携带资料内容	完成情况	需要补充
1	投标文件纸质版	☑	
2	授权委托书	☑	
3	投标保证金	☑	
4	本人身份证	☑	
5	授权人身份证原件（复印件）	☑	
		☐	

填表人：李XX　　会签人：张XX　　审批人：杨XX

图 7-136

📝 **小贴士**：投标人在参加开标会时，需要仔细阅读招标文件中开标的相关要求，严格按照招标文件的内容准备相关证件资料；实际投标人企业在参加开标会时，因为没有仔细阅读招标文件和检查携带资料是否齐全，可能导致未能准时参加开标会。

图 7-137

　　工程招投标实训教材在此增加投标人自检环节，意在培养学生养成一种良好的工作习惯：在参加招标人组织的各类活动尤其是开标会时，提前检查一下自己需要携带的资料是否齐全。

九、沙盘展示

1. 团队自检

　　项目经理带领团队成员，对照沙盘操作表，检查自己团队的各项工作任务是否完成，见下表。

沙盘操作表

序号	任务清单	使用单据/表/工具	完成情况 （完成请打"√"）
（一）	投标报名、现场踏勘、投标预备会		☐
1	投标人投标报名/购买招标文件/获取施工图纸	携带资料清单表/授权委托书/代金币/登记表	☐
2	投标人参加现场踏勘、对施工场区进行分析	施工场区环境分析表	☐
3	投标人对工程量清单进行复核	工程量清单复核表	☐
4	投标人对招标文件重点内容进行分析	招标文件分析表	☐
5	投标预备会	质疑书/招标文件澄清、答疑书	☐
（二）	投标文件编制		☐
1	投标人确定施工方案		☐
2	投标人对招标文件进行响应	招标文件响应表	☐
3	投标人制定施工进度计划		☐
4	投标人完成施工平面布置图		☐
5	投标人对中标价进行预估	中标价预估表	☐
6	投标人确定投标报价策略		☐
7	投标人编制投标报价	计价软件	☐
8	投标人完成资信标的编制	投标工具	☐
9	投标人准备投标保证金	资金、用章审批表	☐
10	投标人完成投标文件的编制	投标工具	☐
11	投标人对投标文件自检合格	投标文件审查表	☐
（三）	投标文件封装、递交		☐
1	投标人对投标文件进行密封、盖章	资金、用章审批表	☐
2	投标人在线递交投标文件	电子招投标项目交易平台	☐
（四）	开标前的准备工作		
1	投标人准备参加开标会携带资料	授权委托书/携带资料清单表/资金、用章审批表	☐

2. 沙盘盘面上内容展示与分享

　　如图 7-138 所示。

3. 作业提交

（1）作业内容

① 投标文件；

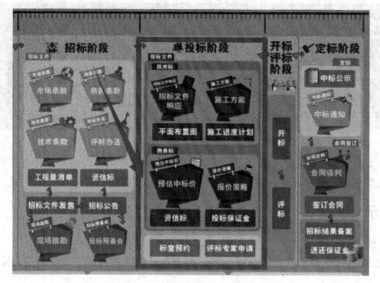

图 7-138

② 生成投标人项目交易平台评分文件。

（2）操作指导

1）生成投标人投标文件电子版。

学生从使用广联达电子投标文件编制工具 V6.0 生成的投标文件中找到 ".BJT2" 格式的投标文件，如图 7-139 所示，提交给老师。具体操作过程详见任务三 投标文件封装、递交。

图 7-139

2）生成投标人项目交易平台评分文件。

使用工程交易管理服务平台生成项目交易平台评分文件一份。

具体操作详见附录 2：生成评分文件。

3）提交作业。

将投标文件、项目交易平台评分文件拷贝到 U 盘中提交给老师，或者使用在线文件递交（文件在线提交系统或电子邮箱等方式）提交给老师。

十、实训总结

1. 教师评测

（1）评测软件操作　　具体操作详见附录 3：学生学习成果评测。

（2）学生成果展示　　具体操作详见附录 3：学生学习成果评测。

2. 学生总结

小组组内讨论 3 分钟，写下该环节你认为需要完善的内容及心得，并进行分享。

十一、拓展练习

在本实训模块之外需要学生了解相关知识内容或需要同学课外需要思考的问题。

① 工程招标采取资格后审方式时，投标文件编制的区别；

② 工程招标采取不同的评标办法［经评审的低价中标法、综合评估法（内插法、区间法）］，投标商务标编制的区别；

③ 技术标评审办法采用合格制和评分制时，投标文件技术标编制的区别；

④ 投标策划的工作点及实践中的应用。

模块八　工程开标与评标

知识目标
　　1. 了解开标的相关法律规定及开标流程
　　2. 掌握评标的相关法律规定及评标流程
能力目标
　　1. 能够以招标人身份组织工程的开标与评标
　　2. 能够以投标人身份参与工程的开标与评标
　　3. 能够以评标专家的身份进行评标

项目一　工程开评标相关理论知识

　　本部分理论知识只是本模块工作任务学习的引导，详细知识的学习自行查阅相关资料。

一、开标

（一）开标介绍

　　开标应当按招标文件规定的时间、地点和程序，以公开方式进行。开标时间与投标截止时间应为同一时间。唱标内容应完整、明确。只有唱出的价格才是合法、有效的。唱标及记录人员不得将投标内容遗漏不唱或不记。

　　一般情况下，开标由招标人主持。招标人委托招标代理机构代理招标时，开标也可由该代理机构主持。主持人按照规定的程序负责开标的全过程。其他开标工作人员办理开标作业及制作记录等事项。邀请所有的投标人或其代表出席开标，目前大多省市都会邀请投标人的项目经理作为开标代表到现场，可以使投标人得以了解开标是否依法进行，有助于使他们相信招标人不会任意做出不适当的决定；同时，也可以使投标人了解其他投标人的投标情况，做到知己知彼，大体衡量一下自己的中标的可能性，这对招标人的中标决定也将起到一定的监督作用。此外，为了保证开标的公正性，一般还邀请相关单位的代表参加，如招标项目主管部门的人员、监察部门代表等。有些招标项目，招标人还可以委托公证部门的公证人员对整个开标过程依法进行公证。同时建设行政主管部门的"招标投标管理办公室"（简称招标办），负责监督项目招投标全过程（含开标现场派员监督）。

　　在开标当日且在开标地点递交的投标文件的签收应当填写投标文件，报送签收一览表，招标人专人负责接收投标人递交的投标文件。提前递交的投标文件也应当办理签收手续，由招标人携带至开标现场。在招标文件规定的截标时间后递交的投标文件不得接收，由招标人原封退还给有关投标人。在截标时间前递交投标文件的投标人少于三家的，招标无效，开标会即告结束，招标人应当依法重新组织招标。

（二）开标事项

　　① 由投标人或者其推选的代表检查投标文件的密封情况，也可以由招标人委托的公证

机构检查并公证。投标人数较少时，可由投标人自行检查；投标人数较多时，也可以由投标人推举代表进行检查。招标人或者其推选的代表或者公证机构经检查发现密封被破坏的投标文件，应当予以拒收。

② 经确认无误的投标文件，由工作人员当众拆封。投标人或者投标人推选的代表或者公证机构对投标文件的密封情况进行检查以后，确认密封情况良好，没有问题，则可以由现场的工作人员在所有在场的人的监督之下进行当众拆封。

③ 宣读投标人名称、投标价格和投标文件的其他主要内容。即拆封以后，现场的工作人员应当高声唱读投标人的名称、每一个投标的投标价格以及投标文件中的其他主要内容。其他主要内容，主要是指投标报价有无折扣或者价格修改等。如果要求或者允许报替代方案的话，还应包括替代方案投标的总金额。比如建设工程项目，其他主要内容还应包括：工期、质量、投标保证金等。这样做的目的在于，使全体投标者了解各家投标者的报价和自己在其中的顺序，了解其他投标的基本情况，以充分体现公开开标的透明度。

（三）开标会议流程

（1）宣布开标纪律。

（2）公布在投标截止时间前递交投标文件的投标人名称，并点名确认投标人是否派人到现场。

① 宣布开标人、唱标人、记录人、监标人等有关人员名单。

② 确认投标人法人或授权代表人是否在场。

③ 宣布投标文件开启顺序。

④ 依开标顺序，先检查投标文件密封是否完好，再启封投标文件。

⑤ 宣布投标要素，并作记录，同时由投标人代表签字确认。

⑥ 对上述工作进行记录，存档备查。

二、评标

（一）评标原则

一般认为，评标就是指评标委员会根据招标文件规定的评标标准和方法，对投标人递交的投标文件进行审查、比较、分析和评判，以确定中标候选人或直接确定中标人的过程。

2013 年 5 月 1 日发布施行《评标委员会和评标方法暂行规定》指出：评标活动应遵循公平、公正、科学、择优的原则。评标活动依法进行，任何单位和个人不得非法干预或者影响评标过程和结果。

（二）评标组织

《中华人民共和国招标投标法》明确规定：评标委员会由招标人负责组建，评标委员会成员名单一般应于开标前确定。评标委员会成员名单在中标结果确定前应当保密。《评标委员会和评标方法暂行规定》规定：依法必须进行施工招标的工程，其评标委员会由招标人的代表和有关技术、经济等方面的专家组成，成员人数为 5 人以上的单数，其中招标人、招标代理机构以外的技术、经济等方面专家不得少于成员总数的 2/3。评标委员会的专家成员，应当由招标人从建设行政主管部门及其他有关政府部门确定的专家名册或者工程招标代理机构的专家库内相关专业的专家名单中确定。政府投资项目的评标专家必须从政府或者政府有关部门组建的评标专家库中随机抽取。技术复杂、专业性强或者国家有特殊要求的招标项目，采取随机抽取方式确定的专家难以保证胜任的，可以由招标人直接确定。与投标人有利害关系的人不得进入相关工程的评标委员会。

（三）评标程序

一般来说评标活动将按以下五个步骤进行：评标准备；初步评审；详细评审；澄清、说明或补正；提交评标报告。

1. 评标准备

本阶段工作包括熟悉文件资料，评标委员会成员应认真研究招标文件，了解和熟悉招标目的、范围、主要合同条件、技术标准、质量标准和工期要求等，掌握评标标准和方法。同时对投标文件进行基础性数据分析和整理工作（称为清标）。

2. 初步评审

初步评审也称符合性评审，主要是包括检验投标文件的符合性和核对投标报价，确保投标文件响应招标文件的要求，剔除法律法规所提出的废标。

初步评审的具体内容主要包括下列 4 项。

① 投标书的有效性。

② 投标书的完整性。

③ 投标书与招标文件的一致性。

④ 标价计算的正确性。

修改报价统计错误的原则如下。

① 如果数字表示的金额与文字表示的金额有出入时，以文字表示的金额为准。

② 如果单价和数量的乘积与总价不一致，要以单价为准。若属于明显的小数点错误，则以标书的总价为准。

③ 副本与正本不一致，以正本为准。

评标委员会应当根据招标文件，审查并逐项列出投标文件的全部投标偏差。投标文件存在重大偏差时，按废标处理。下列情况属于重大偏差。

① 没有按照招标文件要求提供投标担保或者所提供的投标担保有瑕疵。

② 投标文件没有投标人授权代表签字和加盖公章。

③ 投标文件载明的招标项目完成期限超过招标文件规定的期限。

④ 明显不符合技术规格、技术标准的要求。

⑤ 投标文件载明的货物包装方式、检验标准和方法等不符合招标文件的要求。

⑥ 投标文件附有招标人不能接受的条件。

⑦ 不符合招标文件中规定的其他实质性要求。

招标文件对重大偏差另有规定的，按其规定执行。

细微偏差是指投标文件在实质上响应招标文件要求，但在个别地方存在漏项或者提供了不完整的技术信息和数据等情况，并且补正这些遗漏或者不完整不会对其他投标人造成不公平的影响。细微偏差不影响投标文件的有效性。

评标委员会应当书面要求存在细微偏差的投标人在评标结束前予以补正。拒不补正的，在详细评审时可以对细微偏差做不利于该投标人的量化，量化标准应当在招标文件中规定。

经初步评审合格的投标文件，评标委员会应当根据招标文件确定的评标标准和方法，对其技术部分和商务部分作进一步评审、比较。

3. 详细评审

详细评审的内容一般包括以下 5 个方面（如果未进行资格预审，则在评标时同时进行资格审查）。

（1）价格分析　侧重以下几个方面。

① 报价构成分析。

② 计日工报价分析。

③ 分析不平衡报价的变化幅度。

④ 资金流量的比较和分析。

⑤ 分析投标人提出的财务或付款方面的建议和优惠条件，如延期付款、垫资承包等，并估计接受其建议的利弊，特别是接受财务方面建议后可能导致的风险。

（2）技术评审　侧重以下几个方面。

① 施工总体布置。

② 施工进度计划。

③ 施工方法和技术措施。

④ 材料和设备。

⑤ 技术建议和替代方案。

（3）管理和技术能力的评价

（4）对拟派该项目主要管理人员和技术人员的评价

（5）商务法律评审　这部分是对招标文件的响应性检查，主要包括以下内容。

① 投标书与招标文件是否有重大实质性偏离；

② 合同文件某些条款修改建议的采用价值；

③ 审查商务优惠条件的实用价值。

4. 澄清、说明或补正。

投标截止日后，投标文件不得补充修改，这是一条基本原则。但在评审过程中，若发现投标文件内容含义不明确不清晰之处，评标委员会可以以书面方式要求投标人做必要的澄清、说明或补正，但不得超出投标文件的范围或改变投标文件的实质性内容。

5. 提交评标报告

根据《中华人民共和国招标投标法》第四十条和《评标委员会和评标方法暂行规定》，评标委员会完成评标后，应向招标人提出书面评标报告。评标报告应当如实记载以下内容。

① 基本情况和数据表。

② 评标委员会成员名单。

③ 开标记录。

④ 符合要求的投标人一览表。

⑤ 废标情况说明。

⑥ 评标标准、评标方法或者评标因素一览表。

⑦ 经评审的价格或者评分比较一览表。

⑧ 经评审的投标人排序。

⑨ 推荐的中标候选人名单与签订合同前要处理的事宜。

⑩ 澄清、说明、补正事项纪要。

评标报告由评标委员会全体成员签字。评标委员会成员拒绝在评标报告上签字且不陈述其不同意见和理由的，视为同意评标结论。同时评标委员会推荐的中标候选人应当限定在 1～3 人，并标明排列顺序。

项目二　学生实践任务

实训目的：
　　1. 学习利用开评标系统进行工程开标、评标实际业务操作

2. 熟悉技术标、经济标评审重点

3. 学习开评标阶段电子招投标的交易操作

实训任务：

任务一　完成开标前的准备工作

任务二　开标

任务三　评标

任务四　完成开标、评标记录备案工作

【课前准备】

一、硬件准备

（1）多媒体设备　投影仪、教师电脑、授课 PPT。

（2）实训电脑　学生用实训电脑配置要求如下。

① IE 浏览器 8 及以上。

② 安装 Office 办公软件 2007 版或 2010 版。

③ 电脑操作系统：Windows 7。

（3）网络环境　机房内网或校园网内网环境。

（4）实训物资　工程招投标实训教材、工程招投标沙盘实物道具、签字笔、广联达软件加密锁、CA 锁。

二、软件准备

① 广联达工程招投标沙盘模拟执行评测系统（招投标评测模块）；

② 广联达工程交易管理服务平台（GBP）；

③ 广联达网络远程评标系统（GBES）；

④ 广联达工程招投标沙盘模拟执行评测系统（招投标评测模块）。

【招投标沙盘】

一、沙盘引入

主要指明在沙盘面上要完成的具体任务。如图 8-1 所示。

二、道具探究

本实训任务中需要准备的相关道具（卡片、图表、票据等）。

1. 单据

（1）授权委托书（图 8-2）

（2）登记（签到）表（图 8-3）

（3）资金、用章审批表（图 8-4）

（4）中标价预估表（图 8-5）

2. 人员资格证书资料

（1）建造师执业资格证书（图 8-6）

（2）建造师注册证书（图 8-7）

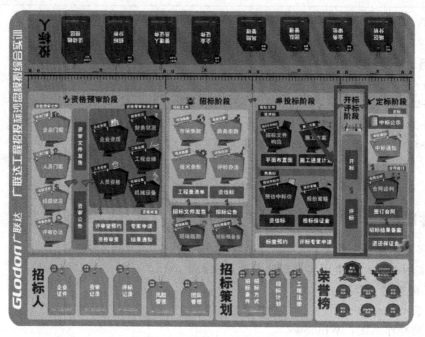

图 8-1

表0-8 授权委托书

本人_____（姓名）系_____（投标人
名称）的法定代表人，现委托_____（姓名）为我方代理人。代理
人根据授权，以我方名义进行_____
（项目名称）_____标段
等事宜，其法律后果由我方承担。

委托期限：自____年___月___日 至____年___月___日止。
_____

代理人无转委托权。

投标人：_____（盖单位章）

法定代表人：_____（签字或盖章）

身份证号码：_____。

委托代理人：_____（签字）

身份证号码：_____。

_____年____月____日

图 8-2

表0-3 _____工程_____登记(签到)表

序号	单　位	递交（退还、签到）时间	联系人	联系方式	传真
		年　月　日　时　分			
		年　月　日　时　分			
		年　月　日　时　分			
		年　月　日　时　分			
		年　月　日　时　分			
		年　月　日　时　分			
		年　月　日　时　分			
		年　月　日　时　分			
		年　月　日　时　分			

招标人或招标代理经办人：（签字）　　　第　页共　页

图 8-3

组别：　　表0-6 资金、用章审批表　　日期：

项目名称	资金审批		用章审批	
	金额	用途	公章类型	用途
具体内容				

填表人：　　　　审批人：

图 8-4

组别：　　表0-2 中标价预估表　　日期：

序号	组别/投标人	预估/实际报价	预估/实际得分	预估/实际排名
评标基准价				
预估/实际中标价				

填表人：　　会签人：　　审批人：

图 8-5

图 8-6

图 8-7

（3）安全生产考核合格证（图 8-8）

3. 企业证书资料

（1）企业营业执照（图 8-9）

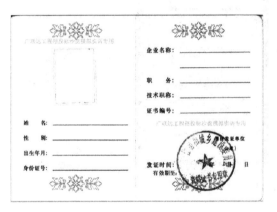

图 8-8

图 8-9

（2）组织结构代码证（图 8-10）

（3）开户许可证（图 8-11）

图 8-10

图 8-11

（4）安全生产许可证（图 8-12）

（5）企业资质证书（图 8-13）

图 8-12   图 8-13

（6）安全生产许可证（图 8-14）

图 8-14

4. 桌签

如图 8-15 所示。

图 8-15

图 8-15

三、角色扮演

（1）招标人

① 招标人即建设单位，由老师临时客串；

② 对招标代理提出的疑难问题进行解答；

③ 作为招标人代表，参加开标会。

（2）招标代理

① 由老师指定 2～4 名学生担任招标代理公司；

② 组织开标会、评标专家评审等工作。

（3）投标人

① 每个学生团队都是一个投标人公司；

② 作为投标人参加开标会。

（4）行政监管人员

① 每个学生团队中由项目经理指定一名成员，担任本团队的行政监管人员；

② 负责工程交易管理服务平台的业务审批。

（5）开标会人员

① 由老师指定相关学生担任或者某个小组担任；

② 担任开标会现场的各个岗位工作；

③ 具体岗位：主持人、唱标人、记录员、监督人、监标人、招标人。

（6）评标专家

1）方案一：学生担任评标专家。

① 每个学生团队都是一名评标专家；

② 老师指定一个小组或者由老师担任评标委员会主任一职；

③ 对投标人的投标书（技术标、商务标、资信标）进行评审。

2）方案二：老师担任评标专家。

① 对投标人的投标书（技术标、商务标、资信标）进行评审。

② 将评审过程给学生进行演示、讲解。

小贴士：如项目招标由招标人自行完成，则不设招标代理角色，其相关工作由招标人完成，并由学生团队担当。

四、时间控制

建议学时 2～4 学时。

五、任务一　完成开标前的准备工作

（一）任务说明

① 完成开标场区、人员准备工作；

② 完成投标文件、投标保证金的现场递交工作；

③ 完成开标签到工作。

（二）操作过程

1. 完成开标场区、人员准备工作

（1）开标会会场布置

1）桌签准备。

开标会需要用到的桌签有：主持人、唱标人、记录员、监督人、监标人、招标人、投标人。如图 8-16 所示。

图 8-16

2）会场准备。

招标人（或招标代理）将开标会现场的桌椅，按照以下方式进行摆放，并将桌签摆放到对应的位置上。如图 8-17、图 8-18 所示。

（2）开标人员准备工作

1）主持人。

开标现场中最重要的角色就是主持人。评价主持工作的好坏，主要看主持人对开标现场的把握，有效掌控现场节奏和状况，是胜任这个角色的重要尺度，而处理现场问题的能力，

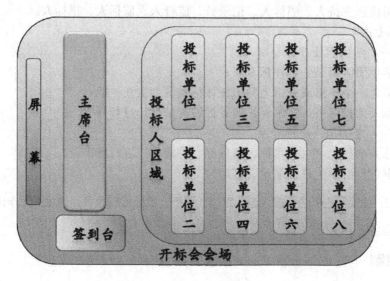

图 8-17

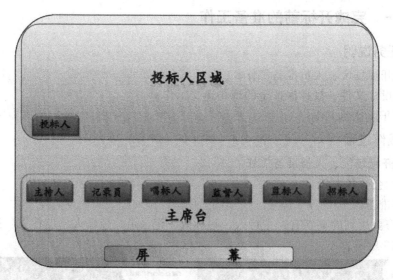

图 8-18

又是这个角色的关键条件。

能够担任主持人的首要条件就是对法律法规熟悉，对法律法规的熟悉程度直接关系到开标主持是否成功；其次是对招标文件的熟悉程度，对招标文件的熟悉是应对现场问题的必要条件。

在开标过程中会出现很多问题，需要主持人有应对方法，具体如下。

① 事先了解投标人到场和递交投标文件的状况。比如，特别是标段多、投标人多时，要事先就知道怎样回避一个标段不够三家的情况。

② 应提前与招标人、监督人包括公证人（如果有）沟通，把握整体的开标节奏。

③ 切不可拖延开标时间。如确因招标人或监督人迟到等原因不能准时开标的，到投标截止时一定要向已经到达开标现场的投标人代表解释清楚，一般大家都会谅解，同意时间顺延。其中应该注意的是：即使开标仪式不能按时开始，投标截止后也不能再接受投标文件。

④ 介绍招标人、监督人等时，不要出现错误。最易发生将领导的名字说错、职务介绍错等情况。

⑤ 检查密封时，参与检查的人是谁，要看招标文件是如何规定的，是在监督人监督下投标人自检，还是监督人或公证人自己查看即可，还是投标人互验，要讲清楚。

⑥ 出现密封不好、名称不对、印鉴不对等，投标人提出异议的，要果断处理，处理方式要看实际情况和招标文件的要求，不能拖泥带水。招标文件中规定不能接受的，就要坚决退回。在处理的尺度上要依据法律法规以及招标文件规定合理把握，尽量在开标前处理好类似问题，减少废标。

⑦ 对监标人发现的报价问题一定要在唱标前澄清，切忌唱着别家的报价后又发现哪家大小写不对或其他需澄清的问题，又要求投标人来做澄清。有时这个澄清会引起歧义，还有可能直接影响到评标结果。

⑧ 唱标结束后的遗漏澄清，要特别注意，根据投标人要求澄清的问题，做答复时一定谨慎，看法律法规中是否有规定，招标文件中是否有约定。尤其对于价格的澄清是最敏感的，要知道招标文件中的要求，没有特殊要求的一般以唱标单为准。依据开标唱标的遗漏澄清，唱标单上如果写的开标时就如何记录，其余问题由评标委员会来负责。投标人唱标单上的内容，开标现场在记录时一定不要轻易改动。

⑨ 开标现场有时会发生投标人对招标过程以及具体问题提出歧义，主持人应确切知道哪些问题需要现场就地解答，哪些问题是由评标委员会负责，一定要分清，不能有越权行为。

主持是一个与法律法规紧密相关的工作，又是在所有参与招标投标的参与人监督下工作，在开标现场所说的每一句话都是要负法律责任的。首先要保证程序的合法性，其次要符合本项目要求，再次要符合当地监督机构的管理要求。

2）监标人、监督人。

在开标整个过程中，工作繁忙又无声无息的应该是监标人，这是其工作性质决定的。

 小贴士："监督人"与"监标人"工作范畴不一样，有本质区别，具体如下。

监督人，是由项目所属行业、所属地区的政府行政主管部门的监督机构派员，对整个开标、评标过程进行监督的"人员"。所监督的是开标、评标过程是否符合法律法规要求，监察有无违法违规行为，以及发现违法违规行为及时阻止和妥善处理。工作性质是执法，工作内容是监督。一般地，建设行政主管部门的"招标投标管理办公室"（简称招标办），负责监督项目招投标全过程（含开标现场派员监督）。项目招标开标具体程序里的事情，以及监标人的工作内容，监督人不参与、不干预。

监督人和监标人这两个在开标现场都出现的人，虽只有一字之差却是不同的两份工作。当然，监督人个人自愿担任监标人工作，减轻点代理机构的工作压力，减少点代理机构人员配备，又另当别论。

监标人，一般由招标代理机构工作人员担任，他负责对开标、唱标的文件进行初步审核，对开标、唱标准确度进行检查等，其具体工作包括以下几点。

① 协助监督人对投标人资格进行审查登记。

现场验证是一个细致的工作，往往出现拖拉和拥挤等现象。这就对监标人有一个业务能力要求，要求监标人平时一定要对所述证件和怎样检验等十分熟悉，包括证书发证机关、证书印制模样、有效期限等，对个人职称、执业、职业、上岗证书等，对照事先做好的"检查表"要做到心中有数，该看的地方一定不能落下并做好登记，避免监督人看出问题，自己还不清楚而陷入被动。

② 对密封合格的投标文件进行拆封和整理：注意不得撕坏投标书。

③ 对投标函进行检查：在拆封和整理过程中，实际还要检查投标函上投标人名称、印鉴等是否符合招标文件要求，对投标函是否符合要求，以及完整性、合法性进行了检查。

④ 负责审核唱标员所唱内容的准确性，随时帮助唱标员确定唱标内容；及时对唱标员的唱标错误

进行纠正，如数字、付款响应、交货期、交货地点等。

⑤ 有问题随时与监督人、主持人协商。

在开标过程中发生的任何事情，一定要与监督人和主持人协商，依据法律法规规定及时做出处理意见。监标人可以给监督人提出自己的建议，但一定要有依据。

⑥现场如需资质检查，应考虑资质检查中会出现的情况以及出现情况后如何应对。

在开标时，监标人一般由招标代理机构负责该项目的项目经理担任。

监标人是一个很关键的角色，必须有认真负责的工作作风和迅速反应能力，要将项目情况吃透，提前做好准备，要与主持人、监督人、唱标员、记录人有好的沟通和联系。监标工作切忌毫无头绪、没有章法。监标人一般既要为公司项目负责，又要给记录人、唱标人直至主持人、监督人提供服务和方便。

3）唱标人（员）。

唱标人（员）需要对所有投标人一视同仁，用同样语速、同样语调进行唱标，所有词句中的间隔都应该一样。

唱标人（员）口齿清楚、普通话标准，是必需的基本功；还需要具备现场处理问题的能力，唱标前应检查一下有无问题，如大小写不一致，而监标人没有提前看出等问题，最好在唱标前澄清。

开标前一定要将唱标内容拢一遍，按照唱标单顺序，一家一家、各个标段都唱出。唱标语速应该一致，报价部分阿拉伯数字应该吐字清楚，一个一个唱。唱标人要反复练习，大方得体。

4）记录员。

负责对开标过程进行记录。

2. 递交投标书、投标保证金

（1）投标人按照招标文件规定的时间、地点，准时参加开标会。

（2）投标人（被授权人）在开标会现场将投标文件、投标保证金、授权委托书（图 8-19）等提交招标人；招标人检查无误后，收取投标文件、投标保证金，投标人在登记（签到）表（图 8-20）上登记企业信息。

表0-8 授权委托书

本人 __朱XX__（姓名）系 __广联达第一建筑有限公司__（投标人名称）的法定代表人，现委托 __李XX__（姓名）为我方代理人。代理人根据授权，以我方名义进行 __xx学校教学楼工程__（项目名称）__X__ 标段 __招投标__ 等事宜，其法律后果由我方承担。

委托期限：自 __XX__ 年 __XX__ 月 __XX__ 日 至 __XX__ 年 __XX__月 __XX__日止。
__广联达第一建筑有限公司__ 。

代理人无转委托权。

投标人： __广联达第一建筑有限公司__（盖单位章）

法定代表人： __朱XX__（签字或盖章）

身份证号码： __XXXXXXXXXXXXXXXXXXX__ 。

委托代理人： __李XX__（签字）

身份证号码： __XXXXXXXXXXXXXXXXXXX__ 。

__XX__ 年 __XX__ 月 __XX__ 日

图 8-19

表0-3　　　**XX学校教学楼 工程　投标 登记(签到)表**

序号	单　位	递交（退还、签到）时间	联系人	联系方式	传真
	广联达第一建筑有限公司	XX 月 XX 日 XX 时XX分	李XX	XXXXXXXX	XXXXXX
		年　月　日　时　分			
		年　月　日　时　分			
		年　月　日　时　分			
		年　月　日　时　分			
		年　月　日　时　分			
		年　月　日　时　分			
		年　月　日　时　分			
		年　月　日　时　分			

招标人或招标代理经办人：（签字）　　　　　　　　第　　页共　　页

图 8-20

六、任务二　开标

（一）任务说明

① 利用广联达网络远程评标系统（GBES）进行开标工作。

② 投标人代表现场记录所有投标人的投标报价。

（二）操作过程

1. 利用广联达网络远程评标系统（GBES）进行开标工作

监标人使用开标人员账号登陆广联达网络远程评标系统（GBES），进行开标工作。

① 登陆广联达网络远程评标系统软件，用开标人员身份进入网络远程评标系统。如图 8-21 所示。

图 8-21

② 进入项目管理模块，选择"房建与市政"，点击"新建项目"。如图 8-22 所示。

③ 使用招标文件新建招标项目，如图 8-23 所示点击"使用招标文件新建项目"。

④ 弹出"上传招标文件"提示框，点击"浏览"找到招标文件（＊.BJZSD；＊.BJZ；＊.BJD；＊.BJZSZ）进行上传，如图 8-24 所示。

⑤ 系统会根据招标文件自动识别项目编号、项目名称和项目类型等信息，将开标时间及评标时间按照要求录入后点击"确定"，新建项目完成。如图 8-25 所示。

⑥ 选择刚刚新建完成的标段，点击"进入开标系统"。如图 8-26 所示。

广联达网络远程评标系统软件

当前位置：项目管理

新建项目　　　　⊗ 删除选定项目

房建与市政　园林　铁路　军队

选定	序号	标段编号	标段名称

图 8-22

新建项目 ✕

使用招标文件新建项目　　　通过网络同步新建项目

提示：点击使用招标文件新建项目，项目信息自动从招标文件中读取

*项目编号　[   ]

*项目名称　[   ]

*行业类别　房建与市政　　▼

*项目类型　施工　　▼

*招标方式　公开招标　　▼

*开标模式　光盘模式　　▼

*开标时间　[   ]　0　▼ 时　00　▼ 分

*开标室　　[   ]

招标范围　　[   ]

*评标时间　[   ]

*建设单位　[   ]

代理单位　　[   ]

确定　　　　取消

图 8-23

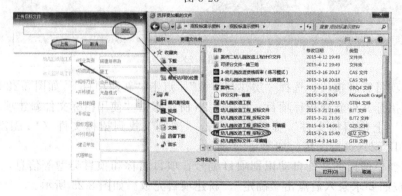

图 8-24

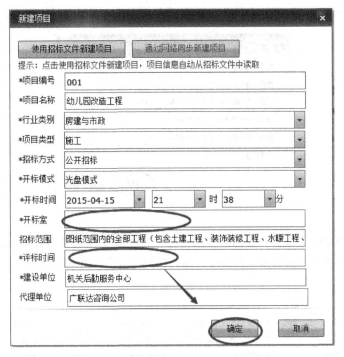

图 8-25

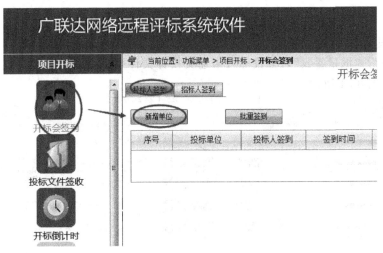

图 8-26

⑦ 切换至"开标会签到"模块，首先进行投标人签到，点击"新增单位"。如图 8-27
所示。

图 8-27

⑧ 根据投标人资料新增投标单位，检查无误后点击"确定"。如图 8-28 所示。

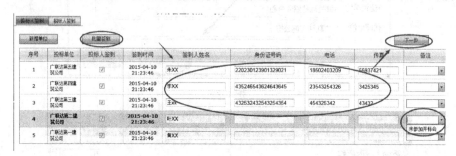

图 8-28

⑨ 按照签到顺序依次勾选"投标人签到"并完善相关签到人姓名等信息，亦可进行"批量签到"，如投标人未参加开标会可进行备注选择，签到完成之后进入下一步。如图 8-29 所示。

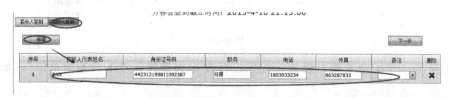

图 8-29

注：如有招标人到场亦可进行招标人签到，如图 8-30 所示。

图 8-30

⑩ 根据投标人文件送达时间依次签收并检查相关文件数量、密封情况及是否有投标保证金，亦可进行"批量签收"，如投标人未递交投标文件可进行备注选择，签收完成之后进入下一步，如图 8-31 所示。

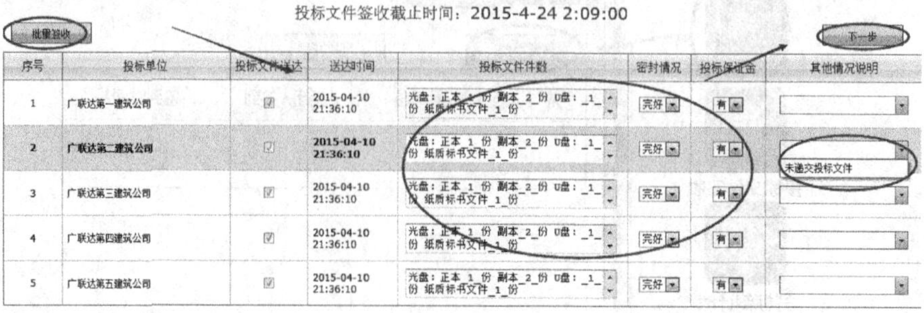

图 8-31

⑪ 进入开标倒计时模块，开标时间到达即可点击"下一步"进入开标。如图 8-32 所示。

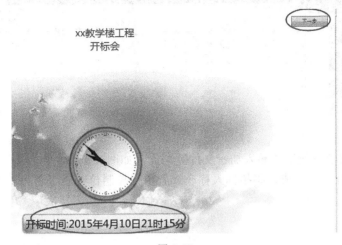

图 8-32

⑫ 进入开标会首先观看开标会纪律视频，观看完毕后点击"下一步"进入人员介绍模块。如图 8-33 所示。

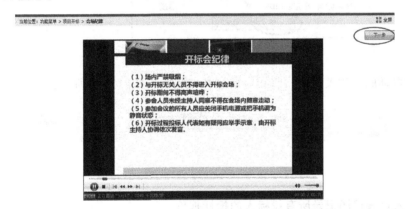

图 8-33

⑬ 进入人员介绍环节，主持人依次介绍唱标人、监督人、监标人等人员，介绍完成后点击"下一步"进入开标模块。如图 8-34 所示。

⑭ 进入开标模块，在"上传投标文件"处，分别将投标人投标文件（后缀名为 ＊.BJT2）

图 8-34

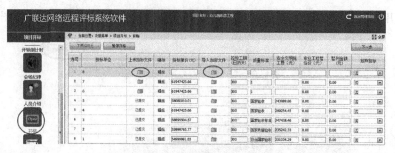

图 8-35

导入；作为实训教学不使用"导入加密文件"功能。如图 8-35 所示。

　⑮ 投标人文件导入完成，将招标人标底或者招标控制价（后缀名为＊.BJK）文件上传。
如图 8-36 所示。

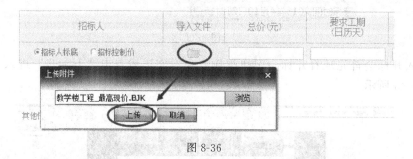

图 8-36

　⑯ 软件自动联动相关价格，将相应信息补充完成。如图 8-37 所示。

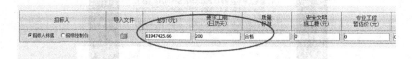

图 8-37

2. 投标人代表现场记录所有投标人的投标报价

　① 投标人代表参加开标会时，携带一张单据中标价预估表（图 8-38）。

组别：第一组　　　表0-2　**中标价预估表**　　　日期：xx

序号	组别/投标人	预估/实际报价	预估/实际得分	预估/实际排名
1	第一组	438000	97	3
2	第二组	458000	96	5
3	第三组	445000	92	2
4	第四组	465000	92	6
5	第五组	470000	90	7
6	第六组	437500	96	4
7	第七组	450000	99	1
	评标基准价	451200		
	预估/实际中标价	450000		

填表人：李xx　　　会签人：朱xx、王xx　　　审批人：宋xx

图 8-38

② 唱标人对投标人的标书进行唱标时，投标人代表负责将所有投标单位的投标报价记录到单据中标价预估表（图 8-38）上。

③ 开标会结束后，投标人商务经理依据单据中标价预估表（图 8-38）的记录，根据评标办法计算各投标人商务标的得分分值。

七、任务三　评标

（一）任务说明

1. 评标专家准备

2. 标书评审

① 完成技术标评审工作。

② 完成资信标评审工作。

③ 完成商务标评审工作。

（二）操作过程

1. 评标专家准备

监标人使用开标人员账号登陆广联达网络远程评标系统（GBES），在"评委准备"模块，确定评标专家。

① 登陆广联达网络远程评标系统软件，用开标人员身份进入网络远程评标系统。如图 8-39 所示。

图 8-39

② 切换到"评标准备"模块，选择"确定评委"，点击"添加评委"。如图 8-40 所示。

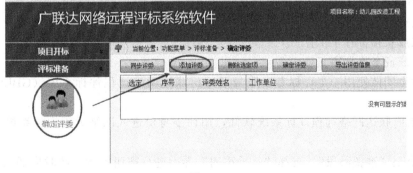

图 8-40

③ 按照要求完成评委信息之后，点击"确定"。如图 8-41 所示。

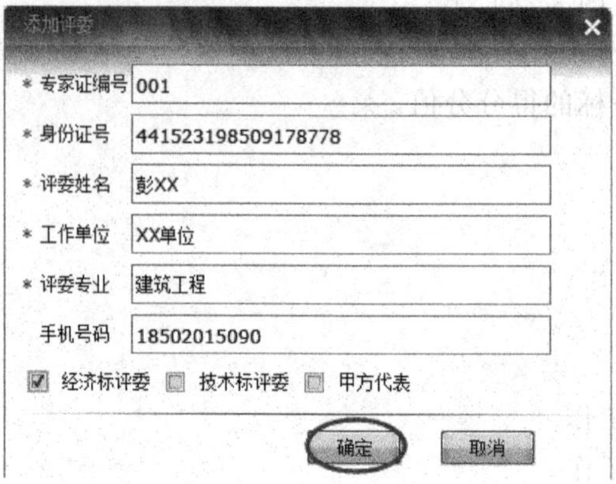

图 8-41

④ 评委添加完成，可对评委进行重新编辑或者导出评委信息，点击"确定评委"完成评委准备。如图 8-42 所示。

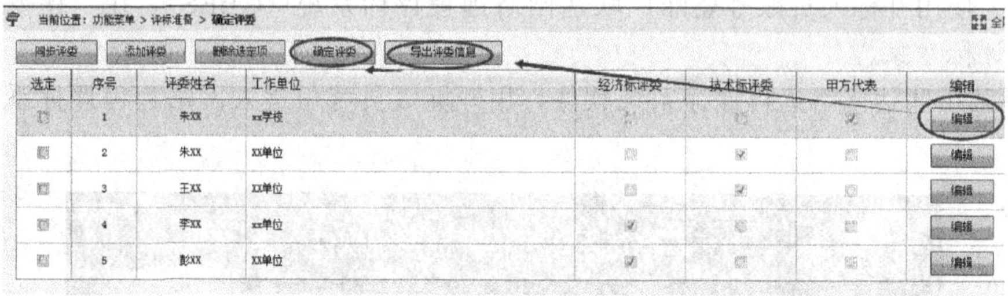

图 8-42

⑤ 系统提示确定评委后，不能再修改，点击"确定"完成评委准备工作。如图 8-43 所示。

图 8-43

2. 标书评审

（1）完成技术标评审工作。

（2）完成资信标评审工作。

（3）完成商务标评审工作。

每个学生团队使用一个评标专家账号登陆广联达网络远程评标系统（GBES），进行标书评审工作。

① 登陆广联达网络远程评标系统软件，用评委身份进入网络远程评标系统。如图 8-44 所示。

② 切换至"准备阶段"，选择"签署声明"界面进行声明签章，此时应插入 CA 锁进行电子签章，点击批量"签章"按钮，输入 PIN 码进行电子签章，签章完成之后可以保存签

图 8-44

章。如图 8-45、图 8-46 所示。

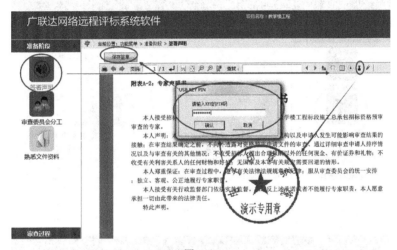

图 8-45

图 8-46

③ 切换至"审查委员会分工"界面，进行评标组长确认，如果评委未同时在线，需要等全部评委全部登陆在线后才能继续下面的评标工作。如图 8-47 所示。

④ 每个评委只能推荐一次，完成此次评标组长的推荐工作。如图 8-48 所示。

⑤ 所有评委完成投票工作，系统软件自动根据推荐票数，判定评标组长。如图 8-49 所示。

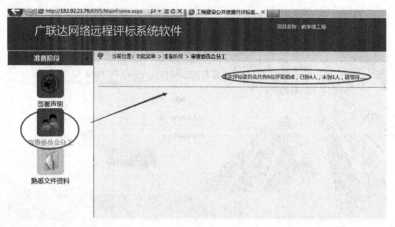

图 8-47

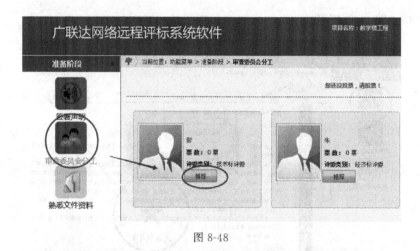

图 8-48

图 8-49

⑥ 切换至"熟悉文件资料"界面，首先每位评委对招标人招标文件、经济标文件及图纸文件进行浏览和熟悉。如图 8-50 所示。

⑦ 文件熟悉完成后进入"评标过程"模块，进行施工组织设计评审。选择"施工组织设计评审"，可对招标文件及投标单位的投标文件进行浏览。如图 8-51 所示。

⑧ 在"施工组织技术评审"界面下选择投标单位，根据投标文件，根据评分办法中的

图 8-50

图 8-51

评审标准对相关评审项进行打分,直接点击"全部最高分"按钮可对所有投标单位进行施工组织技术批量打分。如图 8-52 所示。

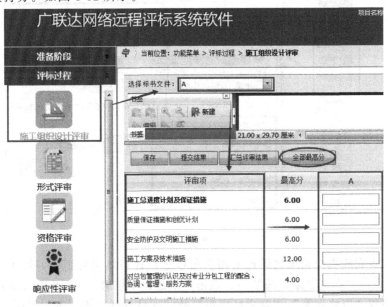

图 8-52

⑨ 施工组织设计评审完成，将结果进行提交，评委组长可以汇总所有评委的评审结果，汇总完评审结果之后所有评委才能进行下一步操作。如图 8-53 所示。

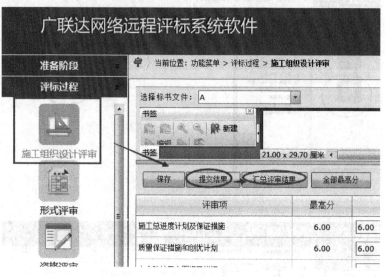

图 8-53

⑩ 切换到"形式评审"界面，选择投标文件，检查相应的评审项是否通过，不通过需给出不通过原因，亦可检查完所有评审项后点击"全部通过"按钮，批量通过所有评审项。如图 8-54 所示。

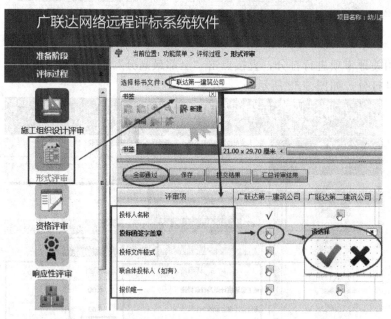

图 8-54

⑪ 形式审查完成提交结果之后评委组长可以进行评审结果的汇总，评审结果提交后不能再次修改。点击"提交结果"按钮后，点击"汇总评审结果"。如图 8-55 所示。

⑫ 同理完成"资格评审"、"响应性评审"及"项目管理机构评审"界面下的评审工作。如图 8-56 所示。

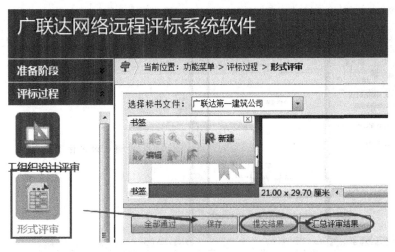

图 8-55

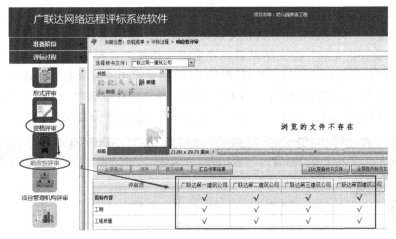

图 8-56

⑬ 评标审查方式方法一样，点击"对比查看标书文件"及"全屏显示标书文件"方便浏览相关文件进行审查。如图 8-57 所示。

⑭ 如图 8-58 所示可显示多个文件进行对比及全屏显示标书文件，点击"全屏显示评审

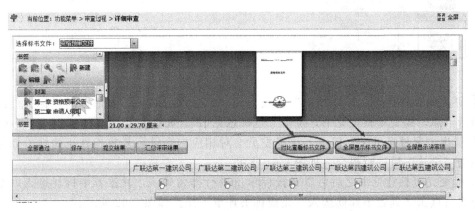

图 8-57

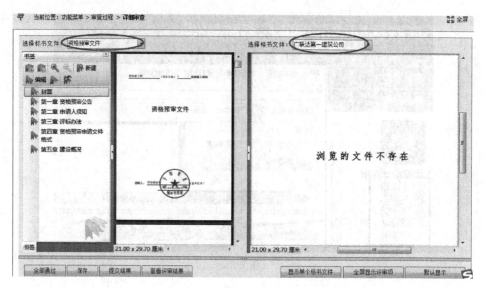

图 8-58

项"或"默认显示"可全屏显示或者恢复默认显示。

⑮ 所有评委评审完成并提交结果后，评委组长切换至"投标报价评分"界面，可对投标人投标报价进行评分，计算机会根据评标办法自动计算出计算机得分，评委专家可以接受计算机得分或者输入专家确认得分，如果专家确认得分与计算机得分不一致需要给出原因。点击"接受计算得分"后，点击"提交"按钮进行投标报价评分提交。如图 8-59 所示。

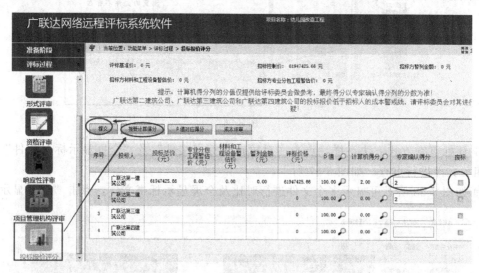

图 8-59

⑯ 评委组长切换至"评标结束"模块下的"汇总评分结果"界面，对投标文件的评审结果进行汇总，提交复核意见书，点击"复核意见书"。如图 8-60 所示。

⑰ 弹出"复核意见书"提示，评审委员会对相应内容进行复核检查正确性。如果没有错误点击"全选"后进行提交。如图 8-61 所示。

⑱ 提交完复核意见书之后可以对投标单位进行排名确认，并推荐中标候选人，给出评审意见之后点击"确定中标候选人"完成标书评审工作。如图 8-62 所示。

注：右上角可以点击查看招标文件或者提出评委质疑，如果存在需要废标处理的情况，

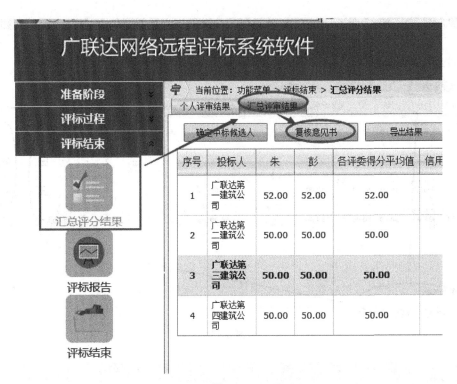

图 8-60

图 8-61

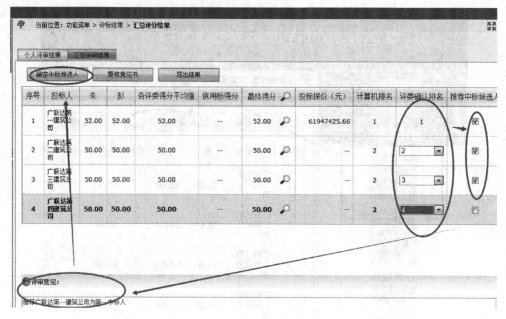

图 8-62

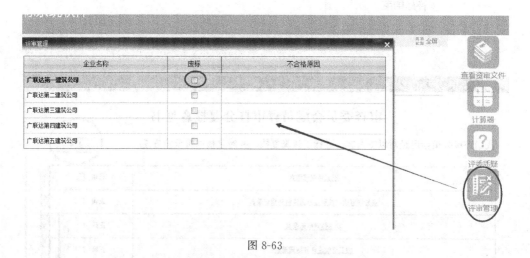

图 8-63

点击"评审管理"选择废标单位，填写不合格原因。如图 8-63 所示。

八、任务四 完成开标、评标记录备案工作

（一）任务说明

① 完成开标记录备案工作；

② 完成评标记录备案工作。

（二）操作过程

1. 完成开标记录备案工作

1）使用开标人员账号登陆广联达网络远程评标系统（GBES），导出开标记录文件。

① 切换至"开标记录一览表"模块，选择"开标会签到表"界面，点击"电子章标识"进行签章，签章完成可保存签章或者将开标会签到表打印。如图 8-64 所示。

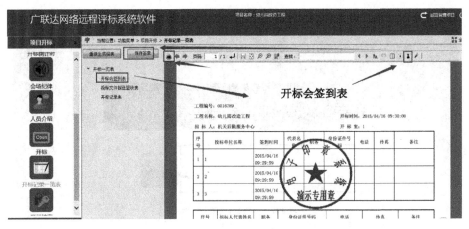

图 8-64

② 同理将投标文件报送签到表及开标记录表保存并打印。如图 8-65、图 8-66 所示。

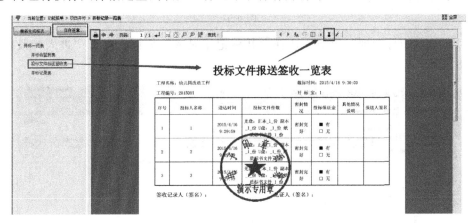

图 8-65

图 8-66

2）完成开标记录备案工作。

登陆电子招投标项目交易平台，完成开标记录录入、备案工作。

① 登陆工程交易管理服务平台，用招标人（或招标代理）账号进入电子招投标项目交易管理平台。如图 8-67 所示。

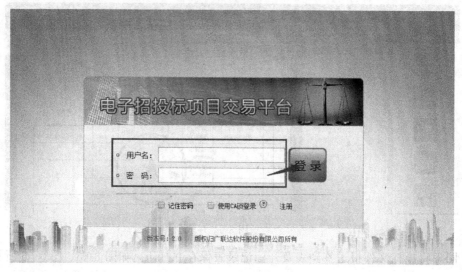

图 8-67

② 切换到"定标管理"模块，选择"开标记录录入"界面，点击"进入标段"按钮。如图 8-68 所示。

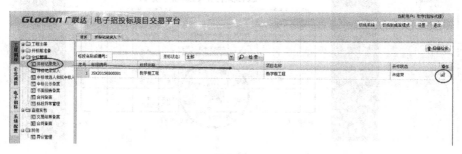

图 8-68

③ 弹出"开标记录"窗口，选择"新增开标"记录。如图 8-69 所示。

图 8-69

④ 弹出"开标记录信息"窗口,"选择投标人"完成之后点击"保存"。如图 8-70 所示。

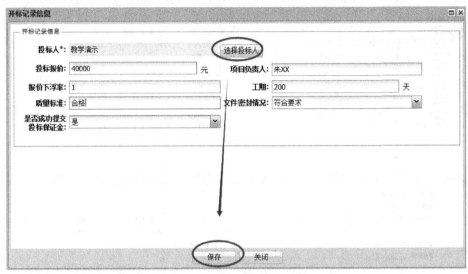

图 8-70

⑤ 开标记录新增完成之后,点击"保存",招标人没有权限确认开标结束,需要监管部门确认。如图 8-71 所示。

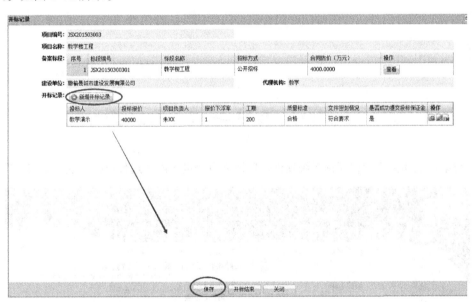

图 8-71

⑥ 登陆工程交易管理服务平台,用招投标实训区初审监管员账号进入电子招投标项目交易管理平台。如图 8-67 所示。

⑦ 切换至"开评标"模块,选择"开标记录录入"界面,找到相应的标段点击"进入"按钮。如图 8-72 所示。

⑧ 检查开标记录是否有误,检查无误点击"开标结束"完成开标工作。如图 8-73 所示。

2. 完成评标记录备案工作

1)使用评标专家账号登陆广联达网络远程评标系统(GBES),导出评标记录文件。

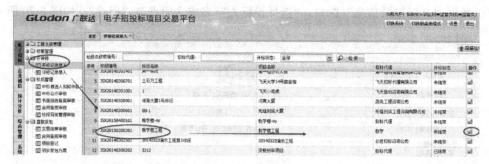

图 8-72

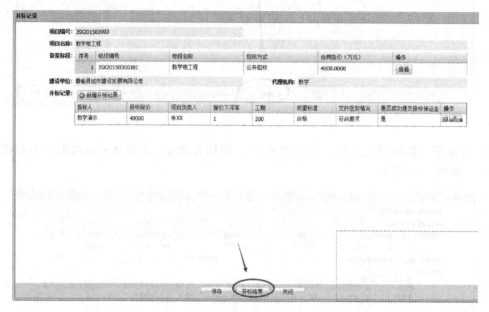

图 8-73

① 登陆广联达网络远程评标系统软件，用评委身份进入网络远程评标系统。如图 8-74 所示。

图 8-74

② 切换至"评标结束"模块，选择"评标报告"界面进行电子签章，点击"电子签章"按钮进行电子签章，签章完成之后点击"签章完成"进行保存签章。如图 8-75 所示。

③ 电子签章完成，可以将 PDF 版评标记录文件导出。如图 8-76 所示。

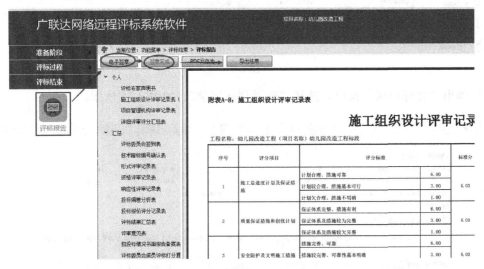

图 8-75

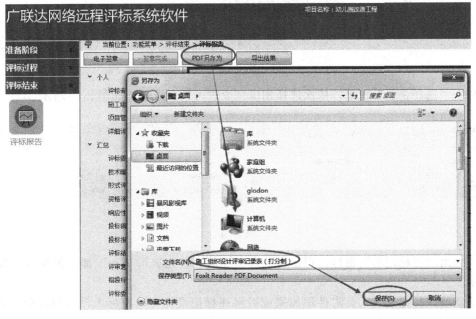

图 8-76

2）完成评标记录备案工作。

登陆电子招投标项目交易平台，完成评标记录录入、备案工作。

① 登陆工程交易管理服务平台，用招标人（或招标代理）账号进入电子招投标项目交易管理平台。如图 8-67 所示。

② 切换到"定标管理"模块，选择"评标记录录入"界面，点击"进入标段"按钮。如图 8-77 所示。

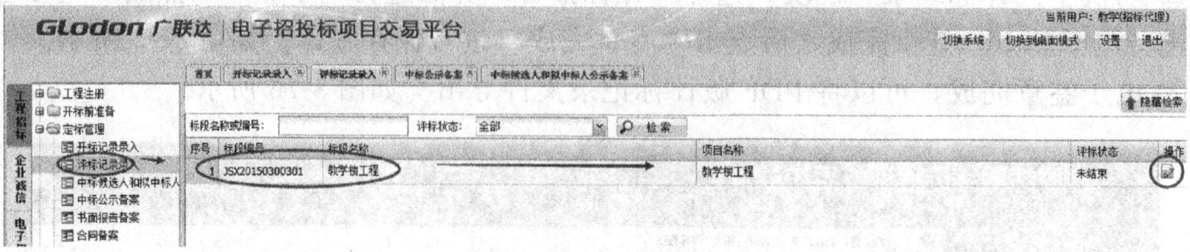

图 8-77

③ 弹出"评标记录"窗口，选择"新增评标记录"。如图 8-78 所示。

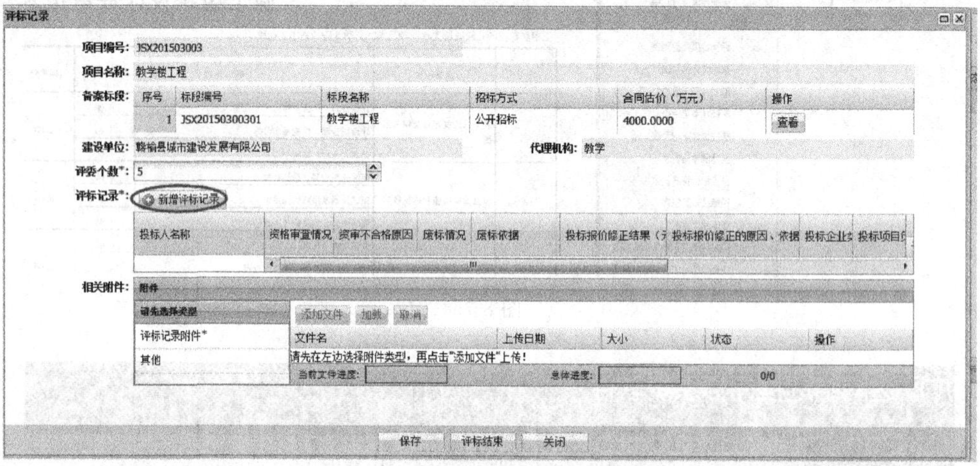

图 8-78

④ 在"选择企业"窗口，依次选择相应企业进行信息录入。如图 8-79 所示。

图 8-79

⑤ 弹出"评标记录"窗口，根据投标人实际情况，完成带"*"部分的填写。如图 8-80 所示。

⑥ 新增评标记录录入及附件添加完成后将评标记录保存，招标人没有权限确认评标结束，需要监管部门确认。如图 8-81 所示。

⑦ 登陆工程交易管理服务平台，用初审监管员账号进入电子招投标项目交易管理平台。如图 8-67 所示。

⑧ 切换至"开评标"模块，选择"评标记录录入"界面，找到相应的标段点击"进入"按钮。如图 8-82 所示。

⑨ 检查评标记录是否有误，检查无误点击"评标结束"完成评标工作。如图 8-83 所示。

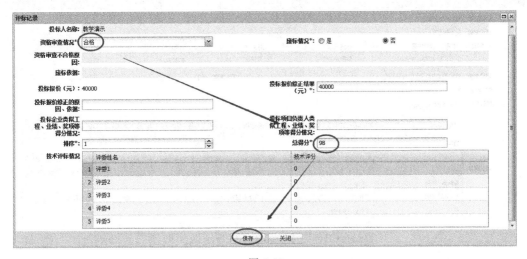

图 8-80

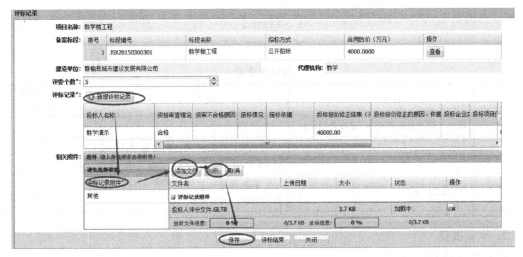

图 8-81

图 8-82

九、沙盘展示

1. 团队自检

项目经理带领团队成员，对照沙盘操作表（下表），检查自己团队的各项工作任务是否完成。

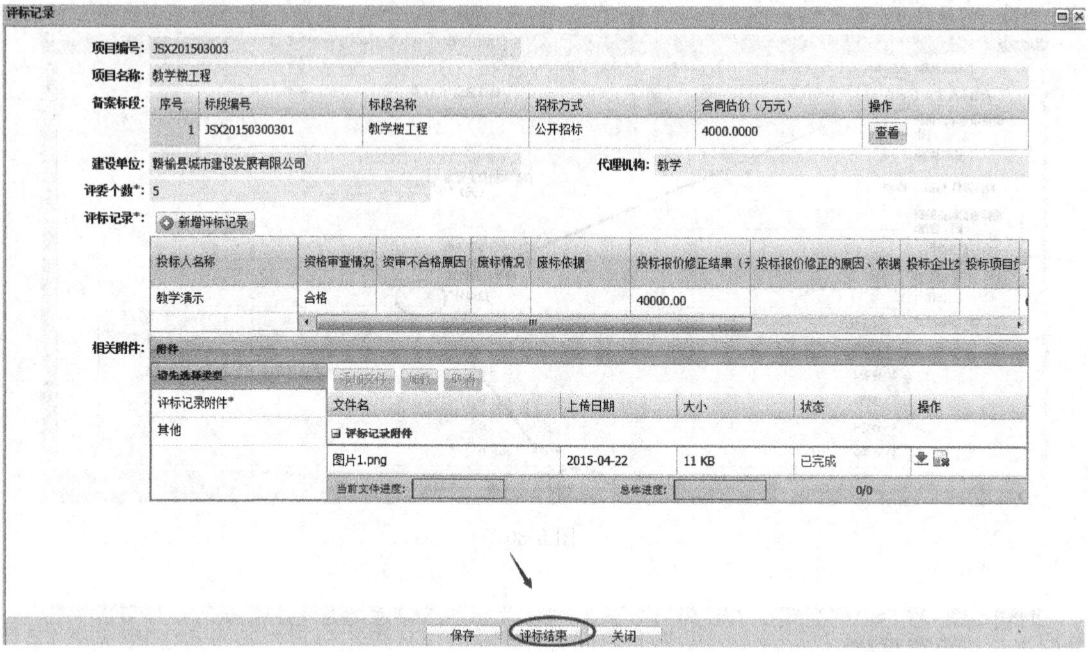

图 8-83

沙盘操作表

序号	任务清单	使用单据/表/工具	完成情况 （完成请打"√"）
1	投标人递交投标保证金/递交投标文件	登记（签到）表	☐
2	开标记录、备案	中标价预估表/广联达网络远程评标系统（GBES）/电子招投标项目交易管理平台	☐
3	评标记录、备案	广联达网络远程评标系统（GBES）/电子招投标项目交易管理平台	☐

2. 作业提交

（1）作业内容

① 招标人项目交易平台评分文件一份；

② GBES 生成的投标文件评审结果一份。

（2）操作指导

1）生成招标人项目交易平台评分文件。

使用工程交易管理服务平台生成项目交易平台评分文件一份。

具体操作详见附录 2：生成评分文件。

2）GBES 生成的投标文件审查结果一份。

使用 GBES 生成一份投标文件审查结果。

① 登陆广联达网络远程评标系统软件，用评委身份进入网络远程评标系统。如图 8-84 所示。

② 切换至"评标结束"模块，选择"评标报告"界面进行电子签章，点击"电子签章"按钮，输入 PIN 码进行电子签章，签章完成之后点击"签章完成"进行保存签章。如图 8-85 所示。

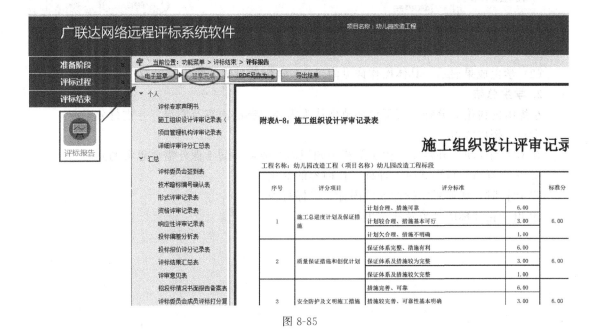

图 8-84

图 8-85

③ 电子签章完成，点击"导出结果"，将评审结果文件导出。如图 8-86 所示。

3）提交作业。

将投标文件评审结果、项目交易平台评分文件拷贝到 U 盘中提交给老师，或者使用在线文件递交（文件在线提交系统或电子邮箱等方式）提交给老师。

十、实训总结

1. 教师评测

（1）评测软件操作　具体操作详见附录 3：学生学习成果评测。

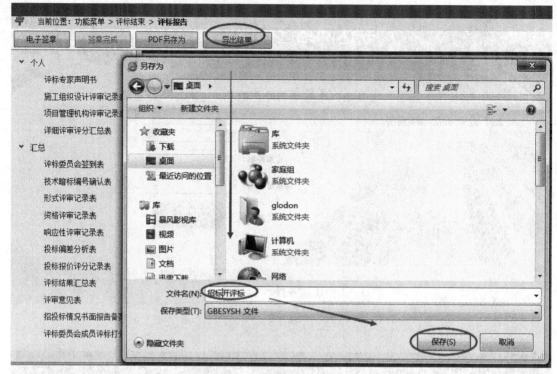

图 8-86

（2）学生成果展示　具体操作详见附录 3：学生学习成果评测。

2. 学生总结

小组组内讨论 3 分钟，写下该环节你认为需要完善的内容及心得，并进行分享。

十一、拓展练习

在本实训模块之外需要学生了解相关知识内容或需要同学课外需要思考的问题。

① 采用资格后审形式时，评标工作内容的变化。

② 评标时，如何界定投标人的围标、串标行为。

③ 电子化评标的规范及注意事项。

模块九　定标与签订合同

知识目标

1. 掌握中标的条件
2. 了解中标公示与中标通知书的相关法律规定
3. 掌握合同谈判与合同签订的注意事项
4. 掌握投标保证金的退还条件
5. 了解招投标与合同备案相关知识

能力目标

1. 能够根据评标报告确定中标人
2. 能够进行中标公示及中标通知书的下发工作
3. 能够结合合同谈判技巧进行合同的签订
4. 进行投标保证金的退还（判定条件）
5. 能够模拟工程招投标与合同的整体备案工作

项目一　定标与签订合同相关理论知识

本部分理论知识只是本模块工作任务学习的引导，详细知识的学习自行查阅相关资料。

一、定标

(一) 确定中标人

招标人以评标委员会提出的书面评标报告为依据，对评标委员会推荐的中标候选人进行比较，从中择优确定中标人。招标人应当接受评标委员会推荐的中标候选人，不得在其推荐的中标候选人之外确定中标人。国有资金占控股或者主导地位的依法必须进行招标的项目，招标人应当确定排名第一的中标候选人为中标人。排名第一的中标候选人放弃中标、因不可抗力不能履行合同、不按照招标文件要求提交履约保证金，或被查实存在影响中标结果的违法行为等情形，不符合中标条件的招标人可按照评标委员会提出的中标候选人名单排序依次确定其他中标候选人为中标人，依次确定其他中标候选人与招标人预期差距较大，或者对招标人明显不利的，也可以重新招标。同时招标人可以授权评标委员会直接确定中标人。

中标人的投标应当符合下列条件之一：①能够最大限度地满足招标文件中规定的各项综合评价标准；②能够满足招标文件的实质性要求，并且经评审的投标价格最低；但是投标价格低于成本的除外。

评标委员会提出书面评标报告后，招标人一般应当在 15 日内确定中标人，最迟应当在投标有效期结束前 30 天确定。

依法必须进行招标的项目，招标人应当自收到评标报告之日起 3 日内公示中标候选人，公示期不得少于 3 日。

（二）中标通知书

中标人确定后，招标人向中标人发出中标通知书，并同时将中标结果通知所有未中标的投标人，投标人接到上述通知后应予以书面确认。中标通知书对招标人和中标人具有法律效力。中标通知书发出后，招标人改变中标结果的，或中标人放弃中标项目的，应当依法承担法律责任。

二、签订合同

（一）合同谈判

合同谈判，是指工程施工合同签订双方对是否签订合同以及合同具体内容达成一致的协商过程。通过谈判，能够充分了解对方及项目的情况，为高层决策提供信息和依据。施工合同的标的物特殊、履行周期长、条款内容多、涉及面广、风险大，所以合同谈判就成为影响工程项目成败的重要因素。

具体来说，建设工程施工合同谈判应从以下几个方面入手：谈判人员的组成、项目资料的收集、对谈判主体及其情况的具体分析、拟订谈判方案、合同谈判的要点分析、合同谈判的策略和技巧等。

（二）合同签订

经过合同谈判，双方对新形成的合同条款一致同意并形成合同草案后，即进入合同签订阶段。招标人和中标人应当自中标通知书发出之日起 30 日内，按照招标文件和中标人的投标文件签订书面合同。一个符合法律规定的合同一经签订，即对合同双方产生法律约束力。招标人和中标人不得再行签订背离合同实质性内容的其他协议。

根据《中华人民共和国招标投标法实施条例》第五十七条第 2 款规定：招标人最迟应当在与中标人签订合同后 5 日内，向中标人和未中标的投标人退还投标保证金及银行同期存款利息。

三、招投标与合同备案

（一）招投标备案

依法必须进行施工招标的项目，招标人应当自发出中标通知书之日起 15 日内，向有关行政监督部门提交招标投标情况的书面报告。书面报告至少应包括下列内容。

① 招标范围；
② 招标方式和发布招标公告的媒介；
③ 招标文件中投标人须知、技术条款、评标标准和方法、合同主要条款等内容；
④ 评标委员会的组成和评标报告；
⑤ 中标结果。

（二）合同备案

合同签订后 7 个工作日内，由招标人、中标人双方的合同备案人员完成合同备案手续，合同备案时应携带如下资料。

① 合同签订备案表；
② 已登记的中标通知书；

③ 合同正副文本；

④ 代理人的法定代表人委托书（如代理人签订合同时）；

⑤ 工程建设项目廉政责任书；

⑥ 施工合同网上数据申报书；

⑦ 履约保证担保和支付保证担保保函（如需要时）；

⑧ 履约支付担保（如需要时）；

⑨ 已备案招标文件原始文本；

⑩ 施工许可申请表。

项目二　学生实践任务

实训目的：

1. 学习中标通知书、中标结果通知书的填写

2. 学习合同填写

3. 熟悉招投标结束后的业务收尾工作内容

实训任务：

任务一　完成中标候选人、中标公示的备案工作

任务二　完成合同签订工作

任务三　退还投标保证金

【课前准备】

一、硬件准备

（1）多媒体设备　投影仪、教师电脑、授课 PPT。

（2）实训电脑　学生用实训电脑配置要求如下。

① IE 浏览器 8 及以上。

② 安装 Office 办公软件 2007 版或 2010 版。

③ 电脑操作系统：Windows 7。

（3）网络环境　机房内网或校园网内网环境。

（4）实训物资　工程招投标实训教材、工程招投标沙盘实物道具、签字笔、广联达软件加密锁。

二、软件准备

① 广联达工程招投标沙盘模拟执行评测系统（招投标评测模块）；

② 广联达工程交易管理服务平台（GBP）。

【招投标沙盘】

一、沙盘引入

如图 9-1 所示。

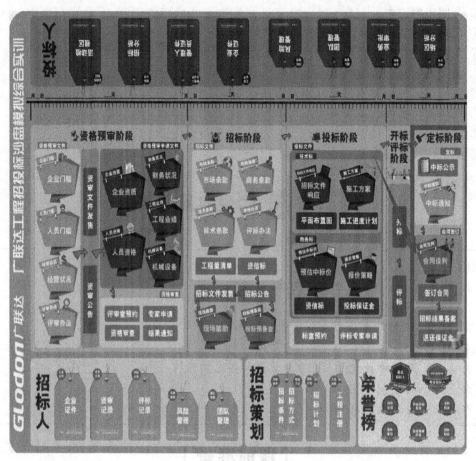

图 9-1

二、道具探究

单据如下：

（1）中标结果通知书（图 9-2）

表9-1 中标结果通知书

_____（未中标人）

　　我方已接受_____（中标人名称）于_____（投标日期）所递交的_____（项目名称）_____标段施工投标文件，确定_____（中标人名称）为中标人。

　　感谢你单位对我们工作的大力支持！

招标人：_____（盖单位章）

代表人：_____（签字或盖章）

_____年_____月____日

图 9-2

（2）中标通知书（图 9-3）

图 9-3

（3）合同谈判表（图 9-4）

组别：　　　　　　**表9-3 合同谈判表**　　　　　　日期：

□招标人：　　　　　　　　　　　　　　□投标人：

序号	合同谈判内容	是否接受	
		□接受	□ 不接受
		□接受	□ 不接受
		□接受	□ 不接受
		□接受	□ 不接受

填表人：　　　　　　会签人：　　　　　　审批人：

图 9-4

（4）登记（签到）表（图 9-5）

（5）资金、用章审批表（图 9-6）

三、角色扮演

（1）招标人

① 招标人即建设单位；

表0-3 _____ 工程 _____ 登记(签到)表

序号	单 位	递交（退还、签到）时间	联系人	联系方式	传真
1		年 月 日 时 分			
2		年 月 日 时 分			
3		年 月 日 时 分			
4		年 月 日 时 分			
5		年 月 日 时 分			
		年 月 日 时 分			
		年 月 日 时 分			
		年 月 日 时 分			
		年 月 日 时 分			
		年 月 日 时 分			

招标人或招标代理经办人：（签字）   第   页共   页

图 9-5

组别：   **表0-6 资金、用章审批表**   日期：

项目名称	资金审批		用章审批	
	金额	用途	公章类型	用途
具体内容				

填表人：   审批人：

图 9-6

② 每个学生团队中由项目经理指定一名成员，担任本团队的招标人；

③ 根据评标报告，确定中标人；

④ 完成中标通知书、中标结果通知书的填写工作。

（2）招标代理

① 由老师指定 2～4 名学生担任招标代理公司；

② 辅助投标人完成投标保证金退还工作；

③ 完成中标公示、中标结果备案工作。

（3）投标人

① 每个学生团队都是一个投标人公司；

② 完成中标通知书、中标结果通知书获取工作；

③ 完成合同协议书的填写工作；

④ 完成合同签订。

（4）行政监管人员

① 每个学生团队中由项目经理指定一名成员，担任本团队的行政监管人员；

② 负责工程交易管理服务平台的业务审批。

小贴士：如项目招标由招标人自行完成，则不设招标代理角色，其相关工作由招标人完成，并由学生团队担当。

四、时间控制

建议学时 2～3 学时。

五、任务一　完成中标候选人、中标公示的备案工作

(一) 任务说明

① 完成中标候选人备案工作;

② 完成中标公示备案工作。

(二) 操作过程

1. 完成中标候选人备案工作

(1) 招标人根据评标专家提交的评标报告,确定中标人

 小贴士:招标人确定中标人方法如下。

①《中华人民共和国招标投标法》第四十条:评标委员会应当按照招标文件确定的评标标准和方法,对投标文件进行评审和比较;设有标底的,应当参考标底。评标委员会完成评标后,应当向招标人提出书面评标报告,并推荐合格的中标候选人。

招标人根据评标委员会提出的书面评标报告和推荐的中标候选人确定中标人。招标人也可以授权评标委员会直接确定中标人。

国务院对特定招标项目的评标有特别规定的,从其规定。

②《中华人民共和国招标投标法实施条例》第五十五条:国有资金占控股或者主导地位的依法必须进行招标的项目,招标人应当确定排名第一的中标候选人为中标人。排名第一的中标候选人放弃中标、因不可抗力不能履行合同、不按照招标文件要求提交履约保证金,或者被查实存在影响中标结果的违法行为等情形,不符合中标条件的,招标人可以按照评标委员会提出的中标候选人名单排序依次确定其他中标候选人为中标人,也可以重新招标。

(2) 登陆电子招投标管理平台,完成中标候选人备案

① 登陆工程交易管理服务平台,用招标人(或招标代理)账号进入电子招投标项目交易管理平台。如图 9-7 所示。

② 切换至"中标候选人和拟中标人公示备案"模块,点击"公示登记",选择正确标段,点击"确定",在"公示登记"页面选择"第一中标候选人名称",最后点击"提交"即可。如图 9-8～图 9-10 所示。

(3) 行政监管人员在线审批

① 登陆工程交易管理服务平台,用初审监管员账号账号进入电子招投标项目交易管理平台,切换至"中标候选人和拟中标人公示审核",选择正确的待审核标段,点击"审核"按钮。如图 9-11 所示。

② 核对中标公示信息,点击"审核",最后给出审核意见,点击"提交"完成审核。如图 9-12、图 9-13 所示。

2. 完成中标公告备案工作

(1) 在线发布中标公示　登陆电子招投标管理平台,完成中标公示发布工作(招标人发

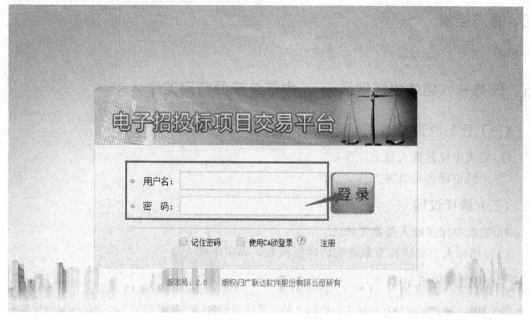

图 9-7

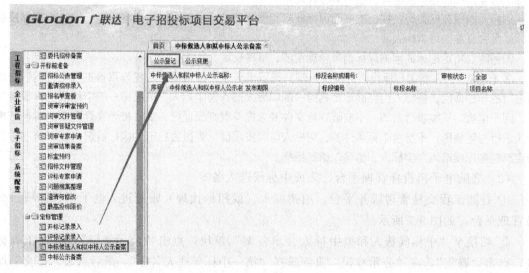

图 9-8

图 9-9

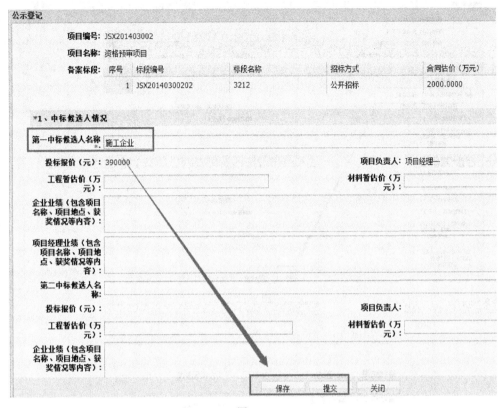

图 9-10

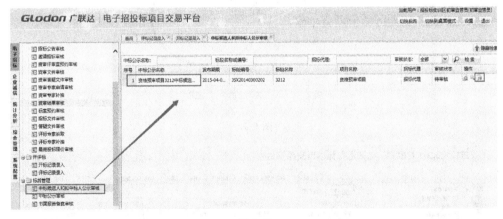

图 9-11

布中标公示,投标人查看中标结果)。

① 登陆工程交易管理服务平台,用招标人(或招标代理)账号进入电子招投标项目交易管理平台,切换至"中标公示备案",点击"公示登记",选择标段,点击"确定"。如图9-14、图9-15所示。

② 弹出"公示登记"页面,填写带"＊"内容,并上传中标公示文件,点击提交即可。如图9-16所示。

(2)行政监管人员在线审批

① 登陆工程交易管理服务平台,用招初审监管员账号进入电子招投标项目交易管理平

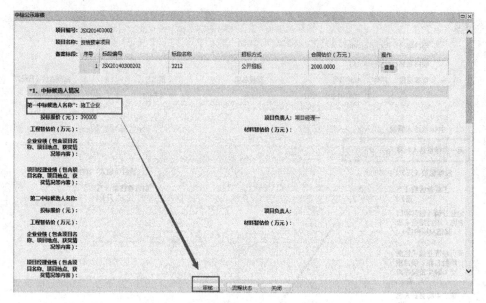

图 9-12

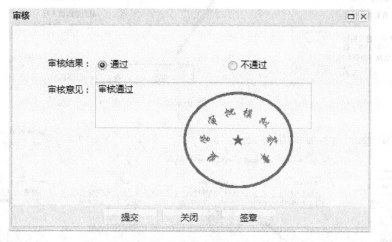

图 9-13

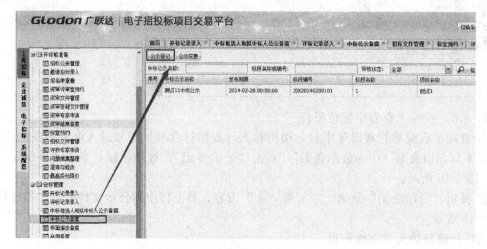

图 9-14

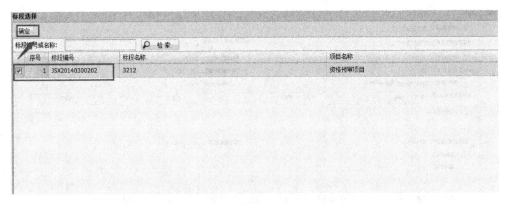

图 9-15

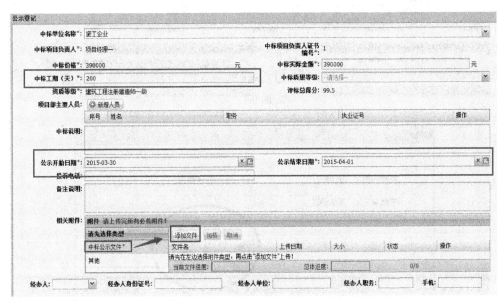

图 9-16

台，切换至"中标公示审核"，选择正确的待审核标段，点击"审核"。如图 9-17 所示。

② 核对中标公示信息，点击"审核"，最后填写审核意见，点击"提交"即可。如图 9-18、图 9-19 所示。

图 9-17

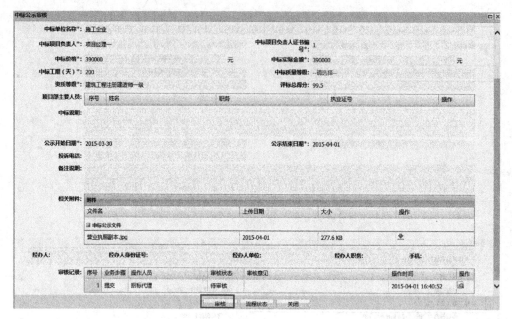

图 9-18

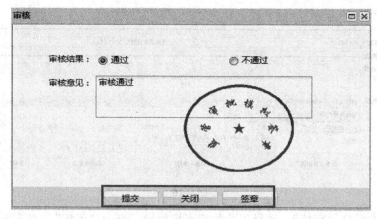

图 9-19

（3）填写中标通知书

① 招标人根据评标报告，确定中标人后，填写中标结果通知书（图 9-20）中标通知书（图 9-21）。

② 招标人根据中标通知书、中标结果通知书所需的印章类型，填写资金、用章审批表（图 9-22），提交项目经理进行审批；项目经理审批通过后，将招标人申请的印章交给招标人；招标人拿到印章后，在中标通知书、中标结果通知书上盖章、签字。

③ 项目经理将资金、用章审批表置于沙盘盘面招标人区域的团队管理处。如图 9-23 所示。

（4）发放中标通知书

① 招标代理将招标人填写的中标通知书、中标结果通知书，发放给投标人；

② 投标人签收中标通知书、中标结果通知书，并在单据登记（签到）表（图 9-24）上登记企业信息。

表9-1　中标结果通知书

<u>　　　　　　　XX施工单位　　　　　　</u>（未中标人）

　　我方已接受　　　<u>中天建设集团　　</u>（中标人名称）于
<u>2015.03.15　</u>（投标日期）所递交的<u>　　　教学楼　</u>
（项目名称）<u>　　　　　　</u>标段施工投标文件，确定<u>　中天建设集团</u>
（中标人名称）为中标人。

　　感谢你单位对我们工作的大力支持！

　　　　　　招标人:<u>广联达软件股份有限公司　　　　</u>（盖单
位章）

　　　　　　代表人：<u>刘XX　　　　　　　</u>（签字或盖章）

　　　　　　　　　　<u>　2015　</u>年<u>　04　</u>月<u>　1　</u>
日

图 9-20

表9-2　中标通知书

<u>　　　　　　　　　　　　　　</u>（中标人名称）：

　　你方于<u>　　　　　　　</u>（投标日期）所递交的
（项目名称）<u>　　　　　　　　　</u>标段施工投标文件已被我方接受，被确
定为中标人。

工程名称		建设规模		
建设地点				
中标范围				
中标价格	小写：<u>　　　　</u>元　　大写：			
中标工期	日历天	计划开工日期	年　月　日	
		计划竣工日期	年　月　日	
工程质量				
项目经理	注册建造师执业资格			
备注				

　　请你方在接到本通知书后____天内到<u>　　　　　　　</u>（指定地
点）与我方签订施工承包合同，在此之前按招标文件第二章"投标人须知"
第7.3款规定向我方提交履约担保。

　　随附的澄清、说明、补正事项纪要（如果有），是本中标通知书的组成
部分。

　　特此通知。

　　附：澄清、说明、补正事项纪要

　　　　　　招标人：<u>　　　　　　　　</u>（盖单位章）

　　　　　　法定代表人：<u>　　　　　　　</u>（签字）

　　　　　　<u>　　　</u>年<u>　　　</u>月<u>　　</u>日

图 9-21

组别：第一组　　**表0-6　资金、用章审批表**　　日期：XX年XX月XX日

项目名称	资金审批		用章审批	
	金额	用途	公章类型	用途
具体内容			企业公章、法人印章	用于中标通知书与中标结果通知书盖章

填表人：周XX　　　　　　　　审批人：赵XX

图 9-22

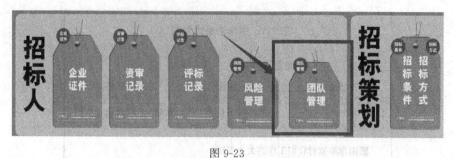

图 9-23

表 0-3	教学楼 工程 中标结果通知 登记(签到)表					
序号	单　位	递交（退还、签到）时间	联系人	联系方式	传真
1	第一建设集团	2014年 3 月30 日 15 时　分	刘XX	15123998788	
2	第二建设集团	2014年 3 月31 日 16 时　分	张XX	15123998789	
3	第三建设集团	2014年 3 月31 日 17 时　分	王XX	15123998790	
4	第四建设集团	2014年 4 月01 日 9 时　分	李XX	15123998791	
5	中天建设集团	2014年 4 月01 日 10 时　分	赵XX	15123998792	
		年　月　日　时　分			
		年　月　日　时　分			
		年　月　日　时　分			
		年　月　日　时　分			

招标人或招标代理经办人：（签字）陈XX　　　　　　　　　第 1 页共 1 页

图 9-24

六、任务二　完成合同签订工作

（一）任务说明

① 准备合同文件；
② 完成合同签订。

（二）操作过程

1. 准备合同文件

（1）项目经理带领团队成员，根据招标文件和投标书（自己团队的投标书）的内容，完善合同协议书。

 小贴士：准备合同文件。确定中标人后，通常是由招标人准备合同文件，也会存在招标人将合同文件委托给招标代理公司准备、或者委托给中标人准备（依据招标文件中合同文本内容）。

（2）合同谈判　招标人或者投标人，如果对合同文件内容有异议，可以借助单据合同谈判表，将需要更改的条款内容进行记录，并与合同签订另外一方进行条款变更的谈判，直至确定结论。

小贴士：合同谈判的内容和技巧如下。

1. 合同谈判的内容

《中华人民共和国招标投标法实施条例》第五十七条：招标人和中标人应当依照招标投标法和本条例的规定签订书面合同，合同的标的、价款、质量、履行期限等主要条款应当与招标文件和中标人的投标文件的内容一致。招标人和中标人不得另行订立背离合同实质性内容的其他协议。

2. 合同谈判的技巧

① 对方先开口的策略。让对方先表明所有要求，你可以做到心中有数，并隐藏住自己的观点，拿

对方提出的重要问题做交涉，争取他让步。如果愿意，也可以在一些次要的问题上做一些让步，让对方获得心理上的平衡，但不能轻易让对方获得，不要让步太快，因为他等得愈久，就愈加珍惜，也不要做无谓的让步，每次让步都要从对方那儿获得更多的益处。有时不妨做些对你没有任何损失的让步，如"这件事我会考虑一下的"，这也是一种让步，让对方从心理上有所松懈。

② 要好意思说"不"。在谈判桌上，双方代表各自公司的利益，如果感觉有必要说"不"，就应该勇敢地提出来，只要你说的有道理，会使对方相信你说"不"是认真。必须始终保持对本公司有利的理念。

③ 试探的技巧。火力侦察法：就是先主动地抛出一些带有挑衅性的话题，来刺激对方表态，然后再根据对方的反应判断虚实；聚焦深入法，先就某一方面的问题做一个扫描式的提问，先大面积地去问，得到回复之后，对于我们最关心的，也是对方的隐情所在，再进行深入询问，不断地问问题，最终把问题的症结所在找到。

④ 语言技巧。在谈判中所说的每一句话，一定要针对性强，不要寒暄。我们的目的是要双赢，是要建立我们的优势，是要控制整个全局，所以要有很强的针对性；在表达的时候，要用婉转的语言，特别是在拒绝对方的时候，一定要表达得比较婉转；在谈判的过程中要灵活应变，不要一根筋走到头，要学会使用无声语言。沉默往往会在谈判的关键时刻，起到出人意料的作用，所以我们要学会停下来，用无声的语言来面对我们的谈判对手。

总之，在合同签订、工程竣工结算谈判中，好的口才，巧的策略，丰富的知识，恰当的谈话技巧，以及个人魅力，都会变为成功的砝码。一般来说谁的专业知识更丰富，谁的谈判策略运用得当，谁就能在工程合同及结算中，做到游刃有余，掌握主动权，就一定能为本企业赢得相当的经济效益。

2. 完成合同签订

（1）方案一

① 招标人由老师指定的学生代表担任；每个学生团队为一个投标人；

② 道具：合同协议书、公司印章、法定代表人印章；

③ 教室现场模拟招标人与投标人进行合同签订的过程。

（2）方案二

① 招标人、投标人分别由老师指定的学生代表担任；

② 道具：合同协议书、公司印章、法定代表人印章；

③ 教室现场模拟招标人与投标人进行合同签订的过程，班级同学观摩。

七、任务三　退还投标保证金

（一）任务说明

退还投标人递交的投标保证金。

（二）操作过程

退还投标保证金：

1）招标人登陆电子招投标管理平台，完成招标备案。

① 登陆工程交易管理服务平台，用招标人（或招标代理）账号进入电子招投标项目交易管理平台。如图9-25所示。

② 切换至"书面报告备案"，点击"新增书面备案"，选择标段，点击"确定"。如图9-26、图9-27所示。

③ 查看相应页签的内容是否完善，若未完善的，将其内容完善确认后点击"保存"及"提交"即可。如图9-28所示。

④ 切换至"合同备案"模块，点击"合同登记"，选择标段，点击"确定"。如图9-29、

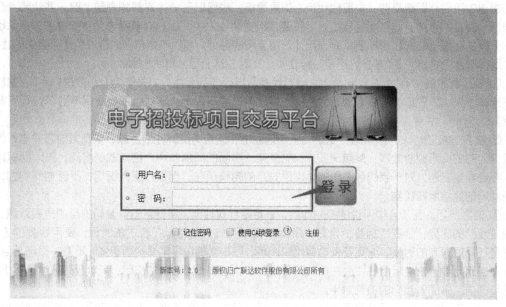

图 9-25

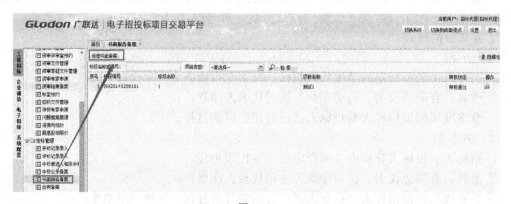

图 9-26

图 9-27

图 9-30 所示。

　　⑤ 在"新增合同"页面，上传签订的中标合同电子版，点击"保存"、"提交"，完成合同备案。如图 9-31 所示。

　　⑥ 再次登陆工程交易管理服务平台，用行政监管人员账号进入电子招投标项目交易管理平台，分别在"书面报告备案审核"、"合同备案审核"对其进行审核操作，完成审核操作。如图 9-32 所示。

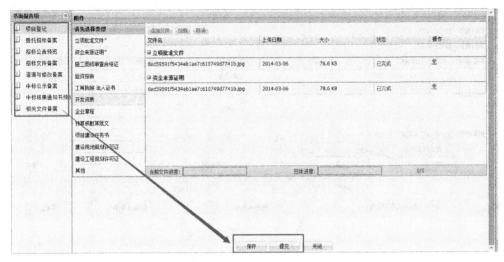

图 9-28

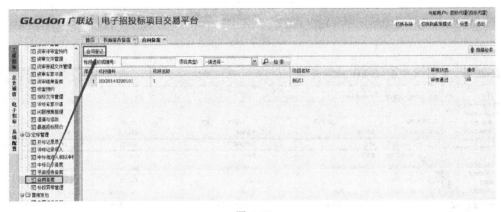

图 9-29

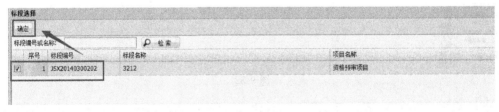

图 9-30

2）投标人市场经理填写授权委托书；根据授权委托书所需的印章类型，填写资金、用章审批表，提交项目经理进行审批；项目经理审批通过后，将市场经理申请的印章交给市场经理；市场经理拿到印章后，在授权委托书上盖章、签字。

项目经理将资金、用章审批表置于沙盘盘面投标人区域的"业务审批"处。如图 9-33 所示。

3）投标人携带授权委托书，按照招标人要求的时间和地点，领取投标保证金。

招标人审核投标人的资料，通过后，将投标保证金退还给投标人；投标人在登记（签到）表（图 9-24）上登记企业信息资料。

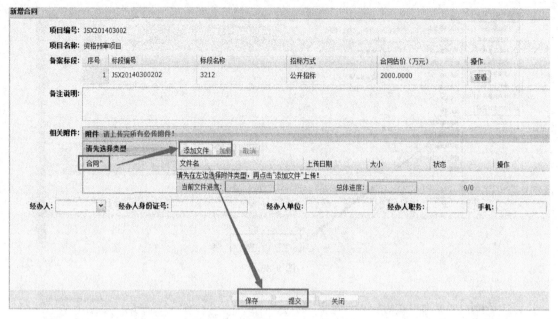

图 9-31

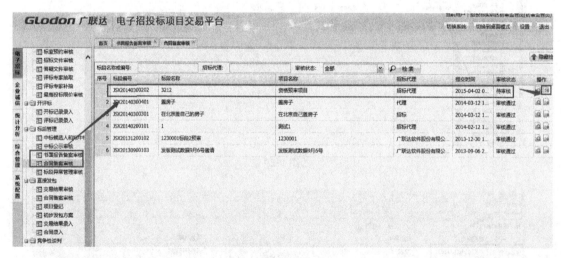

图 9-32

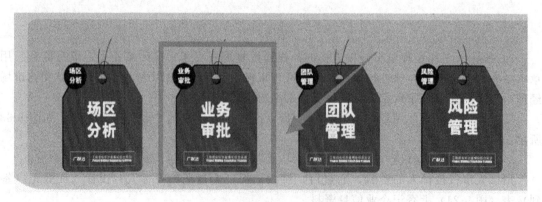

图 9-33

小贴士：投标保证金退还情况如下。

① 投标保证金退还是由招标人发起的活动；招标人向所有的投标人（中标人、未中标人均包含）退还投标保证金。

② 退还期限。《中华人民共和国招标投标法实施条例》第五十七条：招标人最迟应当在书面合同签订后 5 日内向中标人和未中标的投标人退还投标保证金及银行同期存款利息。

③ 特殊情况。当招标文件要求中标人提交履约保证金时，招标人通常会将履约保证金的金额等同于投标保证金，这样在中标后，招标人直接将中标人的投标保证金转成履约保证金，而不再将投标保证金退还给中标人。

八、沙盘展示

1. 团队自检

项目经理带领团队成员，对照沙盘操作表（下表），检查自己团队的各项工作任务是否完成。

沙盘操作表

序号	任务清单	使用单据/表/工具	完成情况 （完成请打"√"）
（一）	定标		☐
1	招标人确定中标人/中标公示		☐
2	招标人发放中标通知书	中标通知书/中标结果通知书	☐
（二）	合同签订		☐
1	合同谈判	合同谈判表	☐
2	签订合同	合同协议书	☐
（三）	招投标收尾		☐
1	招标人进行招标结果备案		☐
2	招标人退还投标保证金	授权委托书/资金、用章审批表/登记(签到)表	☐

2. 沙盘盘面上内容展示与分享

如图 9-34 所示。

3. 作业提交

（1）作业内容

① 生成招标人项目交易平台评分文件；

② 生成投标人项目交易平台评分文件。

（2）操作指导

1）生成招标人项目交易平台评分文件。

使用工程交易管理服务平台生成项目交易平台评分文件一份。

具体操作详见附录 2：生成评分文件。

2）生成投标人项目交易平台评分文件。

使用工程交易管理服务平台生成项目交易平台评分文件一份。

具体操作详见附录 2：生成评分文件。

3）提交作业。

将招标人项目交易平台评分文、投标人项目交易平台评分文件拷贝到 U 盘中提交给老

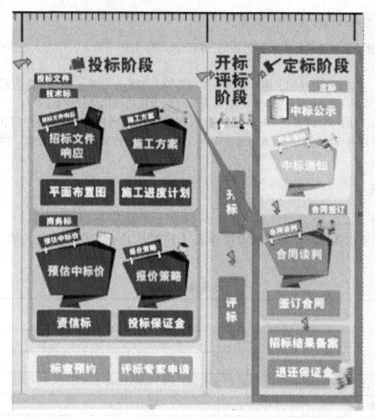

图 9-34

师，或者使用在线文件递交（文件在线提交系统或电子邮箱等方式）提交给老师。

九、实训总结

1. 教师评测

（1）评测软件操作　具体操作详见附录3：学生学习成果评测。

（2）学生成果展示　具体操作详见附录3：学生学习成果评测。

2. 学生总结

小组组内讨论3分钟，写下该环节你认为需要完善的内容及心得，并进行分享。

十、拓展练习

在本实训模块之外需要学生了解相关知识内容或需要同学课外需要思考的问题。

① 合同签订前的合同谈判时，哪些内容是可谈判的，哪些是不可谈判的？

② 中标公示期间，如果其他投标人对中标公示有异议，投标人应如何处理？招标人如何处理？

附　　录

附录 1　工程招投标案例新建

利用广联达工程招投标沙盘模拟执行评测系统（招投标评测模块），老师可以进行工程招投标案例新建。

软件操作指导如下：

（1）案例基本信息　案例基本信息在新建沙盘案例时进行确定，一旦确定，不能进行编辑和修改。

招标方式分为：公开招标和邀请招标两种模板；

资审类型分为：资格预审和资格后审两种模板；

资审方法分为：合格制和有限数量制两种模板；

工程模式分为：练习模式和比赛模式两种模板。

案例新建时可以根据以上四种分类八个模板，进行自由组合，确定工程沙盘案例的基本信息内容如附图 1-1 所示。

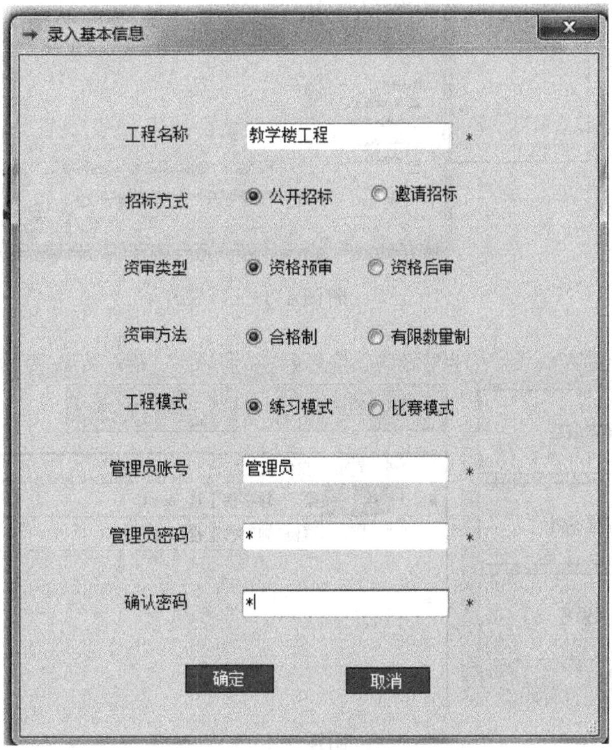

附图 1-1

（2）导入工程资料 进入"导入工程资料"模块，点击"导入工程资料"，选取需要导入的工程案例资料文件，可以单个文件导入，也可以多个文件同时导入；软件支持多种格式的文件导入，如图片、word、excel、CAD文件等；点击"打开"按钮，文件即可导入。如附图1-2～附图1-4所示。

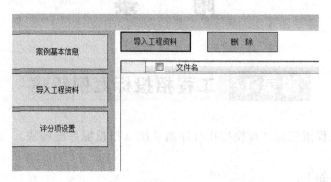

附图 1-2

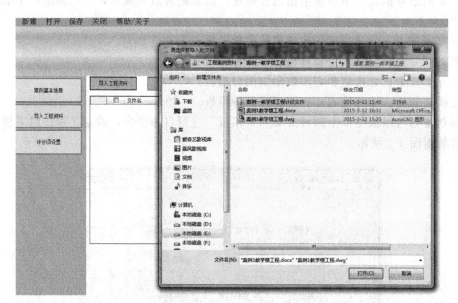

附图 1-3

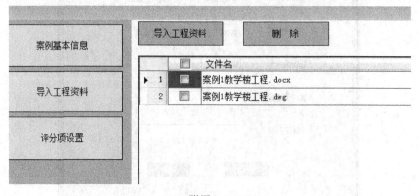

附图 1-4

（3）评分项设置　进入"评分项设置"模块，界面如附图1-5所示。

附图1-5

案例新建时，可以点击"答案编辑"按钮，对软件内置的答案进行更改，点击"保存"即可完成标准答案的设置。如附图1-6所示。

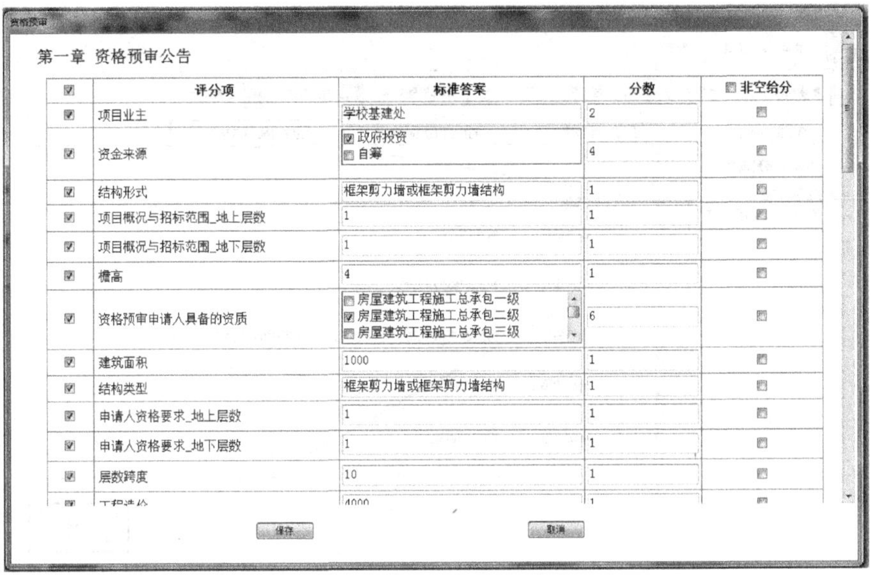

附图1-6

附录2　生成评分文件

1. 生成招标策划文件

使用工程招投标沙盘模拟执行评测系统（沙盘操作执行模块）生成招标策划文件。

在工程招投标沙盘模拟执行评测系统中通过保存功能，将前期编制的招标计划文件保存为一个后缀名为．"san"的文件用于评分。如附图2-1所示。

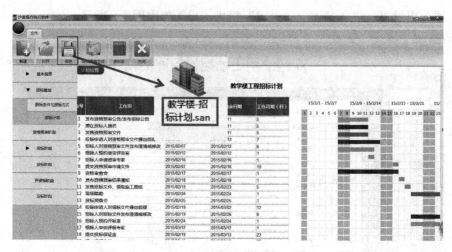

附图 2-1

2. 生成招标人资格预审文件电子版

① 在广联达电子招标文件编制工具 V6.0 中，打开进行过电子签章的原资格预审文件工程文件，选择"生成资格预审文件"模块，在"生成资格预审文件"界面下点击"生成"。如附图 2-2 所示。

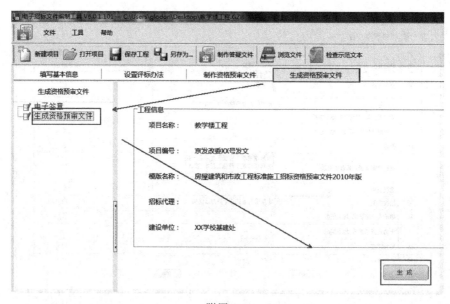

附图 2-2

② 弹出保存路径提示框，点击"保存"。如附图 2-3 所示。

③ 点击"保存"后，弹出"请输入密码"提示框，输入 CA 锁密码，选择"确定"按钮，提示生成招标书文件成功。如附图 2-4 所示。

④ 生成电子版资格预审文件，如附图 2-5 所示。

3. 生成招标人招标文件电子版

在广联达电子招标文件编制工具 V6.0 中，编制完招标文件后，先通过"检查示范文本"功能，检查标书有无错误，有错则据提示修改，直至无误则可"生成招标文件"，生成招标文件时先进行"转换"操作，转换成功后，插入 CA 锁，读取锁信息并输入 CA 锁密

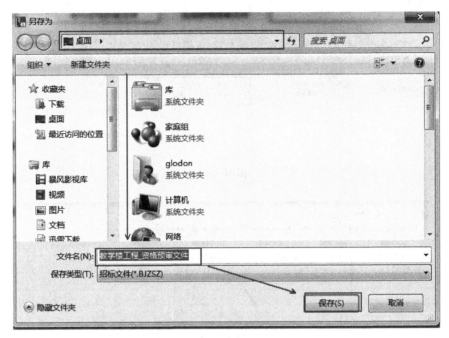

附图 2-3

附图 2-4

附图 2-5

码，CA 锁读取成功后则可进行"签章"功能，签章成功后，最后通过"生成招标文件"功能生成一份后缀名为 ."BJZ"的文件，用于评分。如附图 2-6～附图 2-11 所示。

4. 生成招标人项目交易平台评分文件

使用工程交易管理服务平台生成项目交易平台评分文件一份。

① 以招标代理或招标人的身份登陆工程交易管理服务平台，在"项目登记"模块，选择"导出评分文件"功能。如附图 2-12 所示。

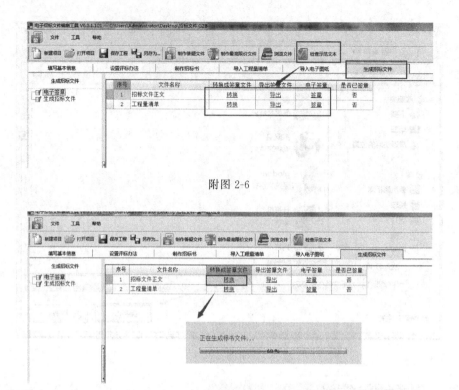

附图 2-6

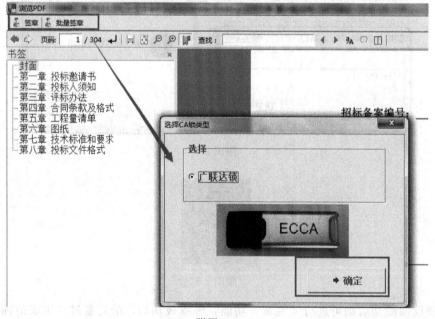

附图 2-7

附图 2-8

② 弹出"项目选择"窗口，选择前期登记的项目，选择"确定"，则导出后缀名为".GLZB"的文件，用于评分。如附图 2-13 所示。

5. 生成投标人项目交易平台评分文件

使用工程交易管理服务平台生成项目交易平台评分文件一份。

附图 2-9

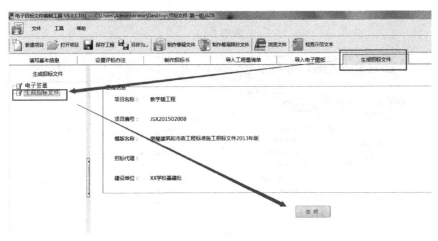

附图 2-10

附图 2-11

① 以投标人的身份登陆工程交易管理服务平台，在"已报名标段"模块，选择"导出评分文件"功能。如附图 2-14 所示。

② 弹出"项目选择"窗口，选择前期登记的项目，选择"确定"，则导出后缀名为".GLTB"的文件，用于评分。如附图 2-15、附图 2-16 所示。

附图 2-12

附图 2-13

附图 2-14

附图 2-15

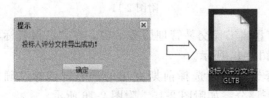

附图 2-16

附录3 学生学习成果评测

1. 测评

老师可以使用广联达工程招投标沙盘模拟执行评测系统软件中的"招投标评测软件"，对学生提交的沙盘执行操作文件、招标文件、资格预审文件、电子招投标管理平台操作文件、经 GBES 评审的资格预审申请文件和投标文件的评审结果文件进行评测

2. 具体操作指导（以"管理平台招标人文件"为例进行讲解）

（1）打开"广联达工程招投标沙盘模拟执行评测系统"（附图 3-1）

① 打开广联达工程招投标沙盘模拟执行评测系统，进入招投标评测软件。如附图 3-2 所示。

② 新建评分项目，点击"新建"按钮，新建"评分项目"，接着弹出"工程信息输入"对话框，此时导入工程资料。导入工程资料，点击"导入案例"，确定保存路径，点击"保存"，工程资料导入格式为".gra"，确定工程的保存路径。如附图 3-3、附图 3-4 所示。

附图 3-1

附图 3-2

附图 3-3

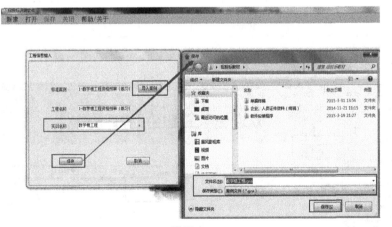

附图 3-4

③ 切换至导入文件评分界面，接着选择待评分文件，选择学生提交的诚信系统注册备份文件（文件格式后缀名为".GLZB"）导入进来，点击"招标人"—"诚信系统"—"评分"按钮，进行成绩评定，接着切换至"结果展示"界面，查看具体成绩，点击"结果

导出"，可以把成绩导出成电子表格形式。如附图 3-5～附图 3-8 所示。

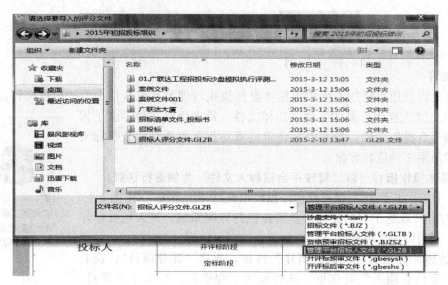

附图 3-5

角色	阶段	评分	评分时间
招标人	招标策划阶段	评分	
	资格预审阶段	评分	
	招标阶段	评分	
	诚信管理系统	评分	2015-3-19 22:28:05
	交易管理平台	评分	
投标人	资格预审阶段	评分	
	招标阶段	评分	
	投标阶段	评分	
	开评标阶段	评分	
	定标阶段	评分	
	诚信管理系统	评分	
	交易管理平台	评分	

附图 3-6

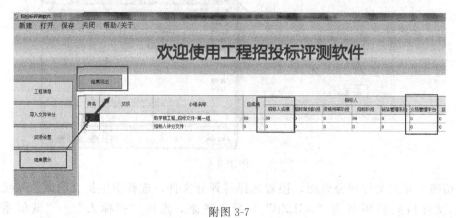

附图 3-7

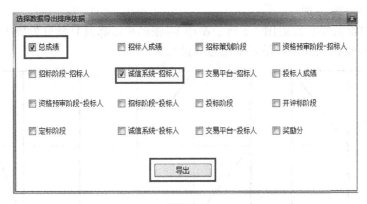

附图 3-8

（2）学生成果展示　点击"小组名称"中任意一个小组的名称，可以详细展示该组的评分详细内容。如附图 3-9、附图 3-10 所示。

附图 3-9

附图 3-10

附录 4　团队建设活动

1. 拼图游戏

（1）活动准备

① 活动形式：每个小组为一个团队。

② 时间：15～20 分钟

③ 道具：白纸若干；按附图 4-1 所示制作 15 张图片，将其打乱分拆成 4～5 份装入信封（信封数量根据小组人数确定，最多不超过 5 份）。

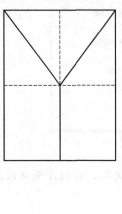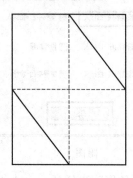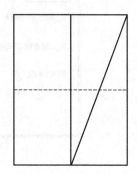

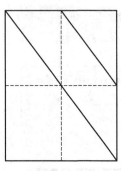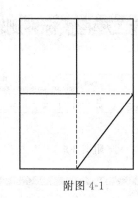

-------- 折叠线

———— 裁切线

附图 4-1

（2）活动规则

① 全过程不允许交流；

② 每人手里拿到的卡片只许给别人，不能从别人的手里拿卡片（不能帮助别人拼图）。

（3）活动内容

① 每个小组单独进行游戏；每个小组内每人得到一个信封，小组的任务就是将信封内的卡片拼装成相同形状的长方形。

② 小组内的每个人将散乱的图片拼成同样大小的长方形，最快的小组获得胜利。

（4）活动总结

① 活动过程中，你所在的小组都出现了哪些状况？

② 如何才能获得胜利？

2. 红蓝之争

（1）活动准备

① 活动形式：每个小组为一个团队。

② 时间：10～15 分钟。

③ 道具：计分标准的 PPT、计分表每组一份。

（2）活动规则

① 每两个小组进行游戏，如第一组与第二组、第三组与第四组……

② 有两种颜色可以进行选择：红、蓝；每个小组可以自由进行选择一种颜色。

③ 计分表（附表 4-1）。

附表 4-1　计分表

选择		计分	
A组	B组	A组	B组
红	红	＋3	＋3
红	蓝	－6	＋6
蓝	红	＋6	－6
蓝	蓝	－3	－3

（3）活动内容

① 每两组分别进行；每个小组成员在充分考虑计分标准后，经过讨论决定本组选择红或蓝，并写在计分表上，把计分表交给老师；由老师宣布双方的选择结果，并根据计分标准为每一组计分。如 A 组选择红，B 组选择蓝，则 A 组得－6 分，B 组得＋6 分；如 A 组选择红，B 组也选择红，各得＋3 分。

② 游戏共分为 10 轮，在第 4 轮和第 8 轮结束时，双方可进行短暂沟通，但只有双方都提出这种要求才可以，其他时间双方不能进行任何接触，位置保持一段距离。

③ 第 9 轮、第 10 轮计分加倍。

④ 总分为正值的小组为赢家，负分为输家；两者均是正值为双赢，两组均为负分，没有赢家。

（4）活动总结

① 计分标准有什么特点？在确定选择之前，你们是否充分考虑过这种特点可能带来的结局？

② 如果每个小组都想自己赢，这种结局可能实现吗？

③ 当计分表上的计分不太理想时，你们是否考虑过其中的原因？是否想到要与另一组进行沟通？

附录5　其他参考文献

①《中华人民共和国房屋建筑和市政工程标准施工招标资格预审文件》由五部分组成：资格预审公告；申请人须知；资格审查办法；资格预审申请文件格式；建设项目概况。

②《中华人民共和国房屋建筑和市政工程标准施工招标文件》主要内容包括：招标公告（投标邀请书）、投标人须知、评标办法（最低投标价法、综合评估法）、合同条款及格式、工程量清单、图纸、技术标准和要求、投标文件格式。

③《建设工程施工合同（示范文本）》(GF-2013-0201) 由合同协议书、通用条款和专用条款三部分组成。

④ 最新的《中华人民共和国简明标准施工招标文件》（2012 年版）中第五章列明的工程量清单格式及相关表格。

⑤ 资格预审申请文件的组成和格式。具体包括：资格预审申请函、法定代表人身份证明、联合体协议书、申请人基本情况表、近年财务状况表、近年完成的类似项目情况表、正在施工的和新承接的项目情况表、近年发生的诉讼和仲裁情况、其他材料等。

⑥ 2010 年由国家发改委、住建部等部委联合编制的《中华人民共和国房屋建筑和市政工程标准施工招标文件》中第八章"投标文件格式"明确规定的投标文件的组成和格式。

参考文献

［1］ 杨志中. 建设工程招投标与合同管理. 北京：机械工业出版社，2013.

［2］ 杨树峰. 招投标与合同管理. 重庆：重庆大学出版社，2013.

［3］ 李思齐. 建设工程招投标与合同管理实务. 北京：航空工业出版社，2012.

［4］ 杨庆丰. 建筑工程招投标与合同管理. 北京：机械工业出版社，2011.

［5］《房屋建筑和市政工程标准施工招标资格预审文件》编制组. 中华人民共和国房屋建筑和市政工程标准施工招标资格预审文件（2010年版）. 北京：中国建筑工业出版社，2010.

［6］《房屋建筑和市政工程标准施工招标文件》编制组. 中华人民共和国房屋建筑和市政工程标准施工招标文件（2010年版）. 北京：中国建筑工业出版社，2010.

［7］《标准文件》编制组. 中华人民共和国简明标准施工招标文件（2012年版）. 北京：中国计划出版社，2012.

［8］ 建设工程工程量清单计价规范（GB 50500—2013）.

［9］ 中华人民共和国住房和城乡建设部，国家工商行政管理总局. 建设工程施工合同（示范文本）（GF-2013-0201）（修订版）. 北京：中国城市出版社，2014.

［10］ 陈龙海，韩庭卫. 团队建设游戏. 深圳：海天出版社，2007.